农业种植技术
与农业生态环境分析

王合秀　许国华　王　磊◎著

中国华侨出版社

·北京·

图书在版编目（CIP）数据

农业种植技术与农业生态环境分析／王合秀，许国

华，王磊著 . -- 北京：中国华侨出版社，2024.9.

ISBN 978-7-5113-9280-0

Ⅰ. S3；S181. 3

中国国家版本馆 CIP 数据核字第 2024LP7988 号

农业种植技术与农业生态环境分析

著　　者：王合秀　许国华　王　磊

责任编辑：陈佳懿

封面设计：徐晓薇

开　　本：710mm×1000mm　1/16　印张：16.5　字数：266 千字

印　　刷：北京四海锦诚印刷技术有限公司

版　　次：2025 年 3 月第 1 版

印　　次：2025 年 3 月第 1 次印刷

书　　号：ISBN 978-7-5113-9280-0

定　　价：68.00 元

中国华侨出版社　北京市朝阳区西坝河东里 77 号楼底商 5 号　邮编：100028

发 行 部：(010) 88893001　　　传　　真：(010) 62707370

如果发现印装质量问题，影响阅读，请与印刷厂联系调换。

前言 preface

　　农业是国民经济的重要组成部分，农产品质量的提升关系国民经济的发展和人民群众的生活水平。随着科技的发展，农业种植技术也在不断创新，为提高农产品的质量和产量提供保障。研究农业种植技术创新对农产品质量提升的影响，对促进农业现代化、增加农民收入、保障粮食安全具有重要意义。

　　种植技术创新通过引入先进的种植方法和技术，可以显著改善农产品的质量和安全性。如精准施肥技术，可以根据作物需求和土壤状况，精确投放肥料，避免过度施肥导致的环境污染和农产品质量下降；智能灌溉系统，能够根据土壤湿度和作物需水量自动调节灌溉量，保证作物水分供应，提高作物产量和品质；病虫害监测预警系统，可以及时发现病虫害，采取针对性防治措施，减少农药残留，保证农产品安全和品质。种植技术创新可以通过提高作物的抗逆性、生长速度和产量稳定性，有效应对气候变化和自然灾害的影响，保障农产品供应。抗病虫害品种的培育和耐盐碱土品种的选育，可以提高作物对生长环境的适应性，增加产量。

　　农业生态环境与人类生存大环境是紧密相连，不可分割的。自然环境，特别是大气、水体、土壤环境的污染恶化对农业生态环境造成极大的破坏。另外，由于现代农业生产过度滥用化肥、农药，也直接给自然环境及农业生态环境带来严重污染，并造成极大的食品安全威胁。因此，我们必须坚持科学的发展观，走可持续发展的道路。我们必须重视对农业生态环境的保护，坚持以人为本的科学发展观，走可持续发展的道路，实现生态和谐、社会和谐。发展高效生态农业不但有助于壮大产业经济，而且发展空间很大，将动物生产叠加到作物生产之中，以增加单位农田面积的经济产出，同时有效治理畜牧业的废弃物可能造成的污染。构建生态循环农业模式，有利于农业增效和农民增收，也有利于低碳农业和美丽乡村建设，促进可持续农业永续发展。

　　本书从作物生产的基础知识入手，系统阐述了作物生长发育、产量与品质形成以及作物繁殖的理论基础。进一步分析了粮油作物、经济作物及种养结合的多样化种植模式，以及水稻、油菜、玉米、马铃薯、棉花等主要农作物的栽培技术。书中强调了生态农业的内涵、特征和绿色发展基础，介绍了立体种养、测土配方施肥、设施农业及秸秆循环利用等实用技术。最后，探讨了农业资源保护和环境修复的实践策略，旨在促进农业与生态环境的和谐发展，实现农业生产的绿色转型。

目录

contents

第一章 作物生产的相关理论

第一节 作物生产概述

一、作物生产的概念和特点

（一）作物生产的概念

作物的概念有广义和狭义之分。从广义上讲，凡是对人类有应用价值，为人类所栽培的各种植物都称为作物。从狭义上讲，作物是指田间大面积栽培的植物，即农业上所指的粮、棉、油、麻、烟、糖、茶、桑、蔬、果、中草药和其他杂粮。因其栽培面积大、地域广，故又称为大田作物，也可称为农艺作物或农作物。我们一般所讲的作物是狭义的，是栽培植物中最主要的、最常见的、在大田栽培的、种植规模较大的几十种作物。全世界这种作物大约有 90 种，我国大约有 50 种。

（二）作物生产在农业中的重要性

人类为了生存和发展，首先必须解决吃、穿这些生存生活的基本问题，然后才能从事其他生产活动和社会活动。吃是为了获得生命活动所必需的能量，穿是为了适应变化的生活环境。为了生存，首先需要食、衣、住以及其他东西，因此，人类首要的活动就是生产满足这些需要的资料，即生产物质生活本身。解决吃、穿问题主要靠农业生产。农业是世界上最原始、最古老和最根本的产业，也被称为第一产业。有了第一产业的发展，人们生存生活的基本问题才能得到保证，才能解放一部分劳动力进行社会分工，才有第二产业即制造业的产生。之后又发展起第三产业，即服务业。由此可见，农业是人类一切社会活动和生产发展的基础，这是不以人们的意志为转移的客观规律。

人类生活离不开农业的根本原因，是人的生命活动所必需的能量目前只能从食物中获得。而食物中的能量，究其来源，是绿色植物通过光合作用转化为太阳能的产物。

绿色植物以其特有的叶绿素吸收太阳能，通过光合作用，将从空气中吸收的二氧化碳和从土壤中吸收的水分与无机盐类，经过复杂的生理生化活动，合成富含能量的有机物质。对于这些有机物质，一部分直接作为人类的食物，另一部分作为农业动物的饲料转化成奶、肉、蛋等食品。人类摄取这些食品，在消化过程中将储存在有机物质中的太阳能又释放出来，满足生命活动的需要。

人类栽培的绿色植物称为作物，它是有机物质的创造者，是太阳能的最初转化者，其产物是人类生命活动的物质基础，也是一切以植物为食的动物和微生物生命活动的能量来源。因此，作物生产称为第一性生产。种植业在我国农业中占的比重最大，种植业的发展不但提供了全国人民的基本生活物资，也提供了原料。

（三）作物生产的特点

作物生产具有以下四个主要特点。

1. 作物生产是生物生产

作物生产的对象是有生命活动的农作物有机体，它们都有自己的生长发育规律；土地既是作物生产最基本的生产资料，又是农作物生长发育的基本环境。因此，作物生产必须珍惜土地，保护和改善环境，根据作物的基本特性和生长发育规律行事，处理好作物、环境和人类活动的关系。

2. 作物生产具有强烈的地域性和季节性

作物是一种生物，它的生长发育要求一定的环境条件，由于不同地区的地理纬度不同，地势、地貌不同，使其光、热、水、土等环境条件产生差异，进而影响植物的生长发育和分布，因此作物生产必须"因地制宜，因土种植"。在同一地区，同一年中，由于地球的自转和公转等天体运动的规律性变化，使得以太阳辐射为主体的农业自然资源条件——热量、光照、降水等呈现明显的冷暖、明暗、干湿季节性变化，作物生产要依此而变化，因此作物生产要"把握农时，适时种植"。

3. 作物生产具有时序性和连续性

作物是有生命的有机体，不同作物种类具有不同的个体生命周期。同时，个体的生命周期又有一定的阶段性变化，需要特定的环境条件，各生长发育阶段不能停顿中断，不能颠覆重来，具有不可逆性。作物生产每一周期互相联系，相互制约：一是人类的需要是源源不断的，天天三餐都要吃，年年岁岁都要制衣；二是作物本身也需要世代繁衍，一代一代地延续下去。因此，作物生产要一季季、一年年地进行下去，不可能一次进行，多年享用或一劳永逸，这就要求我们要有长远的观点，"瞻前顾后，用养地结合"，走可持续发展道路。

4. 作物生产具有复杂性和综合性

作物生产是一个有序列、有结构的复杂系统，受自然和人为的多种因素的影响和制约。它是由各个环节（子系统）所组成的，既是一个大的复杂系统，又是一个统一的整体。需要多个部门、各种因素息息相关，只有各部门、各种因素优化组合才能获得成功，各种社会、科技、自然因素都将对作物生产产生影响，作物生产一定要高度重视各种因素的综合影响。

二、作物的分类

不同作物的形态特征不同，生物学特性差异很大，其用途也不一样，为了更好地认识、生产和利用这些作物，有必要把多种多样的农作物进行科学分类，即按照一定标准，把亲缘关系相近、某些特征特性相似或用途相同的作物分为一类。由于分类的依据和标准不同，分类的结果不尽相同，常见的分类方法有以下四种。

（一）按植物学分类

可以根据作物的形态特征，按植物科、属、种进行系统分类。一般采用双名法命名，称为学名。这种分类法的最大优点是能把所有植物按其形态特征进行系统的分类和命名，可以为国际上所通用，例如，玉米属禾本科，其学名为 Zea mays L.，第一个字为属名，第二个字为种名，第三个字是命名者的姓氏缩写。这种分类法的缺点是对农业工作者来说有时不太方便。

（二）按作物生物学特性分类

按作物对温度条件的要求，可分为喜温作物和耐寒作物。喜温作物生长发育的最低温度为 10 ℃左右，最适温度为 20~25 ℃，最高温度为 30~35 ℃，如稻、玉米、谷子、棉花、花生、烟草等；耐寒作物生长发育的最低温度为 1~3 ℃，最适温度为 12~18 ℃，最高温度为 26~30 ℃，如小麦、黑麦、豌豆等。

按作物对光周期的反应，可分为长日作物、短日作物、中性作物和定日作物。凡在日长变短时开花的作物称为短日作物，如稻、大豆、玉米、棉花、烟草等；凡在日长变长时开花的作物称为长日作物，如麦类作物、油菜等；开花与日长没有关系的作物称为中性作物，如荞麦、豌豆等；要求日照长短有一定的时间才能完成其生育周期的称作定日作物，如甘蔗的某些品种只有在 12 小时 45 分的日照条件下才能开花，长于或短于这个日长都不开花。

根据作物对二氧化碳同化途径的特点，可分为三碳作物、四碳作物和景天科作物。三碳作物光合作用最先形成的中间产物是带三个碳原子的磷酸甘油酸，其光合作用的二氧化碳的补偿点高，有较强的光呼吸，这类作物有稻、麦、大豆、棉花等；四碳作物光合作用最先形成的中间产物是带四个碳原子的草酰乙酸等双羧酸，其光合作用的二氧化碳补偿点低，光呼吸作用也低，在较高温度和强光下比三碳作物的光合强度高，需水量低，这类作物有甘蔗、玉米、高粱、苋菜等；景天科作物在晚上气孔开放，吸进二氧化碳，与磷酸烯醇式丙酮酸结合，形成草酰乙酸，进一步还原为苹果酸，白天气孔关闭，苹果酸氧化脱羧放出二氧化碳，参与卡尔文循环形成淀粉等，植物体在晚上有机酸含量高，碳水化合物含量下降，白天则相反，这种有机酸合成随日变化的代谢类型称为景天酸代谢（CAM）。

（三）按农业生产特点分类

按播种期，可分为春播作物、夏播作物、秋播作物、冬播作物等。在四川和南方一些地区通常分为小春作物和大春作物。凡秋冬季节播种，第二年春夏季节收获的作物为小春作物，一般为耐寒作物，如小麦、油菜等；大春作物是在春夏季节播种，夏秋季节收获，一般为喜温作物，如水稻、玉米、棉花、大豆等。

按播种密度和田间管理等，可分为密植作物和中耕作物等。

（四）按用途和植物学系统相结合分类

这是生产上最常用的分类方法，一般将作物分成四大部分，九大类。

1. 粮食作物（或称食用作物）

（1）谷类作物

绝大部分属禾本科，主要作物有小麦、大麦（包括皮大麦和裸大麦）、燕麦（包括皮燕麦和裸燕麦）、黑麦、稻、玉米、谷子、高粱、黍、稷、稗、龙爪稷、蜡烛稗、薏苡等，也称为禾谷类作物。荞麦属蓼科，其谷粒可供食用，习惯上也将其列入此类。

（2）豆类作物（或称菽谷类作物）

属豆科，主要收获其种子或果实，蛋白质含量较高，常见的作物有大豆、豌豆、绿豆、小豆、蚕豆、豇豆、菜豆、小扁豆、蔓豆、鹰嘴豆等。

（3）薯芋类作物（或称根茎类作物）

植物学上的科、属不一，主产品器官一般为生长在地下的变态根或茎，多为淀粉类食物，常见的有甘薯、马铃薯、木薯、豆薯、山药（薯蓣）、芋、菊芋、蕉藕等。

2. 经济作物（或称工业原料作物）

（1）纤维作物

包括：种子纤维作物，如棉花；韧皮纤维作物，如亚麻、红麻、黄麻、苘麻、苎麻、洋麻等；叶纤维作物，如龙舌兰麻、蕉麻、菠萝麻等。

（2）油料作物

其主产品器官的油脂含量较高，常见的有花生、油菜、芝麻、向日葵、蓖麻、苏子、红花等。

（3）糖料作物

主要有甘蔗和甜菜，一般南方为甘蔗，北方为甜菜，即南蔗北菜。此外还有甜叶菊、芦粟等。

（4）其他作物

有些是嗜好作物，主要有烟草、茶叶、薄荷、咖啡、啤酒花、代代花等。此外还有挥发性油料作物，如香茅草等。

3. 饲料及绿肥作物

豆科中常见的有苜蓿、苕子、紫云英、草木樨、田菁、柽麻、三叶草、沙打旺等；禾本科中常见的有苏丹草、黑麦草、雀麦草等；其他的有红萍、水葫芦、水浮莲、水花生等。

4. 药用作物

药用作物种类繁多，包括：根及根茎类，如人参、川芎等；皮类，如杜仲、黄檗、厚朴等；花类，如红花、菊花等；全草类，如柴胡、薄荷等；果实与种子类，如薏苡、枳实等；叶类，如大叶桉等；茎藤类，如大血藤等。

随着保健事业的发展，对中草药的需求不断增长，野生草药已供不应求，人工栽培迅速地发展起来，国家已将其列入重点产业，并逐步发展成一门独立的学科。

上述分类是相对的，有些作物可以有几种用途，例如，大豆既可食用，又可榨油；亚麻不仅是一种纤维作物，其种子还可以用来提取油料；玉米既可食用，又可作为青贮饲料；马铃薯既可作为粮食，又可作为蔬菜；红花的花是药材，种子是油料。因此，上述分类不是绝对的，同一作物，根据需要，有时可以划到这一类，有时又把它归并到另一类。

第二节　作物的生长发育与产量、品质形成理论

一、作物生长发育的有关概念

（一）作物生长与发育

在作物的一生中，有两种基本生命现象，即生长和发育。生长是指作物个体、器官、组织和细胞在体积、重量和数量上的增加，是一个不可逆的量变过程。例如，风干种子在水中的吸胀，体积增加，就不能算作生长，因为死的风干种子同样可以增加体积；而营养器官根、茎、叶的生长，通常可以用大小、轻重和多少来度量，则是生长。发育是指作物细胞、组织和器官的分化形成过程，也

就是作物发生形态、结构和功能上质的变化，有时这种过程是可逆的，如幼穗分化、花芽分化、维管束发育、分蘖芽的产生、气孔发育等。叶的长、宽、厚、重的增加谓之生长；而叶脉、气孔等组织和细胞的分化则为发育。

作物的生长和发育是交织在一起进行的，二者存在着既矛盾又统一的关系：没有生长，就谈不上发育；没有相伴的生长，发育一般也不能继续正常进行。生长和发育有时又是相互矛盾的。从生产实践的角度分析，作物生长与发育经常出现4种类型。①协调型：生长与发育都良好，始终协调发展，能全面发挥品种潜力，达到高产、优质、低耗、高效；②徒长型：营养生长过旺，生殖器官发育延迟或不良以致低产、劣质、高消耗；③早衰型：营养生长不足，生殖器官分化发育过早过快，如禾谷类的"早穗"，穗少，穗小，未能发挥品种潜力，严重减产；④僵苗型：前期僵苗，生长不良，生育迟缓，以致迟熟、低产、品质差。

（二）作物营养生长与生殖生长

作物营养器官根、茎、叶的生长称为营养生长，生殖器官花、果实、种子的生长称为生殖生长。通常以花芽分化（幼穗分化）为界限，把生长过程大致分为两段，前段为营养生长期，后段为生殖生长期。但作物从营养生长期过渡到生殖生长期之前，均有一段营养生长与生殖生长同时并进的阶段。例如，单子叶的禾谷类作物，从幼穗分化到抽穗开花，这一时期不仅有营养器官的进一步分化和生长，也有生殖器官的分化和生长，这一阶段也是植株生长最旺盛的时期。

营养生长与生殖生长关系密切。营养生长期是生殖生长期的基础，如果作物没有一定的营养生长期，通常不会开始生殖生长。例如，水稻早熟品种一般要生长到3叶期以后才开始幼穗分化；小麦发育最快的春性品种需生长到5~6片叶后才开始幼穗分化；玉米的早熟品种要生长到6片叶时、晚熟品种需生长到8~9片叶时才开始雄穗分化。营养生长期生长的优劣直接影响生殖生长期生长的优劣，并会最终影响作物产量的高低。

营养生长和生殖生长并进阶段两者矛盾大，要促使其协调发展。在作物营养生长和生殖生长并进阶段，营养器官和生殖器官之间会形成一种此消彼长的竞争关系，加上彼此对环境条件及栽培技术的反应不尽相同，从而影响营养生长和生殖生长的协调和统一。这一阶段如果营养生长过旺，像水稻、小麦等会出现群体过大，叶片肥硕，植株过高等现象，容易引起后期倒伏。此外，还会使幼穗分化受到影响，造成穗多，粒少，空壳多，致使产量降低。在生殖生长期，作物主要是生殖生长，但营养器官的生理过程还在进行，并且对生殖生长的影响还很大，如果营养生长过旺，则导致后期贪青倒伏，影响种子和果实的形成；如果营养生长太差，则会引起作物早衰，同样影响种子和果实的形成。

（三）作物的生育期和生育时期

1. 作物生育期

作物从出苗到成熟之间的总天数即作物的一生，称为作物的生育期。作物生育期的长短主要是由作物的遗传性和所处的环境条件决定的。同一作物的生育期长短因品种而异，有早、中、晚熟之分。早熟品种生长发育快，主茎节数少，叶片少，成熟早，生育期较短；晚熟品种生长发育慢，主茎节数多，叶片多，成熟迟，生育期较长；中熟品种各种性状均介于以上二者之间。

作物生育期的长短也受环境条件的影响。作物在不同地区栽培由于温度、光照的差异，生育期也会有变化。例如，水稻是喜温的短日照作物，对温度和日夜长短反应敏感。从南方到北方引种，由于纬度增高，生长季节的白天长，温度又较低，一般生育期延长；反之，从北方向南方引种，由于纬度降低，白天较短，温度较高，生育期缩短。相同的品种在不同的海拔种植，因温度、光照条件不同，生育期也会发生变化。在相同的环境条件下，各个品种的生育期长短是相当稳定的。

栽培措施对生育期也有很大的影响。作物生长在肥沃的土地上或施氮较多时，土壤碳氮比低，茎叶常常生长过旺，成熟延迟，生育期拖长。如果土壤缺少氮素，碳氮比高，则生育期缩短。一般来说，早熟品种单株生产力低，晚熟品种单株生产力高，但这并不是绝对的。

2. 作物生育时期

作物的生育时期是指作物一生中其外部形态上呈现显著变化的若干时期。在作物的一生中，其外部形态特征总是呈现若干次显著的变化，根据这些变化，可以划分为若干个生育时期。目前各种作物的生育时期划分方法尚未完全统一，几种主要作物的生育时期大致如下。

禾谷类：出苗期，分蘖期，拔节期，孕穗期，抽穗期，开花期，成熟期。

豆类：出苗期，分枝期，开花期，结荚期，鼓粒期，成熟期。

棉花：出苗期，现蕾期，花铃期，吐絮期。

油菜：出苗期，现蕾期，抽薹期，开花期，成熟期。

黄、红麻：出苗期，苗期，现蕾期，开花结果期，工艺成熟期，种子成熟期。

甘薯：出苗期，采苗期，栽插期，还苗期，分枝期，封垄期，落黄期，收获期。

马铃薯：出苗期，现蕾开花期，结薯期，成熟期，收获期。

甘蔗：萌芽期，苗期，分蘖期，蔗茎伸长期，成熟期。

对于不利用分蘖的作物，如玉米、高粱等，可不必列出分蘖期。为了更详细地进行说明，还可将个别生育时期划分得更细一些。比如，开花期可细分为始花、盛花、终花三期，成熟期又可再分为乳熟、蜡熟、完熟三期等。

二、作物生长发育与环境的关系

（一）作物与光

作物生产所需要的能量主要来自太阳光，其次来自各种不同的人工光源。光是作物生产的基本条件之一。据估计，作物体中 90% ~ 95% 的干物质是作物光合作用的产物。光对作物生长发育的影响是通过其光照强度、日照长度和光周期的影响而达到的。

1. 光照强度

光照强度可通过影响作物器官的形成和发育以及光合作用的强度来影响作物的生长发育。充足的光照对于作物器官的建成和发育是不可缺少的。作物的细胞增大和分化、组织和器官分化、作物体积增大和重量增加等都与光照强度有密切的关系；作物的各器官和组织在生长和发育上的正常比例，也与光照强度有关系。作物花芽的分化、形成和果实的发育也受光照强度的影响。

2. 日照长度

从植物生理的角度而言，作物从营养生长向生殖生长的转化受到日照长度的影响，或者说受昼夜长短的控制，作物发育对日照长度的这种反应称为光周期现象。根据作物发育对光周期的反应不同，可把作物分为长日照作物、短日照作物、中日照作物、定日照作物。

同一作物的不同品种，可能对日照长度的反应不同。例如，水稻中的晚稻对日照要求严格，在长日照下不开花结实；但早稻则对日照不那么敏感，日照稍长或缩短都可开花结实。又如，烟草有长日型、短日型及中间型三种。

3. 光周期在作物栽培上的应用

（1）引种调节

在作物引种时应特别注意作物开花对光周期的要求。一般来说，短日照作物由南方（短日照、高温）向北方（长日照、低温）引种时，由于北方生长季节内日照时效比南方长，气温比南方低，往往出现营养生长期延长，开花结实推迟的现象。例如，当把华南的短日照作物红麻移到华北种植时，由于生长季节的日照比原产地长，茎叶一般生长茂盛，却不能结实。要想使红麻在华北开花、结实和就地留种，必须在出苗后连续进行 40 天左右的 10 小时短日照处理。短日照作物由北方向南方引种，则往往出现营养生长期缩短、开花结实提前的现象。

（2）播期调节

在作物栽培实践中，根据作物品种的光周期反应确定播种期是常有的事。例如，短日照作物水稻，从春到夏分期播种，结果播期越晚，抽穗越快。在水稻双季栽培时，早、中、晚熟种都可以作晚（后）季稻（但生育期长短不同）。冬性强的甘蓝型油菜可以早播，在秋季高温、短日照下不会早抽薹、开花，而有利于保证足够的营养生长期和及早成熟；而春性强的白菜型、芥菜型品种播种就较迟，否则会过早现蕾、开花，遭受冬季和早春冷害而增加无效花、蕾和无效角果数。

（二）作物与温度

1. 作物的基本温度

各种作物对温度的要求有最低点、最适点和最高点之分，称为作物对温度要求的三基点。在最适温度范围内，作物生长发育良好，生长发育速度最快；随着温度的升高或降低，生长发育速度减慢；当温度处于最高点和最低点时，作物尚能忍受，但只能维持其生命活动；当温度超出最高或最低温度时，会对作物造成伤害，甚至死亡。不同类型作物生长的温度三基点不同，同一作物不同品种的温度三基点也是不同的，同一作物的不同生育期、不同器官的温度三基点也不相同。

2. 极端温度对作物生长发育的影响

（1）低温对作物的危害

根据不同程度的低温又可分为霜冻害和冷害。

霜冻害是指作物体内冷却至冰点以下而引起组织结冰造成的伤害或死亡。作物在0℃以下的低温情况下，细胞间隙结冰，冰晶使细胞原生质膜发生破裂和原生质的蛋白质变性而使细胞受到伤害。作物受害的程度与降温的速度及温度上升的速度、冻害的持续时间有关。降温速度、温度回升速度慢，低温持续的时间较短，作物受害较轻。

冷害是指作物在遇到0℃以上低温时，生命活动受到影响而引起损害或发生死亡的现象。有人认为冷害是由于低温下作物体内水分代谢失调，扰乱了正常的生理代谢，使植株受害。也有人认为是由于酶促反应作用下水解反应增强，新陈代谢被破坏，原生质变性，透性加大使作物受害。

（2）高温对作物的危害

当温度超过最适温度范围后，再继续上升，就会对作物造成伤害。高温对作物危害的生理影响是使呼吸作用加强，物质合成与消耗失调，也会使蒸腾作用加强，破坏体内水分平衡，植株萎蔫，使作物生长发育受阻；同时，高温还会使作物局部灼伤。作物在开花结实期最易受高温伤害，如水稻，开花期的高温会对其结实率产生较大的影响。

3. 积温与作物生长发育

作物生长发育有其最低点温度，这一温度称为作物生物学最低温度，同时，作物需要有一定的温度总和才能完成其生命周期。通常把作物整个生育期或某一生长发育阶段内高于一定温度以上的日平均温度的总和称为某作物整个生育期或某生育阶段的积温。积温可分为有效积温和活动积温。在某一生育期或全生育期中高于生物学最低温度的日平均温度称为当日的活动温度，而日平均温度与生物学最低温度的差数称为当日的有效温度。例如，冬小麦幼苗期的生物学最低温度为 3 ℃，而某天的平均温度为 8.5 ℃，这一天的活动温度为 8.5 ℃，而有效温度则为 5.5 ℃。活动积温是作物全生育期或某一生育阶段内活动温度的总和，而有效积温则是作物全生育期或某一生育阶段的有效温度的总和。需要强调的是，在作物生产上有效积温一般比活动积温更能反映作物对温度的要求。

（三）作物与水

1. 作物对水分的吸收

水是生命起源的先决条件，没有水就没有生命。植物的一切正常生命活动都必须在细胞含有水分的状况下才能发生。根是作物吸收水分的主要器官。作物通过根系从土壤中吸收大量水分，只有 0.1%~0.2% 用于制造有机物，连同组成作物体内的水分在内也不超过 1%，其余绝大部分的水通过蒸腾作用而散失掉。

2. 水分的生理生态作用

（1）水是细胞原生质的重要组成成分

原生质含水量在 70%~80% 以上才能保持代谢活动正常进行。随着含水量的减少，生命活动会逐渐减弱，若失水过多，则会引起其结构破坏，导致作物死亡。

（2）水是代谢过程的重要物质

水是光合作用的原料，许多有机物质的合成和分解过程中都有水分子参与。没有水，这些重要的生化过程都不能进行。

（3）水是各种生理生化反应和运输物质的介质

植物体内的各种生理生化过程，如矿质元素的吸收、运输，气体交换，光合产物的合成、转化和运输以及信号物质的传导等，都需以水作为介质。

（4）水分使作物保持固有的姿态

作物细胞吸足了水分，才能维持细胞的紧张度，保持膨胀状态，使作物枝叶挺立，花朵开放，根系得以伸展。水分不足，作物会出现萎蔫状态，气孔关闭，光合作用受阻，严重缺水会导致作物死亡。

（5）水分的生态作用

作物通过蒸腾散热，调节体温，以减轻烈日的伤害；水温变化幅度小，在水稻育秧遇到寒期时，可以灌水护秧；高温干旱时，也可通过灌水来调节作物周围的温度和湿度，改善田间小气候；可以通过水分促进肥料的释放，从而调节养分的供应速度。

3. 旱、涝对作物的危害

（1）干旱对作物的影响

缺水干旱常对作物造成旱害。旱害是指长期持续无雨，又无灌溉和地下水补充，致使作物需水和土壤供水失去平衡，对作物生长发育造成的伤害。不同作物的耐旱能力不同，同一作物不同品种的耐旱能力也有差异。干旱时，同一品种在不同生长发育阶段的受害程度又有所不同，一般在作物需水临界期和最大需水期受害最重。

（2）涝害

涝害是指长期持续阴雨，或地表水泛滥，淹没农田，或地势低洼的田间积水，水分过剩，土壤缺乏氧气，根系呼吸减弱，久而久之会引起作物窒息、死亡的现象。土壤水分过多，抑制好氧性微生物的活动，土壤以还原反应为主，许多养分被还原成无效状态，并产生大量有毒物质，使作物根系中毒、腐烂，甚至引起死亡。

（四）作物与空气

1. 氧气

氧气主要是通过影响作物的呼吸作用而对作物的生长发育产生影响的。依据呼吸过程是否有氧气的参与，可将呼吸作用分为有氧呼吸和无氧呼吸，其中，有氧呼吸是高等植物呼吸的主要形式，能将有机物较彻底地分解，释放较多的能量；在缺氧情况下，作物被迫进行无氧呼吸，不仅释放的能量很少，而且产生的酒精会对作物有毒害作用。作物地下部分会因土壤板结或渍水造成氧气不足，这往往是造成作物死苗的一个重要原因，特别是油料作物。

2. 二氧化碳（CO_2）

CO_2 影响作物的生长发育主要是通过影响作物的光合速率而造成的。光照下，CO_2 的浓度为零时，作物叶片只有光、暗呼吸，光合速率为零。随着 CO_2 浓度的增加，光合速率逐渐增强，当光合速率和呼吸速率相等时，环境中的 CO_2 浓度即为 CO_2 补偿点。当 CO_2 浓度增加至某一值时，光合速率便达到最大值，此时环境中的 CO_2 浓度称为 CO_2 饱和点。C_4 作物（如玉米、高粱等）的 CO_2 补偿

点和 CO_2 饱和点都比 C_3 作物（如水稻、小麦、花生等）要低，因此，C_4 作物对环境中 CO_2 的利用率要高于 C_3 作物。

3. 氮气与固氮作用

豆科作物通过与它们共生的根瘤菌能够固定和利用空气中的氮素。据估计，大豆每年的固氮量达到 $57\sim94$ kg/hm^2，三叶草达到 $104\sim160$ kg/hm^2，苜蓿达到 $128\sim600$ kg/hm^2。可见，不同豆科作物的固氮能力有较大的差异。豆科作物根瘤菌所固定的氮素占其需氮总量的四分之一至二分之一，虽然并不能完全满足作物一生中对氮素的需求，但减少了作物生产中氮肥成本的投入。因此，合理地利用豆科作物是充分利用空气中氮资源的一种重要途径。

（五）作物与土壤条件

1. 作物与土壤酸碱度

各种作物对土壤酸碱度（pH）都有一定的要求。多数作物适于在中性土壤中生长，典型的"嗜酸性"或"嗜碱性"作物是没有的。不过有些作物及品种比较耐酸，另一些则比较耐碱。可以在酸性土壤中生长的作物有荞麦、甘薯、烟草、花生等，能够忍耐轻度盐碱的作物有甜菜、高粱、棉花、向日葵、紫花苜蓿等。紫花苜蓿被称作盐碱地的先锋作物。种植水稻也是改良盐碱地的一项措施。

2. 作物与土壤养分

作物生长和形成产量需要大量营养的保证。不过从施肥和作物对营养元素反应的角度，常常把作物分作喜氮、喜磷、喜钾三大类。

（1）喜氮作物

水稻、小麦、玉米、高粱属于这一类，它们对氮肥反应敏感。

（2）喜磷作物

油菜、大豆、花生、蚕豆、荞麦等属于这一类。施用磷肥后，一般增产比较显著。北方的土壤几乎普遍缺磷，南方的红、黄壤更是缺磷，施磷肥增产效果良好。

（3）喜钾作物

糖料、淀粉、纤维作物（如甜菜、甘蔗、烟草、棉花、薯类、麻类等）属于这一类，向日葵也属于喜钾作物。施用钾肥对这些作物的产量和品质都有良好的作用。

不同作物不同品种的养分需要量决定了产量的高低和植株各个器官在生物产量之中所占的比例（器官平衡），因为不同器官的 N（氮）、P（磷）、K（钾）含量有很大的差别。不同作物对微量元素的需要量不同，水稻需硅较多，被称为硅酸盐作物；油菜对硼反应敏感；豆科和茄科作物则需要较多的钙。

3. 作物与土壤有机质

土壤有机质是土壤的重要组成成分，它与土壤的演变、肥力水平和许多属性都有密切关系。有机质是各种作物所需养分的源泉，它能直接或间接地供给作物生长所需的氮、磷、钾、钙、镁、硫和各种微量元素。有机质可促进土壤团粒结构的形成，能改善土壤的物理和化学性质，影响和制约土壤结构的形成及通气性、渗透性、缓冲性、交换性和保水保肥性能，而这些性能的优劣与土壤肥力水平的高低是一致的。对农田来说，培肥的中心环节就是保持和提高土壤有机质含量，培肥的重要手段就是增施各种有机肥、秸秆还田和种植绿肥。

4. 土壤污染对作物的影响

土壤中的有毒物质能直接影响作物的生长，使作物生长发育减弱，作物的光合作用和蒸腾作用下降，产量减少，产品质量变劣，而且通过食物链影响人体健康。近年来，国内外治理土壤污染按处理方式分为工程措施、生物措施、改良剂措施和农业措施 4 类。工程措施是指用物理（机械）、物理化学原理治理污染土壤，常见的有客土、换土、去表土、翻土，以及隔离法、清洗法、热处理和电化法（用电化学方法净化土壤中的重金属及部分有机污染物）。生物措施是利用某些特定的动、植物和微生物较快地吸走或降解土壤中的污染物质，而达到净化土壤的目的。改良剂措施是施用改良剂、抑制剂等降低土壤污染物的水溶性、扩散性和生物有效性，从而降低它们进入植物体、微生物体和水体的能力，减轻对生态环境的危害。农业措施包括：增施有机肥提高土壤环境容量，增加土壤胶体对重金属和农药的吸附能力；控制土壤水分；调节土壤氧化还原状况以及硫离子含量，降低污染物危害；选择合适形态的化肥，减少重金属对作物的污染；选择抗污染的作物品种。

三、作物产量及其形成

（一）作物产量概念

1. 生物产量

作物利用太阳光能，通过光合作用，同化 CO_2、水形成有机物，进行物质和能量的转化和积累，形成作物的根、茎、叶、花、果实和种子等器官。作物在整个生育期间生产和积累有机物的总量，即整个作物的总干物质量的收获量称为生物产量。

2. 经济产量

经济产量是作物在单位面积上所收获的有经济价值的主要产品的重量，生产中一般所指的产量即经济产量。由于作物种类和人们栽培的目的不同，不同作物所提供的产品器官各不相同，如禾谷类（水稻、小麦、玉米等）、豆类和油料作物（大豆、花生、油菜等）的主产品是籽粒，薯类作物（甘薯、马铃薯、木薯等）的产品是块根或块茎，棉花是种子上的纤维，绿肥饲料作物是全部茎叶等。

3. 经济系数

经济系数又称收获指数，是经济产量与生物产量的比率，可用下列公式表示：

$$经济系数或收获指数 = \frac{经济产量}{生物产量}$$

在正常情况下，经济产量的高低与生物产量成正比，尤其是以收获茎叶为目的的作物。经济系数是综合反映作物品种特性和栽培技术水平的一个通用指标。经济系数越高，说明植株对有机物的利用越经济，栽培技术措施的应用越得当，单位生物量的经济效益也就越高。

（二）作物产量构成因素

作物的产量构成因素是指构成主产品（经济产量）的各个组成部分，因作物种类和研究工作者的需要来确定（见表1-1），例如，禾谷类作物的产量构成为：产量=单位面积穗数×平均单穗产量，由于平均单穗产量=单穗粒数×单粒重量，所以，产量=单位面积穗数×单穗粒数×单粒重量。式中的穗数、单穗粒数和单粒重量（粒重）称为产量的构成因素。作物的种类不同，其产量构成因素也有所差异，主要表现在单株产量的组成上。

表 1-1　各类作物产量构成因素

作物	产量构成因素
禾谷类	穗数、每穗实际粒数、粒重
豆类	株数、每株有效分枝数、每分枝荚数、每荚实粒数、粒重
薯类	株数、每株薯块数、单薯重
棉花	株数、每株有效铃数、每铃籽棉重、衣分
油菜	株数、每株有效分枝数、每分枝角果数、每角果粒数、粒重
甘蔗	有效茎数、单茎重
烟草	株数、每株叶数、单叶重
绿肥	株数、单株重

研究不同作物产量构成因素的形成过程与相互关系以及影响这些成分的因素，以便采用相应的农业技术措施，为满足作物高产的要求提供可靠依据，这是作物高产栽培研究的重要内容之一。田间测产时，只要测得各构成因素的平均值，便可计算出理论产量。

（三）产量构成因素间的相互关系

1. 产量构成因素的相互制约

作物产量一般随产量构成因素数值的增大而增大，但由于作物群体密度和种植方式等不同，个体所占营养面积和生育环境也不同，植株和器官生长存在着差异。如禾谷类作物，在不同产量水平下，各产量构成因素之间存在一定的关系，在单位面积上穗数增至一定程度以后，单穗粒数或单粒重有减少的趋势。

2. 产量构成因素的相互补偿

作物产量构成因素具有较强的补偿能力，即自动调节能力。这种补偿能力可在作物生育的中、后期表现出来，并随生育进程而降低。作物的种类不同，其补偿能力也有差异。禾谷类作物产量构成因素的补偿能力最具代表性。

（1）穗数

穗数是禾谷类作物产量因素中补偿能力最大的因素。成熟植株的穗数，是作物生育进程中分蘖发生和消亡的结果，分蘖发生的多少和最后成穗的数目表明了作物对环境的有效调节。通常多数后生分蘖不抽穗而死亡，其死亡数目取决于品种特性和环境条件。一般早生分蘖的穗子较大，产量较高，每抹分蘖依其发生的推迟，产量依次降低。无数分蘖的死亡次序与其发生的顺序相反，最后发生的最小分蘖首先死亡。

（2）粒重和粒数

开花后的结实是最后决定单位面积和每穗的籽粒数目至关重要的过程，主要取决于籽粒充实期中作物光合产物的多少及其可能转移到籽粒中去的程度。若单位面积结实粒数过多，在单茎吸收功能不提高的情况下，则平均分配到每一个籽粒的养分量减少，籽粒重量就有可能下降。

综上所述，作物产量构成因素的补偿作用是作物生长后期的产量因素补偿生长前期损失的产量因素。若基本苗不足或播种密度低，可以通过大量发生分蘖和形成较多的穗数来补偿；若穗数不足，可通过每穗粒数和粒重的增加加以补偿。作物生长前期的补偿作用往往大于生长后期，而补偿程度则因品种间、生境间和年份间的不同而有较大的差异。

（四）作物产量形成机理

1. 作物产量的物质来源

作物产量的形成是作物整个生育期内利用光合器官将太阳能转化为化学能，将无机物转化为有机物，最后转化为具有经济价值即收获产品的过程，因此，光合作用是产量形成的生理基础。

光合作用与生物产量、经济产量的关系如下：

生物产量=光合面积×光合能力×光合时间−消耗

经济产量=生物产量×经济系数

=（光合面积×光合能力×光合时间−消耗）×经济系数

凡是光合面积适当大，光合能力高，光合时间长，光合产物消耗少，光合产物的分配利用较为合理的作物，就能获得高产。

（1）光合面积与产量

光合面积是指作物上所有的绿色面积，包括所有具有叶绿体、能进行光合作用的各个部位。禾谷类作物包括幼嫩的茎、叶片、叶鞘、颖片，豆科作物包括幼嫩的茎、叶、分枝、豆荚等，但主要是叶面积。光合面积与产量关系十分密切，是最易控制的一个因素。

在适宜的条件下，叶面积较大，制造的同化产物也较多。通常群体叶面积用叶面积指数（Leaf Area Index，LAI）来表示，即叶面积指数=绿叶面积/土地面积。各种作物均有其最适的或临界的叶面积指数，其最适点处于干物质增重速率开始停滞或下降的时候。据测定，几种主要作物的临界叶面积指数，马铃薯为3.5~4，玉米约为5，小麦为6~8.8，水稻为4~7。

（2）光合能力与产量

光合能力的强弱一般以光合强度、光合生产率或光合势为指标。

①光合强度。光合强度又称为光合速率，是指单位时间内单位叶面积吸收、同化二氧化碳的毫克数。大多数作物在一般情况下光合强度只有5~25 mg/（dm^2·h）。

②光合生产率。光合生产率又称为净同化率（NAR），是指单位叶面积在单位时间内所积累的干物质的数量。

③光合势（LAD）。光合势即叶日积，是指在某一生育期间或整个生育期内作物光合器官持续时间的长短，可以用群体叶面积与其持续时间相乘的积来表示，其单位是 m^2·d。光合势标志着作物在生育期间，在单位土地面积上总共有多少平方米的叶面积进行了多少天的光合作用。在群体生长正常的条件下，光合势与干物质积累数量呈正相关。高产玉米、大豆群体全生育期的总光合势为（15~25）×10^4 m^2·d，因叶面积大小和延续时间长短而异。

（3）光合时间与产量

一般生育期较长的品种，其产量较生育期短的品种为高。尤其是在作物灌浆成熟期间，产量的内容物大部分是在此期间制造和积累的，如果能创造适宜的外界环境条件，尽可能地维持叶片的光合功能和根系的活力，延迟衰亡时期的到来，便可促进籽粒重量的增加，从而提高产量。

（4）光合产物的消耗与产量

作物在生命活动中需要不断地消耗能量，主要包括呼吸消耗、器官脱落和病虫危害等，其中以作物的呼吸消耗为主。作物光合产物的消耗对光合产物的累积不利，因此在生产上应尽量减少消耗。其中呼吸作用消耗光合产物的30%左右或更多，但同时又提供维持生命活动和生长所需要的能量及中间产物，因此正常的呼吸作用是必要的。C_3作物光的呼吸增加了呼吸消耗，特别是在二氧化碳浓度较低、光照较强时，光呼吸旺盛；不良环境条件，如高温、干旱、病菌侵染、虫食等，都会造成呼吸增强，超过生理需要而过多地消耗光合产物。温度是影响呼吸消耗的最主要因素，干旱和郁闭条件也会增加呼吸消耗。

2. 作物产量容器的容积

同化器官所制造的同化产物，必须有适当的仓库或容器来容纳，才能形成产量。作物的繁殖器官或储藏器官，就是这种仓库或容器。以水稻为例，其产量容器的容积取决于下列因素：

产量容器的容积＝每平方米的穗数×每穗颖花数×谷壳的容积

要获得高产，必须塑造尽可能大的产量容器，因为不能期望获得比容器的容积更大的产量。各种不同作物的产量容积及其影响因素不一样，如小麦、玉米的籽粒，虽然没有谷壳的包围，较易膨大，但仍受其遗传性所决定的每粒大小的上限所限制。甘薯、马铃薯、甜菜等作物，在产量内容物的积累期间，其薄壁组织仍可不断地进行细胞分裂和生长，产量容积较少受到限制。针对作物个体发育过程中储藏器官分化发育的特点，采取适当的栽培措施，也能充分挖掘其扩大容量的潜力，从而提高产量。

3. 作物产量内容物的运输和分配

（1）同化物的运输

同化物运输的途径是韧皮部，在韧皮部运输的同化物大部分是碳水化合物（主要形式是蔗糖），少数是有机含氮物（以氨基酸和酰胺形式为主）。作物体内同化物的运输速度一般是$40\sim100$ cm/h。一般来说，C_4植物比C_3植物输出的速度高。光强度的增加和光合作用的增强，温度的增高以及库对同化物需求的增加，都能导致同化物从源到库运转速度的提高。

（2）同化物的分配

作物光合作用形成的同化物的分配直接关系经济产量的高低。据研究，同化物分配的方式主要取决于各种库的吸力的大小及库与源相对位置的远近，同时，也在一定程度上受到维管素联结方式的制约。一般来说，新生的代谢旺盛的幼嫩器官，竞争能力较强，能分配到较多的同化产物；库与源相对位置较近时，能分配到的同化物也较多。

4. 作物产量形成过程

产量形成过程是指作物产量的构成因素形成和物质积累的过程，也就是作物各器官的建成过程及群体的物质生产和分配的过程。

（1）禾谷类作物产量形成

单位面积的穗数由株数（基本苗）和每株成穗数两个因子所构成。因此，穗数的形成从播种开始，分蘖期是决定阶段，拔节、孕穗期是巩固阶段。每穗实粒数的多少取决于分化小花数、退化小花数、可孕小花数的受精率及结实率。每穗实粒数的形成始于分蘖期，取决于幼穗分化至抽穗期及扬花、受精结实过程。粒重取决于籽粒容积及充实度，主要决定时期是受穗结实、果实发育成熟时期。

（2）双子叶作物产量形成

不同作物的产量构成因素不同，其形成过程也各有特点。一般而言，单位面积果数（如油菜角果数和花生、大豆的荚数）取决于密度和单株成果数。因此，自播种出苗（或育苗移栽）就已开始形成这一产量构成因素，中后期开花受精过程是决定阶段，果实发育期是巩固阶段。每果种子数开始于花芽分化，取决于果实发育。粒重取决于果实种子发育时期。

（3）影响产量形成的因素

①内在因素。品种特性如产量性状、耐肥、抗逆性等生长发育特性及幼苗素质、受精结实率等均影响产量形成过程。

②环境因素。土壤、温度、光照、肥料、水分、空气、病虫草害的影响较大。

③栽培措施。种植密度、群体结构、种植制度、田间管理措施在某种程度上是取得群体高产优质的主要调控手段。

（五）作物高产的途径

1. 培育光合效率高的农作物品种和物种

理想基因型应具备高光合能力、低呼吸消耗，光合机能保持时间长，叶面积适当；要求株型好；叶片配置合理，使之长期有利于田间群体最大限度地利用光能，作物的经济系数高。

2. 采用适宜调控技术，提高植株光合功能

（1）复种与间作套种

通过改一熟制为多熟制或采用再生稻等种植方式，或建立间作、套种的复合群体，既可以相对延长光合时间，有效地利用全年的太阳能，又能使得单位时间和单位面积上增加对太阳能的吸收量，减少反射、漏光的损失。

（2）合理密植

使生长前期叶面积迅速扩大，生长中后期达到最适叶面积指数，并且持续时间长，后期叶面积指数缓慢下降，增大农田吸收太阳能的叶面积，保持较高的光合速率，提高农田光合产物的总量。

（3）培育优良株型

通过合理的栽培，特别是延缓型或抑制型植物生长调节剂的使用，能够在某种程度上改善作物的株型和叶型，形成田间作物群体的最佳多层立体配置，形成群体上下层次都有较好的光照条件。

（4）改善水肥条件

改善农田水肥条件，培育健壮的作物群体，增强植株的光合能力。

（5）增加田间 CO_2 浓度

在大田生产中要注意合理密植及适宜的行向和行距，改善通风透光条件，促使空气中的 CO_2 不断补偿到群体内部，有利于增强光合作用。在土壤中适当增施有机肥，因有机肥分解时也会放出 CO_2。

四、作物品质及其形成

（一）作物的品质及其评价标准

1. 作物的品质

作物的品质是指产量器官，即目标产品的质量。作物种类不同，用途各异，对它们的品质要求也各不一样。依据人类栽培作物的目的，可将作物分为两大类：一类是作为人类及动物的食物，包括各类粮食作物和饲料作物等；另一类是作为人类的食用、衣着等的轻工业原料，包括各类经济作物。对于食用作物来说，品质的要求主要包括食用品质和营养品质等方面；对于经济作物来说，品质的要求包括工艺品质和加工品质等方面。

2. 作物品质的评价指标

（1）形态指标

形态指标是指根据作物产品的外观形态来评价品质优劣的指标，包括形状、大小、长短、粗细、厚薄、色泽、整齐度等。

（2）理化指标

理化指标是指根据作物产品的生理生化分析结果评价品质优劣的指标。包括各种营养成分如蛋白质、氨基酸、淀粉、糖分、维生素、矿物质的含量，各种有害物质如残留农药、有害重金属的含量等。

3. 食用品质和营养品质

所谓食用品质，是指蒸煮、口感和食味等的特性。稻谷加工后的精米，其内含物的90%左右是淀粉，因此稻谷的食用品质很大程度上取决于淀粉的理化性状，如直链淀粉含量、糊化温度、胶稠度、胀性和香味等。

所谓营养品质，主要是指蛋白质含量、氨基酸组成、维生素含量和微量元素含量等。营养品质也可归属于食用品质的范畴。一般来说，有益于人类健康的成分越丰富，产品的营养品质就越好。

4. 工艺品质和加工品质

工艺品质是指影响产品质量的原材料特性。例如，棉纤维的长度、韧度、整齐度、成熟度、转曲、强度等，烟叶的色泽、油分、成熟度等外观品质也属于工艺品质。

加工品质是指不明显影响产品质量，但对加工过程有影响的原材料特性。如糖料作物的含糖量，油料作物的含油率，棉花的衣分，向日葵、花生的出仁率，以及稻谷的出糙率和小麦的出粉率等，均属于与加工品质有关的性状。

（二）作物品质的形成过程

1. 糖类的积累过程

作物产量器官中储藏的糖类主要是蔗糖和淀粉。蔗糖的积累过程比较简单，叶片等的光合产物以蔗糖的形态经维管束输送到储藏组织后，先在细胞壁部位被分解成葡萄糖和果糖，然后进入细胞质合成蔗糖，最后转移至液泡被储藏起来。淀粉的积累过程与蔗糖有些类似，经维管束输送的蔗糖分解成葡萄糖和果糖后，进入细胞质，在细胞质内果糖转变成葡萄糖，然后葡萄糖以累加的方式合成直链淀粉或支链淀粉，形成淀粉粒。通常禾谷类作物在开花几天后，就开始积累淀粉。由非产量器官内暂储的一部分蔗糖（如麦类作物茎、叶鞘）或淀粉（如水稻叶鞘），也能以蔗糖的形态通过维管束输送到产量器官后被储藏起来。

2. 蛋白质的积累过程

豆类作物种子内的蛋白质特别丰富，如大豆种子的蛋白质含量可达40%左右。蛋白质由氨基酸合成。在种子发育成熟过程中，氨基酸等可溶性含氮化合物从植株的其他部位输出转移至种子中，然后在种子中转变为蛋白质，以蛋白质粒的形态储藏于细胞内。

谷类作物种子中的储藏性蛋白质，在开花后不久便开始积累。在成熟过程中，每粒种子所含的蛋白质总量持续增加，但蛋白质的相对含量则由于籽粒不断积累淀粉而逐步降低，就豆类作物大豆来看，开花后10~30天内种子中以氨基酸增加最快，此后氨基酸含量迅速下降，标志着后期氨基酸向蛋白质转化的过程有所加快。蛋白质的合成和积累通常在整个种子形成过程中都可以进行，但后期蛋白质的增长量可占成熟种子蛋白质含量的一半以上。

在豆类种子成熟过程中，果实的荚壳常起暂时储藏的作用，到了种子发育后期才转移到种子中去。在果实、种子形成前，植株体内一半以上的蛋白质和含氮化合物都储藏于叶片中，并主要存在于叶绿体内，在果实形成后，则开始向果实和种子转移。

3. 脂类的积累过程

作物种子中储藏的脂类主要为甘油三酯,包括脂肪和油,它们以小油滴的状态存在于细胞内。油料作物种子含有丰富的脂肪,如花生可达50%左右,油菜可达40%左右。在种子发育初期,光合产物和植株体内储藏的同化物以蔗糖的形态被输送至种子后,以糖类的形态积累起来,以后随着种子的成熟,糖类转化为脂肪,使脂肪含量逐渐增加。

油料作物种子在形成脂肪的过程中,先形成的是饱和脂肪酸,然后转变成不饱和脂肪酸,所以脂肪的碘价(每100 g植物油吸收的碘的克数)随种子成熟而增大。同时在种子成熟时,先形成脂肪酸,以后才逐渐形成甘油酯,因而酸值(中和1 g植物油中的游离脂肪酸所需的氢氧化钾的毫克数)随种子的成熟而下降。因此,种子只有达到充分成熟时才能完成这些转化过程。如果油料作物种子在未完全成熟时就收获,由于这些脂肪的合成过程尚未完成,那么不仅种子的含油量低,而且油质也差。

4. 纤维素的积累过程

纤维素是植物体内广泛分布的一种多糖,只是一般作为植株的结构成分存在。纤维素的合成积累过程与淀粉基本类似。

棉纤维的发育要经过纤维细胞伸长、胞壁淀积加厚和纤维脱水形成转曲三个时期。细胞壁淀积加厚期是纤维素积累的关键时期,历时25~35天。在开花5~10天后,在初生细胞壁内一层层向内淀积纤维素,使细胞壁逐渐加厚。

(三) 影响作物品质的因素

1. 受作物品种的影响

有关作物品质的许多性状,如形状、大小、色泽、厚薄等形态品质,蛋白质、糖分、维生素、矿物质含量及氨基酸组成等理化品质,都受到遗传因素的限制。因此,采用育种方法改善作物品质是一条行之有效的途径。

2. 环境条件对作物品质的影响

很多品质性状都受环境条件的影响,这是利用栽培技术改善作物品质的理论基础。

（1）温度

禾谷类作物的灌浆结实期是影响品质的关键时期，温度过低或过高均会降低粒重，影响品质。如水稻遇到15 ℃以下的低温，会降低籽粒灌浆速度，超过35 ℃的高温，又会造成高温逼熟。

（2）光照

由于光合作用是形成产量和品质的基础，因此光照不足，特别是品质形成期的光照不足会严重影响作物的品质。如南方麦区的小麦品质较差，其原因之一就是春季多阴雨，光照不足引起籽粒不饱满。

（3）水分

作物品质的形成期大多处于作物生长发育旺盛期，因此需水量大、耗水量多。如果此时通过水分胁迫，一般都会明显降低品质。

（4）土壤

土壤包括土壤肥力和土壤质地等多种因素。通常肥力高的土壤和有利于作物吸收矿质营养的土壤，常能使作物形成优良的品质。如酸性土壤施用石灰改土，可起到明显提高作物蛋白质含量的作用。

3. 受栽培技术的影响

作物的栽培技术总是围绕高产和优质进行的，因此，合理的栽培技术通常能起到改善品质的作用。

（1）播种密度

对于大多数作物而言，适当稀播后能起到改善个体营养的作用，从而在一定程度上提高作物品质。一般禾谷类作物的种子田都要较高产田密度稀一些，就是为了提高粒重，改善外观品质。生产上最大的问题通常是由于密度过大、群体过于繁茂，引起后期倒伏，导致品质严重下降。对于收获韧皮部纤维的麻类作物，适当密植可以抑制分枝生长，促进主茎伸长，从而起到改善品质的效果。

（2）施肥

氮肥对改善品质的作用最大，特别是在地力较低的中低产田，适当增施氮肥和增加追肥比例通常能提高禾谷类作物籽粒的蛋白质含量，起到改善品质的作用。但是施用氮肥过多，也容易引起物质转运不畅和倒伏等问题，反而导致品质下降。施用磷、钾肥及微量元素肥料，一般都能起到改善作物品质的作用。

（3）灌溉

根据作物需水规律，适当地进行灌溉补水，通常能改善植株代谢，促进光合产物的增加，从而改善作物的品质。对于大多数旱地作物来说，追肥后进行灌溉，能起到促进肥料吸收、增加蛋白质含量的作用。特别是当干旱已经影响到作物正常的生长发育时，进行灌溉补水不仅有利于高产，而且是保证品质的必需条件。

（4）收获

适时收获是获得高产优质的重要保证。如禾谷类作物大多数都是蜡熟或黄熟期收获产量最高、品质最好。再如棉花，收花过早，棉纤维成熟度不够，转曲减少；收花过晚，则由于光氧化作用，不仅会使转曲减少，而且纤维强度降低，长度变短。

第三节　作物的繁殖理论与技术

生物的繁殖是物种繁衍后代、延续种性的一种自然现象，也是生命的基本特征之一。生物具有产生与自身相似者的能力，这个复制的过程称为生物的繁殖。一株植物常常产生数百或数千的种子，不仅数目众多，而且由于适应各种不同的生存条件而产生变异，使之不断进化，所以，植物的繁殖具有很重要的意义。

植物的繁殖可分为有性繁殖和无性繁殖两大类。有性繁殖是指由雌雄配子交配后所形成的种子通过一定的培育过程产生出新植物个体的繁殖方法。无性繁殖是指利用植物的营养器官（根、茎、叶等）培育成独立的新植物个体的繁殖方法，具体又可分为分株、压条、扦插、嫁接、植物组织和细胞培养等。

一、有性繁殖（种子繁殖）

（一）种子的概念

种子在生产上的概念和在植物学上的概念是不相同的。植物学上所说的种子是指卵细胞受精以后胚珠逐渐发育而成的繁殖器官。种子至少包括两部分，即胚和种皮，有时还有胚乳，与胚同包藏于种皮之内。胚由合子发育而来，合子是胚囊内的卵细胞与花粉管内一精子相融合而成的。花粉管内另一精子与次级细胞相融合，经多次分裂，发育成胚乳，珠被则变为种皮，种皮为保护机构。胚是植物的雏形，犹如一个微型电脑，储存很多的信息，指导种子的生长发育。胚乳为养分储藏处（所），有的植物没有胚乳，而有发达的子叶，胚发育需要的养分储藏于子叶中。兰科植物种子没有胚或营养丰富的子叶，需要菌根与之共生或在培养基上培养种子才能萌发。

生产（栽培）上所说的种子是指用以繁殖后代或扩大再生产的播种材料，包括植物学上的种子（如油菜、豆类等）、果实（如禾谷类的颖果等）以及营养器官（如大蒜、百合的鳞茎，马铃薯的块茎，生姜的根茎，甘薯的块根等）。

（二）种子的采集与采后处理

1. 种子的采集

（1）种子的成熟与后熟

①种子的成熟。种子成熟包括两方面的含义，即形态上的成熟和生理上的成熟，只具备其中任何一个条件时，都不能称为真正的成熟。

②种子的后熟。所谓后熟，是指种子在果实中最后所进行的生理、生化过程，或者说是种子形态成熟至生理成熟所经历的那一段时间。它是对形态成熟先于生理成熟的种子而言的，例如瓜类、茄果类的种子，当果实成熟采集后，必须放置几天进行后熟，然后再取种。

（2）种子的采集时期

对于自然开裂、落地或因成熟而开裂的果实，为防止种子丢失，须在果实熟透前收获，如荚果、蒴果、长角果、针叶树的球果、某些草籽等；对于肉质果的种子，须在果实变得足够软时采集，以利去掉肉质部分，如桃、杏等；其余种类的种子在多数情况下，直接从成熟的植株上采集快要变干的种子。

（3）取种

取种过程因作物种类而异。一般颖果、蒴果、荚果、瘦果等的种子经敲打和机械处理后即自动脱出，如小麦、水稻、棉花、豆类等；肉质果的果实一般要后熟几天，然后切开果实取出种子，连同果汁一起发酵两天，漂洗后晾干，如黄瓜、番茄、甜瓜等。

2. 种子的采后处理

（1）种子的干燥

采集后的种子必须充分干燥，才能入库储藏。种子干燥的方法有日光干燥、火力干燥和冷冻干燥。大多数作物种类的种子采用日光晾晒干燥即可；对于种子较大，风干、晒干较慢的种子可用火力加热干燥；冬季寒冷地区，种子采集较晚，来不及晾干即上冻，可采取冷冻干燥法。

（2）种子的清选、分级

收获后的种子还须进行清选，去掉杂质。大粒种子可采用人工清选分级，小粒种子一般采用清选机进行。清选机的种类有悬吊手筛、溜筛、手摇风筛机、风车及多功能谷物清选机等，并在清选过程中，按大小、形状、表面状态、重量进行分级。

（三）种子的储藏

一般繁殖用种不需储藏年限过长，多采用简易储藏方法。根据不同作物种子的特点和寿命，常采用的方法有以下五种。

1. 干藏法

将干燥的种子放于冷室或通风库储藏，如大田作物的种子及部分花草、蔬菜的种子。

2. 干燥密闭法

将充分干燥的种子放入罐中或干燥器中，置于冷凉处，密封储藏。

3. 低温储藏法

将干燥种子置于 $1\sim5\ ℃$ 下保存，需有控温设备。

4. 层积储藏法

层积储藏法又称沙藏法。大多数落叶果树及一些花卉种子非常怕干，常采用湿沙层积处理。

5. 水藏法

某些水生花卉的种子，如睡莲、玉莲等，必须藏于水中或湿泥土中，才能保持其生活力。

（四）种子的生活力鉴定

进行种子生活力鉴定主要是为了了解种子的质量状况，以确定播种用量，达到合理播种、出苗整齐的目的。常用的方法有目测法、染色法和发芽试验法。

1. 目测法

直接观察种子的外部形态，根据种子的饱满度、色泽、粒重、剥皮后种胚及子叶颜色等判断种子活性。测定者需有一定的实践经验，才能准确判断。

2. 染色法

标准方法是用 TTC（氯化三苯基四氮唑）液染色。具有生活力的种子其种胚被染成浅红色，无活力的种子不上色。另外，还有红墨水染色，但染上红色的为无活力种子，不上色的具有生活力。

3. 发芽试验法

发芽试验法是鉴定种子生活力最准确、有效的方法，但所需时间较长。做法是随机取 100 粒种子，放在浸湿的吸水纸上，注意保温保湿，在种子发芽期内计算发芽种子数及发芽百分率。

（五）播种

1. 播种期

作物的适宜播种期因作物种类、当地的气候条件及栽培目的不同而异。总的原则是根据作物的生长发育特点及当地的气候生态条件，让其在一定时间内完成其生育周期，使其各生育期尤其是重要生育时期处于最佳的生长季节，以获得高产优质。

2. 播种方法

常见的播种方法有人工播种和机械播种。人工播种又分撒播、条播、点播（穴播）。机播也分机条播、机点播和机撒播。

（1）撒播

多用于育苗时播种及小粒种子的播种。如水稻育秧和蔬菜的育苗，苗长大后进行移栽。撒播要均匀，不可过密，播后镇压或覆土。

（2）条播

用工具先按一定行距开沟，沟内播种，覆土镇压，如小麦、韭菜、薤菜等。

（3）点播（穴播）

适于大粒种子。开穴播种，每穴若干粒，如豆类4~8粒，玉米、花生3~4粒，核桃、板栗、杏2~3粒，出苗后间苗定株。

（4）机械播种（简称机播）

一些大田作物采用较多，如小麦的机播较为普及，在棉花、玉米、大豆上也有使用。

3. 播种量

播种量一般根据经验确定，也可用下列公式估算：

$$播种量（kg/亩）=\frac{每亩计划苗数}{每千克种子粒数×种子发芽率×种子纯净率}$$

在实际生产中，还应根据土质、气候、雨量多少，种子大小及播种方法等适当增加0.5~4倍。

4. 播后管理

播种后要注意温度和水分的管理，发芽前期要求水分充足，温度较高，后期应降温控水，防止胚轴徒长，培育壮苗。育苗移栽的种类一般2~4片叶时分苗或间苗，4~6片叶时移栽。

二、无性繁殖（营养繁殖）

（一）无性繁殖的类型

无性繁殖的生物学基础：第一，利用植物器官的再生能力，使营养体发根或生芽变成独立个体。生产上的扦插、压条、分割繁殖均属此类，其技术关键在于促其再生与分化。第二，利用植物器官受损伤后，损伤部位可以愈合的性能，把一个个体上的枝或芽移到其他个体上形成新的个体。生产上嫁接技术的关键在于保证尽快愈合。第三，利用生物体细胞在生理上具有潜在全能性的特性，使其器官、组织或细胞变成新的独立的个体。

无性繁殖的优点：①能保持母体固有的特性，可以长期保持本品种的优良性状；②可以缩短幼苗期，使植物提前开花结果；③对于不能产生有生活力种子的植物种类，可永久保持其营养苗系。无性繁殖可分为以下三类。

1. 营养繁殖

营养繁殖通常是指以种子以外的营养器官产生后代的方式。例如，利用芽、茎、根等营养器官和球茎、鳞茎、根茎、匍匐枝或其他特殊器官（如珠芽）等进行繁殖，常见的有甘薯、马铃薯、蒜、洋葱、草莓、甘蔗、桃、苹果等。

2. 无融合生殖

不经过雌雄性细胞的融合（受精）而由胚珠内某部分单个细胞产生有胚种子的现象称为无融合生殖。其遗传本质属于无性繁殖，但在表现上却有种子的产生。

3. 组织培养

利用植物的细胞、组织或器官，在人工控制条件下繁殖植物的方法称为组织培养。植物组织培养的生理依据是细胞全能性，即植物体的每一个细胞都携带有一套完整的基因组，并具有发育成完整植株的潜在能力。组织培养与种子生产关系最密切的是快速繁殖、种苗脱毒以及人工种子制作等。

（二）分株繁殖

有许多植物的自然繁殖是利用特殊营养器官来完成的，称为分株繁殖。分株繁殖是植物无性繁殖中最简单易行的一种方法，即人为地将植物体分生出来的幼植体（吸芽、珠芽等），或者植物营养器官的一部分（变态茎等）与母株分割或分离，另行栽植而成独立植株。用这种方法繁殖的植株，容易成活，成苗较快，方法简便，但繁殖系数较低。

1. 变态茎

（1）鳞茎

鳞茎具有短缩而呈盘状的鳞茎盘，肥厚多肉，鳞叶之间可发生腋芽，每年可从腋芽中形成一个至数个子鳞茎，并从老鳞茎旁分离开。子鳞茎可整个栽植（水仙、郁金香等），也可分瓣栽植（大蒜、百合等）。利用鳞茎繁殖的主要是蔬菜和花卉的一些种类，如百合、水仙、风信子、郁金香、大蒜等。

（2）球茎

球茎上有节和节间，节上有干膜状的鳞片叶和腋芽。一个老球茎可产生 1~4 个大球茎及多个小球茎。供繁殖用时，有的整球栽植，有的可切成几块繁殖。球茎繁殖的代表种类有唐菖蒲、荸荠、慈菇等。

（3）根茎

地下水平生长的茎上有节和节间，节上有小而退化的鳞片，叶腋中有腋芽，由此发育为地上枝，并产生不定根。可将根茎切成数段用来繁殖，每段必须带有一个腋芽，一般于春季发芽前进行分殖。莲、睡莲、鸢尾、美人蕉、紫菀等多用此法繁殖。

（4）块茎

由地下茎膨大而成的块茎上或顶端有芽眼（内有一至数个休眠芽），可用来分割繁殖。可将块茎分成几块，每块带有至少一个芽眼，如马铃薯、山药、马蹄莲等。

（5）匍匐茎与走茎

匍匐茎的蔓上有节，节部可以生根发芽，产生幼小植株，将其与母株分离即成新的植株。节间较长不贴地面的为走茎，如吊兰、虎耳草；节间较短、横走地面的为匍匐茎，如草莓和多种草坪植物（狗牙根、野牛草等）。

（6）蘖枝

一些果树或木本花卉植物，有很强的萌蘖性。它们的根上可以发生不定芽，萌发成苗，将其与母株分离后即成新株。这种繁殖法也称为分株繁殖法，主要种类有刺槐、木槿、山楂、枣、杜梨、萱草、蜀葵、玉簪、一枝黄花等。分株的时间依植物种类而定，一般春季开花的秋季分株，秋季开花的则春季分株。

2. 变态根

用于繁殖的变态根主要是块根，由不定根（营养繁殖植株）或侧根（种子繁殖的植株）经过增粗生长而形成的肉质储藏根。在块根上易发生不定芽，多用来进行繁殖。可用整个块根来栽植（如大丽花的繁殖），也可将块根切成数块来繁殖。甘薯则是用整个块根进行繁殖育苗后，再分株移栽。

（三）扦插繁殖

扦插繁殖是利用植物营养器官具有再生能力、可发生不定根或不定芽的特性，切取其茎、叶、根的一部分，插入土壤或其他基质中，使其生根发芽，成为新植株的繁殖方法。

扦插繁殖适用于很多植物，果树中的葡萄、石榴，蔬菜中的番茄、甘蓝，花卉中的月季、紫薇、迎春、芙蓉、茉莉、木香等。大田作物中适于扦插的种类很少，但甘薯主要用扦插繁殖。

1. 影响扦插生根的内在因素

在扦插繁殖中，生根的难易是扦插成活的关键。因此，扦插能否生根显得至关重要。影响扦插生根的因素很多，包括内因和外因。其内因包括以下四方面。

（1）植物种类与品种

植物种类不同，其生理、生化特性不同，根的再生能力也不同，因此有的容易生根，有的就很难生根，但这种难易程度也随扦插条件及方法的改进而变化。目前尚不能生根或难以生根的种类，将来也可能变得容易生根，这取决于人类对插条生根机理的了解及创造生根条件的能力。

一般来说，在其他条件相同的情况下，灌木比乔木容易生根；在灌木中，匍匐型比直立型容易生根；在乔木中，阔叶树比针叶树容易生根；高温多雨地区的树种比低温干旱地区的树种容易生根。

（2）插条的年龄

插条年龄包括所取枝条的树龄和枝龄。一般情况下，采条母株树龄越大，插条越难生根。从1~2年生的实生树上采集的插条比老龄树的容易生根。枝龄以1年生的枝再生能力最强，随枝条年龄增加，生根能力随之下降。

（3）插条的部位及发育状况

一般来说，主轴上的枝条粗壮，发育较好，因而比侧枝上的生根能力强。

（4）插条大小及叶面积大小

插条的大小对成活率及生长率均有一定的影响。为了合理利用插条，应截取长短适宜的插条。一般草本插条长7~10 cm，落叶休眠枝条长15~20 cm，常绿阔叶树长5~10 cm。

嫩枝扦插插条上保留的叶片和芽的多少，对扦插成活的影响比较复杂。一方面，插条上的叶不仅能通过光合作用制造一定的养分，以供应插条生根和生长的需要，而且芽在萌发过程中还能制造促进生根的物质，分解某些抑制生根的物质，对促进生根非常重要；另一方面，在插条未生根前，叶面积越大，蒸发量越大，插条容易枯死。因此，插条上叶的多少必须根据不同种类、不同叶形及叶的大小，合理留取一定的叶面积，以保持吸水与蒸腾间的平衡关系。一般条件下，阔叶常绿树的插条以保留 2~4 片叶为宜，多的剪去。叶片大的可将叶片卷起或剪去半叶。

2. 影响扦插生根的外部因素

（1）湿度

插条在生根前干枯死亡是扦插失败的主要原因之一，因此时新根尚未形成，插条所蒸发的水分无法得到补充而干枯死亡。因此，在生根前应尽量减少水分的散失。通常采用加大插床空气湿度的方法，但插床湿度不可过高，以免氧气不足，造成插条腐烂。

保持较高空气湿度的方法主要采用自动控制的间歇式弥雾装置，或用塑料薄膜覆盖及遮阴等。

有时插条采集时间过长也会因失水而影响成活。因此，在扦插前常用清水浸泡插条 24 小时。但有些种类如仙人掌类、景天类、天竺葵等，扦插前却要晾晒 1~2 天，使切口处水分减少，可防止插条腐烂。

（2）温度

包括插床温度和空气温度。一定的温度条件有利于不定根的形成，但不同的植物种类对温度的要求不同。热带植物要求温度较高，以 20~25 ℃ 为宜；温带植物则以 15~20 ℃ 为好。一般要求气温略低于插床温度，这样，较高的插床温度能促进生根，较低的空气温度可抑制地上部的生长呼吸和水分蒸发。

一般夏季嫩枝扦插的插床温度易得到保证，而早春和冬季的硬枝扦插温度偏低，需要采用人工加温方式，目前多采用电热温床加温。同时，保持一定的温差，对生根有利。

（3）氧气

插条生根需要氧气。插床中水分、温度、氧气三者相互依存，相互制约。当插床中水分过多时，温度下降，氧气减少，造成缺氧，易腐烂。葡萄的扦插要求有 15% 以上的氧气浓度，当氧气仅为 2% 时，几乎看不到生根。因此，插床既要保水能力强，又要通气性良好。

（4）光照

较暗的环境可刺激插条生根。因此，扦插后需要适当遮阴，以减少水分蒸发。但遮阴过度，又会降低插床温度。嫩枝扦插一般要求有适当的光照，以利于叶片进行光合作用，制造养分促进生根，但要避免阳光直射。

（5）插壤

插壤即扦插用的基质。扦插基质必须能为插条提供充足的水分和氧气。这就要求扦插基质既要保水性好，又要通气性强。常用的扦插基质有土壤、河沙、泥炭、蛭石和珍珠岩等，将几种基质混合使用效果更好。易生根的种类对基质要求不严，对于难以生根的种类必须选择适当的基质，才能提高扦插的成活率。

另外，土壤或其他扦插基质，除提供插条生根所必需的水分、养分和氧气外，还要求无病虫害感染。重复使用的插床必须经过严格消毒。

3. 扦插种类和方法

按扦插季节，可分为春插、夏插和秋插。春插的插条是头一年的休眠枝条，尚未萌动，其内储有丰富的养分，利于成活，适用于落叶树木的扦插；夏插则多用于常绿树木的带叶扦插和草本植物的扦插，夏插生根快，成活率高；秋插适用于生根需要较高温度，而夏季新梢又正在伸长，插后易枯死的种类。在人工控温、控湿条件下，冬季也可进行扦插。

按扦插基质，可分为园土插、砂插、水插和气插。园土插用于易生根的种类；砂插包括蛭石、珍珠岩、泥炭、炉渣、河沙等，这些基质本身不含养分，用于催根，生根后再移入土壤；水插也是催根后再移栽，一般用于木本花卉；气插是把插条放在潮湿和一定温度的空气中，生根后再进行移栽，可用于难以生根的核桃、香椿等。

按扦插材料，可分为枝插、根插、叶插、芽插等，在育苗生产实践中以枝插应用最广。根插和叶插应用较少，一般在花卉繁殖中应用。

枝插以枝条作扦插材料。依枝条生长发育状况，分为嫩枝扦插和硬枝扦插。嫩枝扦插又称绿枝扦插，是以当年生长的、半木质化、带叶的枝条作插条。多数植物于扦插之前剪取插条。嫩枝扦插的插条含水分较多，脱离母体后很容易失水，因此，嫩枝扦插的保湿措施尤为重要。许多用硬枝扦插成活较困难的种类可用嫩枝扦插，例如葡萄、桃、樱桃等。常绿果树如柑橘等也采用嫩枝扦插。硬枝扦插是用完全木质化的枝条作插条。一般多用休眠枝，所以又称为休眠枝扦插。硬枝扦插操作简单，生产上应用较广。可在秋末冬初采集一年生枝条，在 0~5 ℃下储藏过冬。因此，硬枝插条养分积累比较充足，可供生根之需要。适于硬枝扦插的种类有毛白杨、葡萄、乌桕等。较易生根的种类也可春季现采现插，省去冬储过程。

根插是利用一些植物的根能形成不定芽的特性，以根作插条，常用于枝插难以生根的种类。根插的插条一般粗 2 cm，长 5~15 cm，晚秋或早春均可进行，也可利用温室或温床冬季扦插。适于根插的种类较多，特别是花卉种类，如牛舌草、秋牡丹、剪秋罗、宿根福禄考、芍药、补血草、荷包牡丹等；果树则有苹果、山楂、梨、李、柿、枣、芒果、核桃、海棠果等。

4. 促进插条生根的方法

（1）机械处理

①环剥。这是常见的方法之一。在取插条之前先将母株枝条基部剥去宽 1~5 cm 的一圈树皮，以切断韧皮部同化养分的运输，使其蓄积于枝条的中上部。环剥后再生长 40~50 天，然后切取插条。

②刻伤。在插条基部 1~2 节的节间刻画 5~6 道纵切口，深度以达到木质部为度，这样处理过的插条有利于发生不定根。

③剥皮。对木栓化组织比较发达的木本植物如葡萄，特别是难生根的植物，扦插前可将表皮木栓层剥去，以促进生根。同时，还可增加插条皮部的吸水能力。

（2）冬前剪枝倒置储藏

在各类树木休眠后，将枝条剪下并截成扦插时所需长度，将插穗按 50 条或 100 条绑成捆，注意插穗芽都向上；当向已备好的沙藏沟中埋的时候要倒置埋，即头朝下、基部朝上，垂直地埋在沟中，上面用细湿沙盖上，并要求捆与捆之间以及每捆中的插穗之间都充满细湿沙。到春季扦插的时候，将插穗挖出来按正常方向扦插。用这种方法插条生根较快，基本上与发芽同步，对于硬枝扦插生根比较困难的树种是一种简单有效的方法。

（3）增温催根处理

春季硬枝扦插往往存在土温低、气温高的问题，人为地提高插条下端生根部位的温度，降低插条上部芽所处环境的温度，有利于发根。常用的催根方式有阳畦催根、酿热温床催根、火炕催根和电热温床催根。其方法是将插条基部靠近热源，竖立排放，其间塞满河沙。也可在上述催根床上覆盖薄膜，增加保温效果。

（4）化学药剂处理

①植物生长调节剂。有的植物生长调节剂对插条生根有明显的促进作用，不仅生根率、发根数和根的粗度、长度等都有显著提高，而且苗木生根期缩短，生根整齐。常用的植物生长调节剂有 2，4-D、萘乙酸（NAA）、吲哚乙酸（IAA）和吲哚丁酸（IBA）等。将几种植物生长调节剂混合使用效果更好，如 ABT 生根粉就是复配剂。使用方法有液剂浸渍法和蘸取干粉法。

②其他化学药剂。一些常用的化学试剂对某些植物的插条生根也有促进作用，如维生素 B_1 和维生素 C，硼与吲哚乙酸混合使用生根效果更好。另外，还有用硝酸银处理、蔗糖处理和尿素处理等方法。

（5）全光照间歇喷雾扦插育苗

生产实践中，嫩枝带叶扦插比不带叶的休眠枝扦插容易生根，特别是对难生根的树木。嫩枝扦插的特点是带叶扦插，叶子能制造养分等物质，嫩枝的组织细胞容易分化形成根原基，并产生新根。但带叶扦插保证叶子不萎蔫很困难。既要保留叶子，又要使叶子不萎蔫，有两种方法：一是用塑料棚等设施使空气湿度提高，防止叶子水分蒸发，但这种方法在生长季节，特别是在炎热的夏天，由于阳光充足，塑料棚内温度过高，导致湿度与温度的矛盾很难解决；二是在全光照下间歇喷雾，使叶面经常保持有水，从而防止叶子内组织细胞失水。全光照间歇喷雾扦插育苗装置应安装在光照充足、地势平坦、排水良好的地方。土壤最好为透水性好的沙质土或沙壤土，如果透水性差，应在地表铺一层 10~15 cm 厚的小石子、碎砖或粗煤渣。另外，需靠近水源和电源。

（6）容器育苗与扦插相结合的工厂化育苗

全光照间歇喷雾扦插育苗在生产上应用时还存在两个问题：一是扦插苗在插床内生根后移栽很困难，即移栽到大田时叶片容易萎蔫，影响成活；二是扦插苗生长弱，容易得病，抗逆性差。若将插穗扦插在容器内，容器内装有基质，其中混有植物生长需要的大量元素或缓慢释放的肥料，待插穗生根后，连同基质一起从容器内取出，先转移到树荫下炼苗，然后移栽到大田，扦插苗生根好，成活率高，便于管理，这就解决了以上两个问题。

一般容器育苗所用的容器有塑料营养钵、塑料穴盘、易腐烂的蜂窝纸钵、易分解的泥炭营养杯等。用于扦插育苗的多用不易腐烂的塑料杯、多孔性塑料穴盘。

容器育苗可用于全光照间歇喷雾扦插育苗，也可用于保护地育苗，包括温室、塑料大棚、塑料小拱棚、阳畦的扦插育苗。容器育苗是工厂化育苗的一个重要环节，除可用于种子苗、扦插苗外，还可以用于组织培养育苗的扦插和移栽。

在容器内生长好的苗木，根系发达，盘根错节地把基质固定住，要注意在移栽前1~2天浇一次营养液，使基质不干不湿，移栽时基质不散，完整地将苗和基质一起移入大田中。同时移栽时最好选择阴雨天气，晴天要在傍晚移栽，栽后立即浇水。苗木移栽后，容器要回收再利用，一般塑料穴盘可用3~5年，每年育苗2~3次。

5. 扦插技术

（1）扦插育苗的五种主要形式

露地直接扦插；催根后露地扦插；催根处理后在插床内生根发芽，再移植到露地；催根后在插床内生根发芽，经锻炼后再移植到露地；催根后在插床内生根发芽，即成苗。

（2）扦插时期

不同植物种类和扦插方法的适宜时期不同，需经试验摸索。一般落叶阔叶树的硬枝扦插在3月，嫩枝扦插在6~8月，常绿阔叶树多在7~8月扦插，常绿针叶树以早春为好，草本类一年四季均可。

（3）插条的剪截与储藏

硬枝扦插有时在秋末采集，第二年春天扦插，需储藏越冬。可按60~70 cm长剪取，每50~100根打成一捆，标明品种、采集日期及地点，挖沟或建窖储藏。扦插前挖出，剪截成适当大小，下端剪削成双面楔形或单面马耳形，或者剪平。剪口要整齐，不带毛刺。并注意插条的极性，勿上下颠倒。

（4）扦插密度、深度及角度

插床扦插需排列整齐，相距10 cm左右。露地扦插以行距50~60 cm，株距12~15 cm为宜，每亩插0.8万~1万条。

扦插深度视插条而定，硬枝扦插时，上顶芽与地面平齐；嫩枝扦插时，插条插入基质内三分之一或二分之一即可。

扦插角度一般为直插。插条较长者可以斜插，但角度不宜超过 45°。

（5）插后管理

扦插后，到插条下部生根、上部发芽、展叶、新生的扦插苗能独立生长时为成活期。在插床温度适宜的情况下，关键是水分管理。插前插床要上足底墒水，并根据墒情及时补水。绿枝扦插最好利用弥雾装置。硬枝扦插插后覆膜是一项有效的保水措施。要适当追肥，及时中耕除草和防治病虫害。

三、植物的组织培养和无病毒苗木的培育

植物组织培养最初就是指愈伤组织培养。广义的植物组织培养泛指在无菌的条件下，将离体的植物器官（如植物根、茎、叶、花、果实等）、组织（分生组织、花药组织、胚乳、皮层等）、细胞（体细胞、性细胞）以及原生质体等，培养在人工配制的培养基上给予适当的培养条件，使其长成完整的植株的过程。

（一）植物组织培养的类型

组织培养按培养对象，可分为组织或愈伤组织培养、器官培养、植株培养、细胞培养和原生质体培养等。

1. 组织或愈伤组织培养

狭义的组织培养，是指对植物体的各部分组织，如茎尖分生组织、形成层、木质部、韧皮部、表皮组织、胚乳组织和薄壁组织等进行培养，或对由植物器官培养产生的愈伤组织进行培养，二者均通过再分化诱导形成植株。

2. 器官培养

器官培养即离体器官的培养，根据作物和需要的不同，可以包括分离茎尖、茎段、根尖、叶片、叶原基、子叶、花瓣、雄蕊、雌蕊、胚珠、胚、子房、果实等外植体的培养。

3. 植株培养

植株培养是指对完整植株材料的培养，如幼苗及较大植株的培养。

4. 细胞培养

细胞培养是指对由愈伤组织等进行液体振荡培养所得到的能保持较好分散性的离体单细胞或花粉单细胞或很小的细胞团的培养。

5. 原生质体培养

原生质体培养是指用酶及物理方法除去细胞壁的原生质体的培养。

（二）植物组织培养的应用

1. 植物离体快速繁殖

植物离体快速繁殖是植物组织培养在生产上应用最广泛的一项技术，包括花卉观赏植物、蔬菜、果树、大田作物及其他经济作物。离体快速繁殖技术的特点是繁殖系数大、周年生产、繁殖速度快、生长周期短和苗木整齐一致等。目前，组织培养快速繁殖中应用最广泛的材料是茎尖和带节茎段。

2. 去除病毒、真菌和细菌等病害

很多农作物都带有病毒，特别是无性繁殖植物，如马铃薯、甘薯、草莓、大蒜等，影响其生长和产量，对生产造成大量损失。采用扦插、分株等营养繁殖的各种作物，都有可能感染一种或数种病毒或类病毒。长期无性繁殖，使病毒积累，危害加重，产量、质量都有所下降。利用组织培养方法，取一定大小的茎尖进行培养，再生植株就可脱除病毒，获得脱除病毒的小苗。去病毒后，植株生长势强，抗逆能力提高，产量、质量上升。茎尖培养去毒的原理：在染病毒植株体内，病毒分布并不均等，在生长点病毒含量最低，在分生区内无维管束，病毒扩散慢，加之植物细胞不断分裂增生，所以病毒含量少，在茎尖生长点几乎检测不出病毒。

3. 培育新品种或创制新物种

在植物种间和远缘杂交时，应用胚的早期离体培养可以使杂种胚正常发育，产生杂交后代，从而育成新品种。通过原生质体的融合，可以克服有性杂交不亲和性，从而获得体细胞杂种，创制出新物种或新类型。在组织培养条件下可方便地安排各种理化诱变因子，如各种辐射线、秋水仙碱及其他化学诱变剂。抗旱、抗寒选育都可在组织培养条件下进行。此外就是单倍体育种，花药、花粉的培养在苹果、柑橘、葡萄、草莓、石刁柏、甜椒、甘蓝、天竺葵等约 20 种园艺植物得到了单倍体植株。在常规育种中，为得到纯系材料要经过多代自交，而单倍体育种，经染色体加倍后可以迅速地获得纯合的二倍体，大大缩短了育种的世代和年限。

4. 次生代谢产物

利用组织或细胞的大规模培养，可以生产人类需要的一些天然有机化合物，如蛋白质、脂肪、糖类、药物、香料、生物碱及其他活性化合物。特别是天然植物蕴藏量少、含量低但临床效用高的成分，如紫杉醇等。

5. 种质资源的离体保存

有人断言：谁掌握了种质资源，谁就掌握了农业的未来。这句话充分强调了种质资源的重要性。但常规的植物种质资源保存方法耗费人力、物力和土地，而且种质资源流失时有发生。目前，已有许多种植物在离体条件下，通过抑制生长或超低温储存的方法，使培养材料能长期保存，并保持其生活力，既可节约人力、物力和土地，也可防止有害病虫的传播，更利于国际国内种质资源的交换和转移。

6. 人工种子

人工种子是指植物离体培养中产生的胚状体或不定芽，被包裹在含有养分和保护功能的人工胚乳和人工种皮中，从而形成能发芽出苗的颗粒体。人工种子的应用潜力体现在无性繁殖植物或多年生植物上，而这类植物一般难以得到高质量的体细胞胚。人工种子与试管苗相比，具有所用培养基量少、体积小、繁殖快、发芽成苗快、运输及保存方便的特点；人工种子技术适用于难以保存的种质资源、遗传性状不稳定或育性不佳的珍稀林木的繁殖；人工种子可以克服营养繁殖造成的病毒积累，可以快速繁殖脱毒苗。

（三）组织培养主要操作技术

植物组织培养操作技术的基本要点包括创造无菌条件、选择材料、配制培养基、选择适当的培养方法和培养条件等。

1. 培养基的制备

称取试剂，配制母液，调节 pH 值，然后分装到培养瓶中，并进行高压灭菌。

2. 外植体的选择

包括选择优良品种、健壮植株、最适时期和适宜的大小，选取培养材料的大小一般在 0.5~1.0 cm。

3. 仪器和植物材料的灭菌

器皿消毒一般在干热条件下，在160~180 ℃进行3小时才能达到要求。培养基用湿热灭菌，一般在制备后的24小时内完成灭菌工序。植物材料需用消毒剂进行表面消毒。植物材料必须经严格的表面灭菌处理，再经无菌操作手续接到培养基上，这一过程称为接种。接种的植物材料称为外植体。

4. 无菌操作

接种时由于有一个敞口的过程，所以是极易引起污染的时期，主要由空气中的细菌和工作人员本身引起，因此接种室要严格进行空间消毒。首先将无菌室、接种箱和工作台等用紫外灯进行消毒，然后用70%酒精擦拭。在酒精灯下进行接种操作，接种是将已消毒好的根、茎、叶等离体器官，经切割或剪裁成小段或小块，放入培养基的过程。接种操作应快速、准确。

5. 外植体的培养和驯化

培养是指把培养材料放在培养室（有光照、温度条件）里，使之生长，分裂和分化形成愈伤组织或进一步分化成再生植株的过程。

外植体的成苗途径有三种：第一种，外植体先形成愈伤组织，然后分化成完整的植株；第二种，形成胚状体，再发育成完整植株；第三种，外植体经诱导后直接形成根和芽，发育成完整的植株。

6. 试管苗的驯化与移栽

试管苗移栽是组织培养过程的重要环节，为了做好试管苗的移栽，应该选择合适的基质，并配合相应的管理措施，才能确保整个组织培养工作的顺利完成。适合于栽种试管苗的基质要具备透气性、保湿性和一定的肥力，容易灭菌处理，并不利于杂菌滋生的特点，一般可选用珍珠岩、蛭石、砂子等。为了增加黏着力和一定的肥力，可配合草炭土或腐殖土。配时需按比例搭配，一般珍珠岩、蛭石、草炭土或腐殖土的比例为1:1:0.5，或者砂子、草炭土或腐殖土的比例为1:1。这些介质在使用前应高压灭菌，或至少烘烤3小时来消灭其中的微生物。要根据不同植物的栽培习性来进行配制，这样才能获得满意的栽培效果。

移栽前可将培养物不开口移到自然光照下锻炼 2~3 天，让试管苗接受强光的照射，使其长得壮实起来，然后再开口炼苗 1~2 天，经受较低湿度的处理，以适应将来自然湿度的条件。

从试管中取出发根的小苗，用自来水洗掉根部黏着的培养基，要全部除去，以防残留培养基滋生杂菌。但要轻轻除去，避免造成伤根。栽植时用一根筷子粗的竹签在基质中插一小孔，然后将小苗插入，注意幼苗较嫩，防止弄伤，栽后把苗周围的基质压实，栽前基质要浇透水，栽后轻浇薄水。再将苗移入高湿度的环境中，保证空气湿度达 90% 以上。

第二章 农作物主推种植模式

第一节 粮油作物种植模式

一、早稻—荸荠

（一）茬口安排

早稻：3月下旬播种，4月下旬移栽，7月20日前后收获。

荸荠：采取两段育苗法。第一段旱育，清明前后播种，亩大田用种荸荠15~20 kg。第二段水育，5月中下旬，当苗高40 cm左右，移栽于寄秧田，株行距0.3米×0.4米，每蔸1株，7月下旬移栽大田，11月下旬至翌年3月收获。

（二）田间布局

早稻亩栽2.3万~2.5万蔸，常规稻每亩15万~18万基本苗，杂交稻每亩8万~10万基本苗。荸荠亩植4000~5000蔸，每蔸1株。

（三）栽培技术要点

1. 早稻

（1）品种选择

选用已通过审定，适合当地环境条件的优质高产、抗逆性好、抗病虫能力强的优质稻品种。如两优287、鄂早18、两优302等。

（2）备好秧田

利用冬春农闲早备秧田。秧田宜选择土壤肥沃、排灌方便、背风向阳的旱地或水田。旱育秧或水育秧。育秧：按30 m² 秧床栽1亩大田比例留足苗床。塑料软盘育秧：早稻按每亩大田561孔软盘45~48个。播前施足苗床肥，整平整细后按厢宽 1.3 m、沟宽 0.3 m、沟深 0.1 m 开沟作厢，并按每平方米用 30% 恶霉灵水剂 3~6 mL 进行苗床消毒。

（3）适期播种

3 月下旬播种，选择冷尾暖头播种，旱育秧播期可提早一周。

（4）适时移栽，合理密植

4 月下旬移栽，秧龄控制在 30 天以内。采用宽株窄行或宽行窄株移栽，行株距（13.2+26.4）cm × 13.2 cm 或 23.1 cm × 13.2 cm ［（4+8）寸 × 4 寸或 7 寸 × 4 寸］。一般早稻密度为 2.3 万~2.5 万穴/亩，移栽时注意插足基本苗。杂交稻每穴插 2~3 粒谷苗，常规稻每穴插 4~5 粒谷苗。秧苗随取随栽，不插隔夜秧，移栽田泥浅，插稳、插直、插匀。

（5）搞好肥水管理

每亩在 450 kg 左右产量的情况下，每亩总施氮量为 10 kg 左右，氮、磷、钾比例为 2：1：2，底追肥比例为 0.6：0.4，最好每亩施 1 kg 硫酸锌作底肥。氮肥施肥要做到"减前增后，增大穗粒肥用量"，基肥、分蘖肥、穗肥施用比例为 5：3：2。

分蘖前期浅水插秧活棵，薄露发根促蘖。幼穗分化至抽穗开花期浅水促大穗，保持水层 2 cm 左右。够苗后及时晒田控苗，当苗数达到预期穗数的 80% 时开始晒田，总苗数控制在有效穗数的 1.2~1.3 倍。灌浆结实期湿润灌浆壮粒，灌跑马水直至收割前 1 周断水，做到厢沟有水，厢面湿润。生育后期切忌断水过早，避免空秕粒多、籽粒充实度差。

（6）病虫害防治

早稻一般病虫害较轻，高肥田注意纹枯病。大风大雨后出现高湿高温情况时，注意白叶枯病及穗颈稻瘟的防治。

2. 荸荠

（1）选种及消毒

选择脐平、色泽鲜艳、无破伤、无病害、大小一致且单重 25 g 以上的球茎作种。育苗前需用 50% 甲基托布津 800 倍液或 25% 多菌灵 250 倍液，将种荠浸泡 12 小时，预防荸荠苗秆枯病的发生。

（2）两段育苗

分旱地育苗和水田寄栽两阶段。

旱地育苗：3月中旬，选择避风向阳、土层深厚肥沃的旱地，整成厢宽100 cm，厢沟宽30 cm，深20 cm的苗床，将种荸芽头朝上整齐排放，种荸相间5 cm左右，然后覆盖细沙土，厚度以盖住种荸芽头为宜，保持土壤湿润。到5月中下旬，当种荸叶状茎高约40 cm时，即可起苗到水田育苗。

水田寄栽：选择排灌方便的田块，施足有机肥后灌足水，使其充分腐烂熟化。寄栽前亩施碳铵50 kg、过磷酸钙50 kg。再整田，做到田平泥活，然后栽插寄栽苗，苗龄控制在50天左右。

（3）移栽

大田移栽适宜时间在大暑后（7月25日左右）。移栽前亩施有机肥2000~3000 kg、碳铵50 kg作底肥，然后精整大田。每窝栽叶状茎的分株苗1株，移栽深度5~8 cm。

（4）田间管理

中耕除草：荸荠从移栽后到封行共除草3次。第一次在移栽后8~10天进行，除草后田间可灌4~6 cm深的水层。第二次、第三次分别在前一次除草后15天进行，除草后及时追肥并适当加深水层。

追肥：移栽返青后，结合中耕除草追肥2~3次。第一次即定植后15天，亩追尿素5~8 kg。第二次在抽出"结荸茎"时，亩追尿素8~10 kg、硫酸钾10 kg。第三次是结荸的初期，即白露前后，亩追尿素5~8 kg、硫酸钾15~20 kg。此外在返青期、分蘖期、结荸期各喷一次磷酸二氢钾、硫酸锌、硫酸亚铁等叶面肥。

科学管水：荸荠定植后，田间保持6 cm深水层稳苗，活苗后浅水促蘖。秋分到寒露是球茎膨大期，要灌深水，抑制无效分蘖，使结球增大，寒露后开始断水。

（5）病虫害防治

重点是防治荸荠螟、荸荠瘟、根腐病等。

（四）适宜区域

长江流域耕作层深厚的双季稻产区。

二、春马铃薯—水稻—秋马铃薯

（一）茬口安排

春马铃薯：1月上中旬播种，深沟高垄地膜覆盖，4月下旬至5月上旬收获。

水稻：4月上旬播种，5月上旬移栽，8月下旬收获。

秋马铃薯：8月下旬至9月5日前播种，12月上中旬收获。

（二）田间布局

水稻齐泥收割后2米开厢起沟（含沟在内），免耕摆播马铃薯，株行距0.17米×0.65米，每亩6000窝左右。水稻栽插1.8万~2万穴，栽足8万~10万基本苗。

（三）栽培技术要点

马铃薯选用早熟、休眠期较短的品种，如费乌瑞它、早大白、中薯5号、中薯3号、东农303、克新4号等品种。水稻选用广两优香66、扬两优6号、深两优5814等中迟熟杂交稻品种。

1. 秋马铃薯栽培技术要点

齐泥收割中稻后，喷施克瑞踪除草剂灭杀稻苑，具体方法是每15 kg水用克瑞踪5 g喷雾，喷药要均匀，不能漏喷，要将杂草稻苑全部喷湿。

（1）适时育芽、炼芽

秋马铃薯在8月中旬室内阴凉通风处育芽。方法是：小种薯（20 g左右）只需削去一点尾部，稍大种薯纵向切块，保证每块有2~3个芽眼，切块朝上薄摊在阴凉通风处1~2天，让伤口愈合。用甲霜灵锰锌500倍液加0.5~1 mg/ kg的赤霉素喷在干净中粗河砂上防晚疫病，翻动拌均匀稍微湿润后，做成约3 cm厚的砂床，摆上种薯（芽眼朝上）。摆一层种薯，盖一层砂，如此4~6层，最上面一层砂要有3 cm厚。保持砂床湿润。5~7天后轻轻扒开砂，将长有1.5~2 cm长芽子的种块掏出（注意不要折断芽子），摊放在散光处绿化炼芽2~3天。

（2）开厢起沟

包沟2米开厢，挖好厢沟、围沟、腰沟。挖沟的土放在厢面中间，并整碎。结合整地，施足底肥。秋种马铃薯一般每亩施1000~1500 kg优质有机肥，45%硫酸钾复合肥60~80 kg，开沟条施覆土。

（3）适时播种

8月中下旬至9月初播种到大田。天晴应选择在上午9时以前，下午5点以后播种为宜，切忌在高温条件下播种。一般播种密度为每亩6000穴左右，亩用种量150~180 kg，宽行窄株种植，顶芽朝上，盖土厚度为5 cm左右。待苗高15 cm左右进行培土，增加土壤通透性。

（4）稻草覆盖

秋马铃薯种薯摆好，底肥施好后，应及时均匀覆盖稻草。覆盖厚度15 cm，并稍微压实（亩需1000~1250 kg稻草）。盖厚了不易出苗，而且茎基细长软弱，稻草过薄易漏光，使产量下降，绿薯率上升。如果稻草厚薄不均，会出现出苗不齐的情况。

（5）田间管理

出苗时，及时提苗。刚出苗时每亩用3~4 kg尿素兑水或人畜粪加尿素施用。植株生长较旺盛时，在初蕾期用100~150 mL/L多效唑均匀喷雾，抑制地上部分旺长，促进块茎膨大。注意抗旱排渍。

（6）适时采收

马铃薯可分期采收，分批上市。具体方法是：将稻草轻轻拨开，采收已长大马铃薯，再将稻草盖好，让小块茎继续生长。这样，既能选择最佳块茎提前上市，又能增加产量，提高总体经济效益。

2. 春马铃薯栽培技术要点

（1）适时播种

春马铃薯播期一般为12月中下旬至1月底前，选择在晴朗天气播种。播种深度约10 cm，费乌瑞它等品种宜深播15 cm，以防播种过浅出现青皮现象。早熟马铃薯每亩密度为5000株左右。

（2）施足底肥

亩施腐熟的农家肥3000 kg左右，亩施专用复合肥100 kg（16∶13∶16或

17：6：22)、尿素 15 kg、硫酸钾 20 kg。农家肥和尿素结合耕翻整地施用，与耕层充分混匀。其他化肥做种肥，播种时开沟点施，避开种薯以防烂种。适当补充微量元素。

(3) 深沟高垄全覆膜栽培

按照深沟高垄全覆膜技术要求整地，垄距 65～70 cm，株距 20 cm，垄高 35 cm，达到壁陡沟窄、沟平、沟直。采用地膜覆盖以保水保温，成熟期可提早 7～10 天。覆膜时要注意周边用土盖严，垄顶每隔 2 m 左右用土块镇压，以防大风毁膜。

(4) 田间管理

现蕾期苗高 0.5 m 左右喷施多效唑、甲霜灵、膨大素，控制植株徒长，防治晚疫病，促进块茎膨大。

3. 中稻

(1) 培育适龄壮秧

塑料盘育秧主要防止串根，以确保撒得开、立得住为目的。壮秧标准为：秧龄 25～30 天，叶龄 4～5 叶，苗高 15 cm。

(2) 免耕除草、施肥

前茬收后，抢时喷药灭草施肥。方法是：亩用 20% 克瑞踪 150 mL（兑水 50 kg）均匀喷到厢面，2 天后再施 35 kg（45%）复合肥，再迅速上水，以水行肥，次日用铁耙将厢面整平，以便抛秧。

(3) 掌握抛秧技术，提高抛秧质量

以无水抛秧为最好，浅水亦可。一要抛足密度，二要抛匀，防止叠苗、重苗，先抛 70%，再抛 30% 补抛。抛后即移密补稀。

(4) 立苗后田管

抛后 5 天左右要保持田内无水，90% 苗站立后再上水。

(5) 后期管理

同常规栽培管理。

(四) 适宜区域

湖北省平原及海拔 800 m 以下的水稻产区。

三、"一菜两用"油菜—中稻

（一）茬口安排

油菜：9月上中旬育苗，10月上中旬移栽，2月中旬至3月上旬摘薹上市，翌年5月上中旬收获。

中稻：4月中下旬育苗，5月中旬抛秧，9月中旬收获。

（二）田间布局

油菜行距0.37米，株距0.25米，亩密度8000株左右。中稻每亩抛秧45盘左右，亩1.5万蔸。

（三）栽培技术要点

1. 选择优良品种

选用优质高产、生长势强、抗病能力强、菜薹口感好的油菜品种，适合本地栽培的有中双9号、中双10号、中油211、华双5号等优质油菜品种。

2. 适时早播，培育壮苗

①精整苗床：选择地势平坦、排灌方便的地块作苗床，苗床与大田之比为1∶(5~6)。苗床要精整、整平整细，结合整地亩施复合肥或油菜专用肥50 kg，硼砂1 kg作底肥。②播种育苗：最佳播期为8月底至9月初。亩播量为300~400 g。出苗后，一叶一心开始间苗，三叶一心定苗，每平方米留苗80~100株。三叶一心时，亩用15%多效唑50 g兑水50 kg，均匀喷雾，如苗子长势偏旺，在五叶一心时按上述浓度再喷一次。

3. 整好大田，适龄早栽

①整田施底肥：移栽前精心整好大田，达到厢平土细，并开好腰沟、围沟和厢沟。结合整田，亩施复合肥或油菜专用肥50 kg，硼砂1 kg作底肥。②移栽：在苗龄达到35~40天时适龄移栽，一般每亩栽8000株左右，肥地适当栽稀，瘦地适当栽密。移栽时浇足定根水，活根后亩施尿素2.5 kg提苗。

4. 大田管理

①中耕追肥：一般要求中耕三次，第一次在移栽后活株后进行浅中耕，第二次在 11 月上中旬深中耕，第三次在 12 月中旬进行浅中耕，同时培土壅苨防冻。结合第二次中耕追施提苗肥，亩施尿素 5~7.5 kg。②施好腊肥：在 12 月中下旬，亩施草木灰 100 kg 或其他优质有机肥 1000 kg，覆盖行间和油菜根颈处，防冻保暖。③施好薹肥："一菜两用"技术的薹肥和常规栽培有较大的差别，要施两次，要施早、施足。第一次是在 1 月下旬施用，每亩施尿素 5~7.5 kg。第二次是在摘薹前 2~3 天时施用，亩施尿素 5 kg 左右。两次薹肥的施用量要根据大田的肥力水平和苗子的长势长相来定，肥力水平高，长势好的田块可适当少施，肥力水平较低，长势较差的田块可适当多施。④适时适度摘薹：当优质油菜薹长到 25~30 cm 时即可摘薹，摘薹时摘去上部 15~20 cm，基部保留 10 cm。摘薹要选在晴天或多云天气进行。⑤清沟排渍：开春后雨水较多，要清好腰沟、围沟和厢沟，做到"三沟"配套，排明水，滤暗水，确保雨停沟干。⑥及时防治病虫：主要虫害有蚜虫、菜青虫等，主要病害是菌核病。蚜虫和菜青虫亩用吡蚜酮 20 g 兑水 40 kg 或 80%敌敌畏 3000 倍液防治，菌核病用 50%菌核净粉剂 100 g 或 50%速克灵 50 g 兑水 60 kg，选择晴天下午喷雾，喷施在植株中下部茎叶上。⑦叶面喷硼：在油菜的初花期至盛花期，每亩用速乐硼 50 g 兑水 40 kg，或用 0.2%硼砂溶液 50 kg 均匀喷于叶面。

5. 适时收获

当主轴中下部角果枇杷色，种皮为褐色，全株三分之一角果呈黄绿色时，为适宜收获期。收获后捆扎摊于田埂或堆垛后熟，3~4 天后抢晴摊晒、脱粒，晒干扬净后及时入库或上市。

（四）适宜区域

湖北省中稻产区。

四、免耕稻草覆盖马铃薯—免耕中稻

（一）茬口安排（见表2-1）

表2-1 免耕稻草覆盖马铃薯—免耕中稻茬口安排

茬口	播种期/月·旬$^{-1}$	定植期/月·旬$^{-1}$	采收期/月·旬$^{-1}$	预期产量/千克·亩$^{-1}$
马铃薯	9/中至12/上	—	4/下至5/上	1000~1800
水稻	4/中	5/中	9/中	600

（二）田间布局

中稻收获后按2~3米宽起沟分厢，免耕摆播马铃薯，密度4000~6000窝。马铃薯收获后灌水抛秧，每亩密度2万~3万穴。

（三）栽培技术要点

水稻收获后每亩用200~500 mL克瑞踪喷施田间除草，水田厢整好后即可在厢面摆播马铃薯，播种结束后，一次性施足肥料，再盖上15 cm厚稻草，然后把稻草浇湿透，田间保持湿润至出苗。马铃薯在厢面与稻草间生长，收获时掀开稻草，采收上市，马铃薯不带泥，外观好，品质好。免耕马铃薯注意先催芽后播种，以利于快出芽、出齐芽，生长整齐一致。

免耕中稻是在免耕马铃薯收获后，每亩用200~500 mL克瑞踪除草剂均匀喷雾田间杂草及残留茬后24小时，即可进行施肥，灌水抛秧，以后进入正常大田管理。

（四）适宜区域

湖北省交通便利的水稻产区。

五、中稻—红菜薹

（一）茬口安排

中稻：4月中旬播种，5月中旬移栽，9月中旬收获。

红菜薹：8月下旬播种，9月下旬移栽，12月至次年2月收获。

（二）田间布局

中稻亩插植1.8万蔸，株行距为0.165 m×0.2 m。红菜薹一般每亩3000~3500株，按2 m宽包沟整成高畦，每畦栽4行，株行距为30 cm×（40~50）cm。

（三）栽培技术要点

1. 品种

选用紫婷、龙秀佳婷等优质早、中熟品种。

2. 施足底肥、按时追肥

大田底肥以有机肥为主，要求每亩施3000 kg腐熟厩肥，第一次追肥在移栽活苗后及时追施，用50 kg腐熟人畜粪兑450 kg水追肥，或每亩用10 kg尿素追施（每50 kg水兑尿素75 g）。

3. 病虫害防治

加强对黑腐病、病毒病、黑斑病、霜霉病、软腐病及小菜蛾、菜青虫、甜菜夜蛾等主要病虫害的防治。

（四）适宜区域

湖北省城镇郊区。

六、马铃薯（菜用）—玉米—晚稻

（一）茬口安排

马铃薯：12月中旬播种，翌年新马铃薯长到能上市时开始开挖，4月底前挖完。

玉米：3 月 10 日前后播种，营养钵育苗，3 月下旬移栽，7 月 22 日以前收获。

晚稻：6 月 24 日前后播种，7 月 25 日左右移栽，10 月中下旬收获。

（二）田间布局

厢宽 2.0 米，厢面宽 1.67 米，播 3 行马铃薯，行距 0.83 米，窝距 0.1 米，每亩约 1 万窝。两行马铃薯之间留 0.34 米预留行套种玉米，宽行 1.33 米，窄行 0.67 米，株距 0.22 米左右，亩植 3030 株左右。玉米收获后种植一季晚稻，晚稻每亩 2 万~2.5 万蔸。

（三）栽培技术要点

马铃薯选用费乌瑞它、早大白、中薯 3 号等早熟品种，玉米选用宜单 629、中农大 451、蠡玉 16 等品种，晚稻选用金优 38 等品种。

（四）适宜区域

湖北省城镇近郊种双季稻的地区。

七、蔬菜—地膜花生—晚稻

（一）茬口安排

蔬菜：9 月中下旬育苗，10 月中下旬移栽，翌年 3 月上旬收获。

花生：3 月 20 日播种，7 月上中旬收获。

晚稻：6 月 20 日前后播种，7 月下旬移栽，10 月中旬收获。

（二）田间布局

按 2 米宽（含沟）开沟分厢。蔬菜（以大白菜为主）株行距 0.4 米×0.6 米，亩栽 3000 棵。花生株行距 0.23 米×0.30 米，亩播 0.8 万~1 万穴，地膜覆盖。晚稻株行距 0.14 米×0.20 米，亩插 2.3 万蔸以上。

（三）栽培技术要点

1. 选用优良种

蔬菜选用丰抗 80 等早熟大白菜品种，花生选用优质高产的中花 6 号等品种，晚稻选用金优 38 等优质杂交稻品种。

2. 适时早播

地膜种植春花生一般平均地温达到 13 ℃时，即为覆膜花生播种时期。河南、河北、山东等地膜花生播种时间在 4 月 10 日~25 日，最偏北部地区在 5 月 5 日前后，黄淮、长江中下游地区在 3 月下旬至 4 月初。

3. 科学管理

花生播前用钼肥拌种，每亩施足三元复混肥 20 kg、硼砂 0.5 kg，将厢面杂草等捡净整平，播种后喷施敌草胺除草剂盖膜扎实，清好"三沟"。待 7~10 天后破膜放苗，注意防治蚜虫。花生收获后，亩施 40 kg 复混肥，及时整田抢插晚稻，移栽 5~6 天返青后，结合施用除草剂亩用 12.5 kg 尿素追肥。晚稻收割后，及时搬离稻草，亩用 200 mL 克瑞踪、金都尔 60 mL 左右均匀喷雾田间，杀灭杂草及残茬。24 小时后，每亩施足 100 kg 饼肥、60 kg 复合肥或 60 kg 生物有机肥，打穴移栽大白菜，待 5~6 天移栽成活后，亩用人畜粪 1000 kg 加尿素 5 kg 兑水点施，以后进入常规管理。

4. 病虫害防治

蔬菜在前期应注意防治蚜虫、菜青虫等害虫，后期应注意防治软腐病、霜霉病等病害。

（四）适应区域

土壤质地为轻壤土的水稻三熟制地区。

八、油菜—甜瓜—晚稻

（一）茬口安排

油菜：9 月中旬播种，翌年 5 月上中旬收获。

甜瓜（黄金瓜、白瓜等）：1月下旬至2月上旬播种，"五一"前后上市，6月中下旬拔藤。

水稻：5月中下旬播种，10月上旬收获。

（二）田间布局

厢宽2米，沟宽0.35米，每厢栽4行油菜，每亩5000～6000株，厢面一边或厢中间留0.8米左右宽的预留瓜行。翌年春，厢的一边或中间先留瓜墩，再播（栽）瓜，每亩350～400株，穴距0.8～1米。水稻每亩插1.8万兜。

（三）栽培技术要点

油菜选用中油杂12号、华杂12号、中双10号等生育期较短的高产优质品种，水稻选用Q优6号等品种，甜瓜选用丰甜1号等黄金瓜品种或仙光1号等白瓜品种。

（四）适宜区域

湖北省中南部及长江中下游地区。

九、水稻—大蒜高效栽培模式

（一）茬口安排

早稻3月下旬播种，5月插秧，7月下旬收割。大蒜9月中下旬播种。

（二）田间布局

早稻亩栽2.3万～2.5万兜，常规稻每亩15万～18万基本苗。杂交稻每亩8万～10万基本苗。大蒜早熟品种亩栽5万株，行距为14～17 cm，株距为7～8 cm；中晚熟品种亩栽4万株，行距16～18 cm，株距10 cm左右。

（三）大蒜栽培技术

1. 播种

（1）适时播种

长江流域及其以南地区，一般在 9 月中下旬播种。长江流域 9 月天气凉爽，适于大蒜幼苗出土和生长。如播种过早，幼苗在越冬前生长过旺而消耗养分，则降低越冬能力，还可能再行春化，引起二次生长，第二年形成复瓣蒜，降低大蒜品质。播种过晚，则苗子小，组织柔嫩，根系弱，积累养分较少，抗寒力较低，越冬期间死亡多。所以大蒜必须严格掌握播种期。

（2）合理密植

早熟品种一般植株较矮小，叶数少，生长期也较短，密度相应要大，以亩栽 5 万株左右为好，行距为 14~17 cm，株距为 7~8 cm，亩用种 150~200 kg。中晚熟品种生育期长，植株高大，叶数也较多，密度相应小些，才能使群体结构合理，以充分利用光能。密度宜掌握在亩栽 4 万株上下，行距 16~18 cm，株距 10 cm左右，亩用种 150 kg 左右。

（3）播种方法

"深栽葱子浅栽蒜"是农民多年实践得出的经验。大蒜播种一般适宜深度为 3~4 cm。大蒜播种方法有两种：一种是插种，即将种瓣插入土中，播后覆土，踏实。二是开沟播种，即用锄头开一浅沟，将种瓣点播土中。开好一条沟后，同时开出的土覆在前一行种瓣上。播后覆土厚度 2 cm 左右，用脚轻度踏实，浇透水。为防止干旱，可在土上覆盖二层稻草或其他保湿材料。栽种不宜过深，过深则出苗迟，假茎过长，根系吸水肥多，生长过旺，蒜头形成受到土壤挤压难以膨大。但栽植也不宜过浅，过浅则出苗时易"跳瓣"，幼苗期根际容易缺水，根系发育差，越冬时易受冻死亡。

2. 田间管理

（1）追肥

大蒜追肥一般 3~4 次，分为：

催苗肥：大蒜出齐苗后，施 1 次清淡人粪尿提苗，忌施碳铵，以防烧伤幼苗。

盛长肥：播种 60~80 天后，重施 1 次腐熟人畜肥加化肥，每亩 1000~1500 kg，硫铵 10 kg，硫酸钾或氯化钾 5 kg。做到早熟品种早追，中晚熟品种迟追，促进幼苗长势旺，茎叶粗壮，到烂母时少黄尖或不黄尖。

孕薹肥：种蒜烂母后，花芽和鳞芽陆续分化进入花茎伸长期。此期旧根衰老，新根大量发生，同时茎叶和蒜薹也迅速伸长，蒜头也开始缓慢膨大，因而需养分多，应重施速效钾、氮肥（复合肥更好）10~15 kg。于现尾前半月左右施入（可剥苗观察到假茎下部的短薹），以满足需要，促使蒜薹抽生快，旺盛生长。

蒜头膨大肥：早熟和早中熟品种，由于蒜头膨大时气温还不高，蒜头膨大期相应较长，为促进蒜头肥大，须于蒜薹采收前追施速效氮钾肥。如氮钾复合肥亩施 5~10 kg，若单施尿素，5 kg 左右即可，不能追施过多，否则会引起已形成的蒜瓣幼芽返青，又重新长叶而消耗蒜瓣的养分。追肥应于蒜薹采收前进行，当蒜薹采收后即有丰富的养分促进蒜头膨大。若追肥于蒜薹采收后进行，则易导致贪青减产。若田土较肥，蒜叶肥大色深，则可不施膨大肥。中晚熟品种由于抽薹晚，温度较高，收薹后一般 20~25 天即收蒜，故也可免追膨大肥。

（2）水分管理

齐苗期：一般播种 1 周即齐苗。追施齐苗肥后，若田土较干，可灌水 1 次，促苗生长。

幼苗前期：幼苗期是大蒜营养器官分化和形成的关键时期。大蒜齐苗后进入幼苗生长前期，由于齐苗后灌水 1 次，加之长江流域地区此期也正值秋雨较多的时期，因此要控制灌水，并注意秋雨后田间的排水工作。

幼苗中后期：以越冬前到退母结束为标志。此阶段较长，也正是大蒜营养生长的重要时期。越冬前许多地方降雨已明显减少，土壤较干，应浇灌 1 次。越冬后气温渐渐回升，幼苗又开始进入旺盛生长，应及时灌水，以促进蒜叶生长，假茎增粗。

抽薹期：蒜苗分化的叶已全部展出，叶面积增长达到顶峰，根系也已扩展到最大范围，蒜薹的生长加快，此期是需肥水量最大的时期，应于追孕薹肥后及时浇灌抽薹水。"现尾"后要连续浇水，以水促苗，直到收薹前 2~3 天才停止浇灌水，以利贮运。

蒜头膨大期：蒜薹采收后立即浇水以促进蒜头迅速膨大和增重。收获蒜头前 5 天停止浇水，控制长势，促进叶部的同化物质加速向蒜头转运。

（3）中耕除草

可于播种至出苗前喷除草剂。扑草净：对防除蒜地的马唐、灰灰菜、蓼、狗尾草等有效。50%的扑草净亩用药 100~150 g。西马津和阿特拉津：亩用药 120~240 g。除草通：亩用药 35~65 g。

对以单子叶禾本科杂草为主的蒜田，每亩用大惠利 120~150 g 于播种后 5~7天（出苗前）加水 30~50 kg 稀释，晚间喷雾。以双子叶阔叶草为主的蒜田，每亩用 25% 恶草灵 120~150 mL，或 24% 果尔 45~60 mL，于播种后 7~10 天（出苗前）加水 40~60 kg，晚间喷雾。蒜苗幼苗生长期，当杂草刚萌生时即进行中耕，同时也除掉了杂草，对株间难以中耕的杂草也要及早拔除，以免与蒜苗争肥。

3. 采收

（1）采收蒜薹

一般蒜薹抽出叶鞘，并开始甩弯时，是收藏蒜薹的适宜时期。采收蒜薹早晚对蒜薹产量和品质有很大影响。

采薹过早，产量不高，易折断，商品性差；采薹过晚，虽然可提高产量，但消耗过多养分，影响蒜头生长发育，而且蒜薹组织老化，纤维增多，尤其蒜薹基部组织老化，不堪食用。

采收蒜薹最好在晴天中午和午后进行，此时植株有些萎蔫，叶鞘与蒜薹容易分离，并且叶片有韧性，不易折断，可减少伤叶。若在雨天或雨后采收蒜薹，植株已充分吸水，蒜薹和叶片韧性差，极易折断。

采薹方法应根据具体情况来定。以采收蒜薹为主要目的，如二水早大蒜叶鞘紧，为获高产，可剖开或用针划开假茎，蒜薹产量高、品质优，但假茎剖开后，植株易枯死，蒜头产量低，且易散瓣。以收获蒜头为主要目的，如苍山大蒜采薹时应尽量保持假茎完好，促进蒜头生长。采薹时一般左手于倒 3~4 叶处捏伤假茎，右手抽出蒜薹。该方法虽使蒜薹产量稍低，但假茎受损伤轻，植株仍保持直立状态，利于蒜头膨大生长。

（2）收蒜头

收蒜薹后 15~20 天（多数是 18 天）即可收蒜头。适期收蒜头的标志是：叶片大都干枯，上部叶片褪色成灰绿色，叶尖干枯下垂，假茎处于柔软状态，蒜头基本长成。收藏过早，蒜头嫩而水分多，组织不充实，不饱满，贮藏后易干瘪。

收藏过晚，蒜头容易散头，拔蒜时蒜瓣易散落，失去商品价值。收藏蒜头时，硬地应用锹挖，软地直接用手拔出。起蒜后运到场上，后一排的蒜叶搭在前一排的头上，只晒秧，不晒头，防止蒜头灼伤或变绿。经常翻动 2~3 天后，茎叶干燥即可贮藏。

（四）适宜区域

湖北省早稻产区。

第二节　经济作物种植模式

一、小西瓜—藜蒿

（一）茬口安排

超甜小西瓜上年 12 月底至 1 月初播种，2 月下旬定植，4 月上旬坐果，5 月上旬成熟，6 月中旬采收完毕。藜蒿 7 月初定植，8 月中旬、9 月中旬、11 月中旬，分别采收第 1、第 2、第 3 批。如需供应元旦、春节市场，加盖小拱棚后继续采收 1~2 批。

（二）田间布局

小西瓜亩定植嫁接苗 350~400 株，自根苗 450~550 株，株距 50~60 cm。藜蒿按畦面 1.2 米宽整地，一般亩需种苗 250~300 kg。插条剪成 8~10 cm 长，开浅沟，按株距 7~10 cm 靠放在沟的一侧。

（三）栽培技术要点

1. 超甜小西瓜

（1）选择品种

早春红玉、万福来、拿比特。

（2）培育壮苗

①营养土的配制：按 7∶3 的比例，将冬翻冬凌的园土与充分腐熟的有机肥拌匀，堆制、腐熟后，可作营养土，播前装钵备用。②种子处理和催芽：播种前将种子摊晒 1~2 天，提高种子发芽率和发芽势。用 55 ℃温水浸种 10 分钟，让水温自然降低后，再浸种 3~4 小时，捞出在 25~30 ℃ 的温度催芽。③播种：播种前铺设电加温线（70 瓦/平方米），苗床浇透底水，通电升温（25 ℃），每钵播种 1 粒，播籽后薄盖细土 1~2 cm，及时盖好地膜，搭好内棚保温。每亩用种 25~50 g。④苗床管理：苗期采取分段变温管理。出苗前温度保持在 28~30 ℃，待70%种子出土后，揭掉地膜，适当降温防徒长，以白天 25 ℃、夜间 18 ℃左右为宜。当第一片真叶展开后，适当升温，促生长，温度以白天 28 ℃左右、夜间 20 ℃左右为宜，同时要注意改善光照条件。移植前 5~7 天降温炼苗，提高瓜苗的适应性。⑤嫁接育苗：大中棚小西瓜连作栽培时，必须采用嫁接防病措施。嫁接方法同一般，即砧木（葫芦苗）播种后 15 天，西瓜播种后 8 天，在砧木第一片真叶展开，小西瓜子叶展开并开始露心时，采用顶插嫁接，即当砧木第一片真叶展开时，切除生产点处，用特制签自子叶顶端由上而下插一小穴，深约 1.5 cm，然后将事先准备好的子叶尚未展开的西瓜接穗苗的下胚轴削成双切面楔形，立即插入砧木穴内，使其紧密相接即成。嫁接尽可能选晴天进行。嫁接后 3~4 天不必通风，白天保持 25~28 ℃，晚上 20~22 ℃，遮光、保湿、保温，1 周后逐渐接受散射光，苗子成活后，白天气温 25~30 ℃，晚上 15 ℃，保持一定昼夜温差，防止徒长。

（3）适时定植

嫁接后超甜小西瓜苗龄一般在 25 天以上，2 月下旬或 3 月上旬，当大中棚内 10 cm 以下土温在 15 ℃时，抢晴天定植。亩定植嫁接苗 350~400 株，自根苗450~550 株，株距 50~60 cm，用 0.2%磷酸二氢钾液浇足定根水。重茬田块应进行土壤消毒后方可定植。瓜苗定植后，及时搭好内棚，密闭 4~5 天，以利保湿增温促发苗。如遇高温可在中午开启大、中棚通风。

（4）田间管理

①摘心整蔓：一般在瓜苗长到 5~7 叶时开始摘心，每株只留 3~4 条健壮的侧蔓，所留侧蔓上第 1~10 节位的侧枝也要及时摘除，保证每亩瓜田只留侧蔓

1200~1500 条。②温湿度管理：伸蔓期大棚以保温保湿为主，大棚内最高温控制在 35 ℃内，适时通风透光，晴天先开下风口，再开上风口，防高温烧苗，同时注意防止低温冻害，坐果期白天应加大通气量，棚内温度以 25 ℃为宜。③坐瓜留果：采用人工辅助授粉提高坐果率。一是人工授粉，即每天早上 6 时至 10 时，取雄花在开放的雌蕊上轻涂。二是放养蜜蜂，进行昆虫传粉。超甜小西瓜于 13 节左右（第二雌花）开始留瓜，1 蔓 1 瓜，每株一次可留瓜 3~4 个，平均单瓜重 1~1.5 kg。④肥水管理，A. 底肥：以有机肥为主，亩施腐熟农家肥或土渣肥 2000~3000 kg，硫酸钾复合肥 40~50 kg。B. 追肥："苗肥轻"，一般瓜苗期叶面喷施 0.2%磷酸二氢钾 10 天 1 次，共 3 次。"果肥重"，当幼果长到鸡蛋大小时，打孔追施膨瓜肥，亩施硫酸钾复合肥 15~20 kg 溶液。C. 水分管理：一般前期不旱不浇水，坐果后，视土壤墒情打孔穴灌。⑤病虫防治：苗期病害主要为猝倒病，生长期病害较多，主要有枯萎病、疫病、炭疽病。

（5）适时采收

小西瓜一般在花后 36 天以上即可成熟，或成熟瓜卷须变黄，果皮条纹清晰，有光泽，用手指弹击，声音清脆即为成熟瓜，可采收上市。

采收应在清晨待露水干后进行，采收宜用剪刀剪断瓜蒂，以免拧断瓜蔓。采收后应及时分级包装销售。小西瓜一般在 6 月 20 日左右即可采收完毕。

2. 藜蒿

（1）品种选择

选用生长势强、商品性好、产量高的云南绿秆藜蒿。

（2）整地做畦

深耕细整，按畦面 1.2 米宽整地，同时喷施除草剂以防杂草，除草剂可选用 48%拉索，亩用量 200 mL，或 48%氟乐灵，亩用量 100~150 mL。

（3）扦插定植

一般亩需种苗 250~300 kg。7 月上旬待留种田成株木质化后，去掉上部幼嫩部分和叶子，剪成 8~10 cm 长的插条，开浅沟，按株距 7~10 cm 靠放在沟的一侧，生长点朝上，边排边培土，培土深度达插条的三分之二，扦插完毕，浇 1 次透水。覆盖遮阳网，降低田间温度。经常保持土壤湿润，3~4 天即有小芽萌发。

（4）田间管理

①施肥：一般亩施腐熟有机肥 3000 kg，饼肥 100 kg。出苗后当幼苗长到 2~3 cm，用清粪水提苗，粪和水的比例为 1∶5。当幼苗长到 4~5 cm 时，亩追施尿素 10 kg，以后每收 1 次，施 1 次肥，方法同上。②灌水：要经常保持畦面湿润，浇水施肥同时进行，每施 1 次肥浇 1 次水，浇水宜多勿少。灌水以沟灌渗透为好，尽量不浇到畦面。③中耕除草：出苗后中耕 1~2 次，便于土壤疏松和透气，如有杂草一定要及时清除，以免影响幼苗生长。④间苗：幼苗长到 3 cm 左右时，要及时间苗，使每蔸保持 3~4 株小苗。⑤搭盖竹中棚：为保证元旦和春节有商品藜蒿，武汉市 11 月下旬及时搭盖竹中棚保温，防霜冻。竹中棚两头要经常打开通风，春节以后气温回升揭除。⑥病虫害防治：主要病害是菌核病，发病初期可用 40% 嘧霉胺 800~1500 倍液或 40% 菌核净 1000 倍液喷雾，隔 7~10 天喷 1 次即可。

（5）采收

当藜蒿长到 10~15 cm，根据市场需求，地上茎未木质化便可采收上市。收割时，将镰刀贴近地面将地上茎割下。气温适宜时 30 天收割 1 次，气温低时 50 天左右收割 1 次。藜蒿采收分为 3 次：8 月上旬为第一次，亩可采收毛藜蒿 400 kg；9 月中旬为第二次，亩采收鲜藜蒿 800 kg；11 月中旬为第三次，亩采收鲜藜蒿 1200 kg。如需供应元旦春节市场，应及时加盖中小棚防冻保温，2 月以前还可收获 1~2 次。

（6）留种

留种田一般在采收第三次后，追肥灌足水后，任其生长，待成株木质化后，成为下季栽培的插条。或加盖竹中棚，收获 1~2 次后再留种。

（四）适宜区域

湖北省城镇郊区。

二、春毛豆—夏毛豆—冬萝卜（红菜薹）

（一）茬口安排

春毛豆 2 月 5~10 日播种，5 月 18~27 日分三批采收。夏毛豆 5 月 29 日至 6

月2日播种，8月13~18日分3批采收。冬萝卜9月下旬至11月上旬播种，1月采收。红菜薹8月15~20日播种，10月中旬至翌年元月下旬采收。

（二）田间布局

2米包沟开厢，春毛豆，每亩用种7.5 kg，株距19.8 cm，行距26.4 cm，每穴2~3粒。夏毛豆，亩用种5~7.5 kg，株距27 cm，行距39.6 cm。秋冬萝卜，按畦包沟1米做成高畦，每穴点籽1~2粒，穴距20~25 cm，每畦点两行，每亩种植5500~6000穴，用种量约80~90 g。红菜薹，按2米宽包沟整成高畦，畦沟宽0.3米，畦沟深0.25米，四周抽好围沟，畦长每隔20~30米，一般每亩3000~3500株，每畦栽4行，株行距为30 cm ×（40~50）cm。

（三）栽培技术要点

1. 春毛豆

（1）品种选择

应选择耐寒性强、生育期短的品种，如早冠、95-1、特新早、龙泉特早等。

（2）施足底肥，精细整地

2月初开始施底肥，亩施复混肥50 kg、碳酸氢铵50 kg。施足底肥后机耕2次，2米带沟开厢，做到厢面平整。

（3）适时播种

2月5~10日，抢晴播种，播种后，用芽前除草剂拉索喷雾1次，然后覆盖地膜，四周盖严实，利于保温、防鼠害。

（4）出苗期管理

要注意及时补苗，保证全苗。如遇幼苗干旱，选择雨天揭膜浇水。当幼苗长出2层对叶时开始顶地膜，此时注意防高温烧苗。当气温较低、白天太阳光照不强烈时，要做到白天揭膜，晚上盖膜。在气温稳定在15 ℃以上、幼苗对叶2~3层时，在傍晚揭膜露苗。3月20日后完全揭膜，要及时松土紧根，同时可喷施磷酸二氢钾液2~3次。注意抗旱排渍。

（5）开花结荚期田间管理

当早熟毛豆生长到5~6层叶后，开始现蕾开花，顺序由下而上，4月中下旬为开花期。此时要按照"干开花"的原则,清理厢沟、围沟,降低湿度,喷坐果灵 1 次,保花蕾。早毛豆长出 7~8 层真叶时,进入结荚期,结荚顺序由下而上。结荚期管理是早毛豆生产的关键时期,关系到早毛豆的产量和品质。此时,如遇干旱,要灌 1 次跑马水,有利于豆荚迅速鼓起。早毛豆要分批采摘。

(6) 病虫防治

主要加强霜霉病的防治。

2. 夏毛豆

(1) 品种选择

选择适应性强、耐热、高产品种,如豆冠、K 新绿、满天星、绿宝石、长丰九号等。

(2) 施足底肥,精耕细作

春毛豆收获后,5 月下旬施底肥,亩施复混肥 50 kg、碳酸氢铵 50 kg。机耕2 次,2 米带沟开厢,做到厢面平整,无杂草。

(3) 前期田间管理

5 月底至 6 月初播种。播种后用除草剂拉索喷雾 1 次,预防杂草。厢沟、围沟要清通。出苗后要及时中耕除草 2 次。

(4) 中后期田间管理

湿促干控,促控结合,在开花前搭好丰产苗架。中熟毛豆于 6 月下旬至 7 月初开花,此时要按照"干开花"的原则,清好厢沟、围沟,除净田间杂草,利于通风透光,防止花蕾脱落。7 月下旬进入结荚期,此时要本着"湿结籽"的原则,保持田间湿润,遇旱灌跑马水 1 次,提高结荚率,增产增效。用磷酸二氢钾400 倍液连续 3 天于下午喷雾,以利 2 粒以上豆荚正常生长,减少单粒豆荚,保证鲜荚质量。

(5) 病虫防治

主要虫害有豆荚螟和斜纹夜蛾。

3. 冬萝卜

(1) 整地作畦,施足基肥

选择土层深厚,疏松肥沃,排灌方便,轮作 2~3 年的地块。一次性施足底肥,每亩深施腐熟有机肥 3000 kg,进口复合肥 30 kg,或进口复合肥 150 kg,饼肥 100 kg，结合整地撒施。在 6 米或 8 米的大棚内，按畦包沟 1 米做成高畦待播。

（2）适时点播，地膜覆盖

采取穴播，每穴点籽 1~2 粒，穴距 20~25 cm，每畦点两行，每亩种植 5500~6000 穴，用种量约 80~90 g。播后用细土覆盖 0.5 cm 厚。播期在 11 月上旬，应盖地膜保温。地膜要求拉紧贴地面，四周用土压实。

（3）田间管理

①适时查苗、定苗：播后 3~5 天齐苗，地膜覆盖种植的，此时要及时破地膜，用手指钩出一个小洞，使小苗露出膜外，一星期后对缺株穴立即补播。萝卜开始破白后，用湿土压薄膜破口处，既可防风吹顶起，又能增温保湿。幼苗 2~3 片叶时间苗，4~5 片真叶定苗，每穴留壮苗 1 株。②肥水管理：在施足基肥的基础上，追肥在萝卜破白露肩时分别用速效氮肥追施 1~2 次，每次亩施尿素或腐熟人粪尿 500 kg，施肥时切忌离根部太近，以免烧根。肉质根膨大期间，每亩施一次进口复合肥 10 kg。生长期间，土壤如过干，可选择晴天午后灌跑马水，田间切勿积水过夜或漫灌。若气候干燥，特别是萝卜肉质根膨大期间应及时补充水分。同时防止田间积水，雨后排渍，以防止肉质根腐烂和开裂。③病虫害防治：加强对黑腐病、病毒病、黑斑病、霜霉病、软腐病及小菜蛾、菜青虫、甜菜夜蛾等主要病虫害的防治。④盖棚保温：11 月中下旬气温降至 15 ℃以下时应及时盖大棚膜增温。

（4）采收

收获期 2 月上旬至 2 月中旬。一般播后 90 天左右采收。可根据市场行情，提前或延后 10~15 天采收，收获时注意保护肉质根，应直拔轻放，防止损伤肉质根影响外观。

4. 红菜薹栽培要点

（1）品种

选用紫婷、龙秀佳婷等优质早、中熟品种。

（2）施足底肥、按时追肥

大田底肥以有机肥为主，要求每亩施 3000 kg 腐熟厩肥，第一次追肥在移栽活苗后及时追施，用 50 kg 腐熟人畜粪兑 450 kg 水追肥，或每亩用 10 kg 尿素追施（每 50 kg 水兑尿素 75 g）。薹期追肥逐渐加重，每亩追施复合肥 20~25 kg，并适当增施磷、钾肥。

（3）病虫害防治

加强对黑腐病、病毒病、黑斑病、霜霉病、软腐病及小菜蛾、菜青虫、甜菜夜蛾等主要病虫害的防治。

（四）适宜区域

主要集中在长江流域一带，尤其是湖北省武汉市洪山区的洪山菜薹和湖南省湘潭市的九华红菜薹，这两个地区因其独特的气候和土壤条件，生产的红菜薹品质上乘。此外，四川、江苏苏州、安徽、浙江温州等地也有种植红菜薹，且各地的菜薹品系各有特点。

三、春苦瓜+菜用甘薯—冬莴苣

（一）茬口安排

2 月上中旬播种育苗苦瓜，3 月中下旬在大棚两边定植，5 月中旬至 10 月下旬收获。菜用甘薯 3 月中下旬在棚内扦插，4 月中下旬至 10 月上旬收获。冬莴苣 9 月上中旬播种育苗，10 月中下旬定植，翌年 1~2 月收获。

（二）田间布局

苦瓜，深耕 20~30 cm，按畦高 20 cm，畦宽 30 cm 作畦，每亩定植 250~300 株。菜用甘薯，厢长不超过 20 米，厢宽 1.20 米，沟深 25 cm，沟宽 30 cm，一般每亩定植 1.2 万株左右为宜，株距 18~20 cm，行距 25 cm。冬莴苣，行株距（40~45）cm ×（35~40）cm，亩栽 3500~5000 株。

（三）栽培技术要点

1. 春苦瓜

（1）选择优良品种

选择抗病、优质、高产、耐贮运、商品性好、适合市场需求的品种，如绿秀、台湾大肉、春夏 5 号、碧玉、翡翠苦瓜等。

（2）施足肥整好畦

结合整地，每亩施腐熟农家肥或生物有机肥 2000~3000 kg，三元复合肥 20~30 kg 作底肥，肥料宜入土 15~20 cm，做到土肥相融。深耕 20~30 cm，按畦高 20 cm，畦宽 30 cm 作畦。畦面土壤要求达到平、松、软、细的要求。

（3）培育壮苗

每亩用种量 200 g。采用温水浸种，将种子放入约 55 ℃热水中，维持水温稳定浸泡 15 分钟，然后保持约 30 ℃水温继续浸泡 18~22 小时，用清水洗净黏液后即可催芽。浸泡后的种子沥干水后用纱布包好，在 28~33 ℃条件下保湿催芽，种子每天冲洗并翻动一次，70%左右的种子露白时即可播种。营养土选用 2 年内没有种过瓜类作物的沙壤土为好。土壤选好后先做好翻晒、细碎，然后按土肥质量比 4：1 的比例加入充分腐熟的农家肥，并加入 1%的钙镁磷肥和 0.2%的复合肥。每立方米营养土用 70%的代森锌可湿性粉剂 60 g 或 50%的多菌灵可溶性粉剂 40 g 撒在营养土上，混拌均匀，然后用塑料薄膜覆盖 2~3 天，掀开薄膜后即可装入塑料营养钵或营养盘待用。根据栽培季节和习惯，可在塑料棚、温室或露地育苗。播种前一天将营养土浇透水，每钵或每孔点播 1 粒已发芽的种子，种子上盖 0.5 cm 厚的细土。早春育苗的在苗床或盘面上先盖一层地膜，再用小拱棚防寒。夏季育苗的在盘面上用双层遮阳网遮盖。有条件的可采用工厂化育苗并进行嫁接。保持苗床湿润，畦面见白时及时浇水，早春育苗宜在晴天 11~15 小时浇水，夏季育苗宜在早晚浇水。苗期可追施 10%腐熟人粪尿 2~3 次，0.2%磷酸二氢钾叶面肥 2~3 次。苦瓜早春育苗要保暖增温，白天温度控制在 20~30 ℃，夜间温度控制在 15~20 ℃。定植前 7 天适当降温通风，夏季逐渐撤去遮阳网，适当控制水分。

（4）适时规范定植

壮苗标准：早春苗龄 35 天，株高 10~12 cm，茎粗 0.3 cm 左右，3~4 片真叶，子叶完好，叶色浓绿，无病虫害。早春棚内 10 cm 最低土温稳定在 15 ℃以上为定植适期，一般在 3 月中下旬。按畦高 25 cm、畦宽 30 cm，整畦覆膜，每亩定植 250~300 株。

（5）科学田间管理

①温度管理：缓苗期白天 25~30 ℃，晚上不低于 18 ℃。开花结果期白天 25

℃左右，夜间不低于 15 ℃。②光照管理：大棚宜采用防雾滴膜，保持膜面清洁。③水分管理：缓苗后选择晴天上午浇 1 次缓苗水，保持土壤湿润，相对湿度大时减少浇水次数，遇干旱时结合追肥及时浇水，浇水时力求均匀，根瓜坐住后浇 1 次透水，以后 5~10 天浇 1 次水，结瓜盛期加强浇水。生产上应通过地面覆盖、滴灌、通风排湿、温度调控等措施，使土壤湿度控制在 60%~80%。多雨季节做好清沟排渍工作，做到雨停沟干。④追肥管理：根据苦瓜长势和生育期长短，按照平衡施肥要求施肥，适时追施氮肥和钾肥。同时喷施微量元素肥料，根据需要可喷施 0.2%磷酸二氢钾等叶面肥。定植成活后，每隔 5~7 天每亩追施 1 次 10%腐熟人粪尿 1000 kg，摘第一条瓜时，每亩深施 2000 kg 腐熟猪牛粪，盛果期时每隔 7~10 天追施 0.2%磷酸二氢钾叶面肥和 30%腐熟人粪尿每亩 1000 kg 或复合肥 30 kg。⑤爬蔓管理：宜在棚高 1.8 米处系上爬藤网，将瓜蔓牵引至爬藤网上。整枝：以主蔓结瓜为主，摘除 100 cm 以下的所有侧蔓。打底叶：及时摘除病叶、黄叶和 100 cm 主蔓以下的老叶。⑥人工授粉：头天下午摘取第二天开放的雄花，放于约 25 ℃的干爽环境中，第二天 8：00~10：00 时去掉花冠，将花粉轻轻涂抹于雌花柱头上，每朵雄花可用于 3 朵雌花的授粉。⑦病虫害防治：主要病害有霜霉病、白粉病、枯萎病。主要虫害有瓜野螟、烟粉虱。霜霉病用 72%克露 500 倍液或 72.2%霜霉威 800 倍液，白粉病用 30%醚菌酯 1500 倍液，枯萎病用 99%恶霉灵 3000 倍液，瓜野螟用 1%甲维盐 2000 倍液或烟粉虱用啶虫隆 1500 倍液喷雾。

（6）及时采收

及时摘除畸形瓜，及早采收根瓜，当瓜条瘤状突起十分明显，果皮转为有光泽时便可采收，采收完后清理田园。

2. 菜用甘薯栽培技术

（1）选择优良品种

选择腋芽再生能力强、节间短、分枝多、较直立、茎秆脆嫩、叶柄较短、叶和嫩梢无绒毛、开水烫后颜色翠绿、有香味、甜味、无苦涩味、口感嫩滑、适口性好、植株生长旺盛、茎尖产量高的品种，如福薯 18 号、福薯 10 号等品种。

（2）选好地整好畦

选择交通便利、土地平整、土壤结构好、肥力水平高、排灌方便、3 年内没种甘薯的田块。要施足基肥，精细耕整，做到土层细碎疏松，干湿适度。为了管理和采摘方便，厢长不超过 20 m，厢宽 1.20 m，沟深 25 cm，沟宽 30 cm。厢沟、腰沟、围沟三沟畅通，排灌方便。

（3）培育壮苗，合理密植

采用扦插繁殖的办法，即剪取 15 cm 左右薯藤，留 3 个节，基部剪成斜马蹄形，去叶，株行距 10 cm × 10 cm，扦插后浇水，盖膜，保温促长，25～30 天根系发育好后，择壮苗定植。也可直接定植于大田。待日平均气温稳定在 10 ℃以上，适时早插，选用茎蔓粗壮，叶片肥厚，无气生根，无病虫危害薯藤，剪取 4～5 节薯藤段，斜扦插入土 2～3 节，外露 1～2 节。扦插后浇水紧土，保持土壤湿润。一般每亩定植 1.2 万株左右为宜，株距 18～20 cm，行距 25 cm。

（4）科学施肥，早发快长

基肥以腐熟人粪尿、厩肥或堆肥等为主，每亩施腐熟农家肥 2000～3000 kg 或生物发酵鸡粪 400 kg，配合复合肥 100 kg。追肥应以人粪尿和氮肥为主，大肥大水促进茎叶生长。菜薯生长前期植株小，对肥料需求少，宜在扦插后 7～10 天，每亩用 10% 的腐熟人粪尿 1000 kg 浇施。扦插后 20 天和 30 天，两次结合中耕除草，每亩用 10% 的腐熟人粪尿 1000 kg 加配 10 kg 尿素、4 kg 氯化钾浇施。采摘期，每隔 20 天补 1 次肥，在采摘和修剪后及时施肥，一定要注意待伤口干后再施，促进分枝和新叶生长。

（5）调控温湿光，提高产品品质

菜用甘薯对温度、水分和光照要求较高。采用小水勤浇措施，有条件的可采用喷灌补水，保持土壤湿度 80%～90%，茎叶在 18～30 ℃范围内温度越高生长越快，但高于 30 ℃，生长缓慢，且易老化。光照过强易使茎叶纤维提前形成，含量增加。在高温强光情况下，在苦瓜藤架下遮阴降温，可提高菜用甘薯食用品质。

（6）适时采摘，及时修剪

菜用甘薯成活后，有 5～6 片叶时立即摘心，促发分枝。封行后及时采摘生长点以下 12 cm 左右鲜嫩叶上市，以后每隔 10 天左右采摘 1 次，由于菜用甘薯产品为幼嫩茎叶，含水量大，易失水萎蔫，要保持较高的产品档次，应适时采收，及时销售。为保证菜用甘薯田间生长通风透光，提高产量和产值，必须进行修剪。首次修剪时间应在第三次采摘完后及时进行，修剪必须保留株高 10~15 cm 内的分枝，每株从不同方向选留健壮的萌芽 4~5 个，剪除基部生长过密和弱小的萌芽，以后每采摘 3~4 次修剪 1 次。保证群体的透光和营养的集中供给。

（7）综合防治病虫

主要病虫害有甘薯麦蛾、斜纹叶蛾，可用多沙霉素等进行防治。采收时注意安全间隔期。

（8）安全越冬

菜用甘薯安全越冬方法有两种：薯苗大棚种植越冬和薯种贮藏越冬。一是菜用甘薯大棚越冬。武汉地区需要在三膜（地膜、小拱棚膜和大棚膜）基础上才能保苗越冬。二是菜用甘薯种贮藏越冬。建立留种田，不采摘薯尖，像普通甘薯那样生产薯种。在打霜前挖种并晾晒 2~3 天，用稻草或麦秆垫底，分层存放。应注意不能用薄膜覆盖，晾晒时，晚间要覆盖薯藤，存放的薯块不能沾水。

3. 冬莴苣栽培技术

（1）选用良种

越冬栽培的莴苣应选用耐寒、优质、早熟、高产、抗病的品种，如竹叶青、雪里松、种都五号、挂丝红等。

（2）播种育苗

亩用种量 25~50 g。选择排水良好，阳光充足的田块育苗。种子用温水浸种 6 小时左右，放置冰箱冷藏室内或吊在水井里，在 8~20 ℃的条件下处理 24 小时，然后把种子放置室内，1~2 天种子露白后播种，秧龄 25 天左右，叶龄 5~6 叶期，为移栽定植的适宜时期。

（3）施足基肥，移栽定植

莴苣产量高，需肥量大，须施足基肥，一般每亩施腐熟有机肥 4000 kg，复合肥 50 kg，于移栽前 7~10 天施入。秧苗 5~6 叶期定植，行株距（40~45）cm ×（35~40）cm，亩栽 3500~5000 株。

（4）田间管理

莴苣生长需较冷凉的气候条件，一般在 11 月中旬最低气温接近 0 ℃时进行大棚覆膜，在最低气温达-2 ℃时覆盖内大棚膜，既可避免棚内温度偏高引起窜薹，又可防止低温冻害。

（5）病虫害防治

大棚莴苣主要病害是霜霉病与灰霉病，主要虫害是蚜虫。霜霉病可用 72% 杜邦克露 600~800 倍、58% 甲霜灵锰锌 500 倍等农药喷雾防治，灰霉病可用万霉灵 800~1000 倍、25% 扑瑞风 600~800 倍等农药喷雾防治，蚜虫可用 10% 一遍净（吡虫啉）1000 倍、1% 杀虫素 1500 倍等农药喷雾防治。

（6）采收

莴苣主茎顶端与植株最高叶片的叶尖相平时为收获适期，这时茎部已充分肥大，品质脆嫩，产量最高，为最佳采收期。

（四）适宜区域

春苦瓜、菜用甘薯和冬莴苣的种植模式适宜在温带气候条件下进行种植，特别是在春季温度适中的地区。这种高效栽培模式已在武汉市蔡甸区和江夏区成功示范。适宜种植的区域应具备良好的气候条件、土壤肥力和灌溉设施，以确保作物能够健康生长并获得良好的产量。

四、马铃薯—玉米—秋萝卜

（一）茬口安排

马铃薯：2 月上旬播种，6 月上中旬收获。

春玉米：4 月下旬播种，8 月下旬收获。

秋萝卜：8 月中旬播种，11~12 月收获。

（二）田间布局

厢宽 1.6 米，种 2 行马铃薯，大行距 1 米，小行距 0.6 米，株距 0.2 米，每亩 4000 株左右。在两行马铃薯中间套种 2 行玉米，株距 0.2 米，每亩 4000 株左右。在玉米行间播种 2 行秋萝卜，株距 0.3 米左右。

（三）栽培技术要点

1. 品种

马铃薯选用中薯3号、费乌瑞它、克新3号等，春玉米选用登海9号、中农大451等，秋萝卜选用美浓萝卜等。

2. 加强管理

马铃薯播种时，亩施土杂肥3000 kg，猪栏粪1500 kg，过磷酸钙25 kg，草木灰100 kg，碳酸氢铵25 kg，浇足底墒水，即可播种，深度6~8 cm，覆土后使之形成向阳沟，覆盖地膜，以利早出苗。出苗后，揭去薄膜，苗出齐后及时浅锄、松土、保墒。第1片叶展开后，培土3 cm左右。4月底当薯苗团棵后，结合套种玉米，亩追施尿素15 kg并培土5~7 cm厚。结薯期必须保证土壤湿润，干旱时及时浇水，玉米间苗后，亩追施尿素5~7.5 kg。6月上中旬马铃薯收获后，结合玉米培土，每亩追施尿素15~20 kg。8月中旬，在玉米行间整地、施肥后，播种2行秋萝卜，待玉米收获后，及时间苗追肥。

（四）适宜区域

湖北省城镇近郊旱作区。

五、毛豆—春玉米—秋玉米—大白菜

（一）茬口安排

毛豆：2月底点播种，地膜覆盖，5月中下旬收获毛豆。

春玉米：4月初营养钵育苗，二叶一心在毛豆田套栽，7月底收获。

秋玉米：7月上旬在春玉米田套种点播，10月底收获。

大白菜：8月中下旬直播或点播，11月收获。

（二）田间布局

厢宽1.6米，沟宽0.3米，毛豆于厢面中间点播5行，株行距0.25米×0.2米，亩密度800穴以上，每穴播3~4粒。两边预留行各移栽1行春玉米，株距

0.21 米，亩栽 4000 株左右。毛豆收获后在春玉米行间点播 2 行秋玉米，相距 0.4 米，株距 0.21 米，密度 4000 株左右，每穴留苗 1 株。春玉米收获后，播 3 行大白菜，株距 0.35 米，亩 2400 蔸左右。

（三）栽培技术要点

1. 毛豆

（1）品种选择

选用早冠、95-1 等早熟高产品种。

（2）覆膜育苗

播种后，喷施除草剂，并及时覆盖地膜，出苗后及时破膜露苗。

（3）科学施肥

底肥亩施复合肥 50 kg，苗期叶面喷施 1% 尿素液 2 次，中后期叶面喷施 0.2% 的磷酸二氢钾液 2 次。

2. 玉米

（1）选用良种

选用宜单 629、中农大 451、登海 9 号等高产品种。

（2）科学施肥

春玉米打孔移栽时，亩施复合肥 20 kg。秋玉米播种前在行间亩底施复合肥 30 kg，5~6 叶期早追苗肥，每亩追尿素 5~6 kg，10~11 叶大喇叭口期重施穗肥，亩穴施尿素 10 kg。

（3）精细田管

一是秋玉米 2~3 叶间苗，4 叶定苗，每穴留苗 1 株。二是拔节期结合追肥中耕培土壅苑。三是防治 2 虫 1 病，苗期防地老虎，大喇叭口期重点防治玉米螟，中后期注意防治纹枯病。四是人工辅助授粉。

六、"莲藕—晚稻"高产高效栽培技术

（一）茬口安排

莲藕：3 月中旬栽种，6 月中下旬开始采收，7 月中下旬采收完毕。

晚稻：6月20日前后播种（育秧田另选），7月底移栽，10月中旬收获。

（二）田间布局

莲藕亩用种量为300 kg左右，株行距为150 cm × 250 cm左右，每亩栽足600~800个芽头。晚稻每亩2万~2.5万蔸。

（三）栽培技术要点

1. 莲藕

（1）品种选择

选用早熟、抗病、优质、商品性佳的鄂莲5号、鄂莲7号品种，藕肉厚实，气孔小，入泥30 cm，可炒食、煨汤。

（2）整地定植

清除田内残存杂物，耕耙平整，每亩施生石灰80 kg，莲藕是需肥量较大的作物，施用农家肥5000~8000 kg/亩，复合肥30 kg/亩。栽植时水不宜过深，以3~5 cm为宜。

（3）藕田管理

栽植后10余天内至萌芽阶段保持浅水，一般保持水层在5~6 cm，随着植株的生长逐渐加深水层，4~5月水层以5~10 cm为宜。坐藕期一般在采收前20天左右应放浅水位至4~6 cm，以促进结藕。定植后25天立叶1~2片时第一次追肥，每亩追尿素15 kg，或腐熟人粪尿2000 kg。定植后45天，田间长满立叶时第二次追肥，每亩施腐熟人粪尿2000 kg，或施复合肥20~25 kg，尿素10~15 kg。在荷叶封行前，结合追肥进行耕田除草2~3次，直到荷叶长得茂密到阻碍人们进入藕田为止。结合绿色防控技术，每30亩安装1盏太阳能杀虫灯。

（4）采收

6月中下旬开始陆续采收。

2. 晚稻栽培

选择鄂晚17、鄂粳912、鄂粳杂三号等晚稻品种，10月中下旬成熟后即可收获。

（四）适宜区域

江汉平原双季稻主产区。

七、早西瓜—玉米—晚稻

（一）茬口安排

西瓜：3月中下旬播种育苗，4月中旬移栽，7月初收获结束。

玉米：3月底至4月初播种，6月底至7月上旬收鲜玉米。

晚稻：6月20日前后播种，7月中下旬移栽，10月上中旬收获。

（二）田间布局

西瓜田按 3.5 m（含沟）厢宽开沟整田，厢面种 2 行西瓜，两行间距 1 m，株距 1 m，每亩栽植 400 株。玉米在厢面两行西瓜间种一行，株距 20 cm，每亩约 1000 株。晚稻每亩 2 万~2.5 万蔸。

（三）栽培技术要点

1. 西瓜

（1）播种育苗

选用全家福、千岛花皇等品种，3 月中旬选好苗床并培肥钵土，按每亩 500 个的要求做好营养钵，播前做好种子处理消毒、催芽，将营养钵浇一次底水，每穴放发芽种子 2 粒，然后以细肥土覆盖一层。用薄膜弓棚保温育苗，苗床上注意保温、保湿、防病。

（2）移栽

4 月中旬地温达 15 ℃时可移栽，移栽前一星期开好定植穴，穴里施足底肥，亩施土渣肥 1500 kg，饼肥、过磷酸钙各 50 kg，硫酸钾 20 kg，混合施于穴内，并使肥、土充分混合。栽后以稀人粪尿浇定根水。

（3）瓜田管理

一是肥水管理，轻施苗肥，5~6 叶时，施一次清水粪，重施坐瓜肥，坐瓜后施三次坐瓜肥，5~7天一次速效肥，以不含氯三元复合肥为好，每次 5~10 kg。春季雨水较多，注意排除田间渍水，也要注意防旱。二是中耕除草。三是压蔓整枝。四是人工授粉。五是防治病虫。六是选优留瓜，一株一瓜。七是及时采收。

2. 玉米

（1）选用良种

选择早熟、高产、适合鲜卖的甜玉米金银 99、超甜玉 923 等良种。

（2）田间管理

2~3 叶期定苗，移苗补缺与西瓜管理同时中耕，追施苗肥和拔节期平衡肥，喇叭期重施穗肥，并培土护根。

（3）病虫害防治

注意防治地老虎、玉米螟、纹枯病等病虫害。

3. 晚稻

常规栽培技术。

（四）适宜区域

湖北全省城郊及交通便利的双季稻产区。

八、马铃薯—玉米—大白菜

（一）茬口安排

马铃薯：12 月中下旬播种，3 月上旬移栽，5 月下旬至 6 月上旬收获。

玉米：4 月上旬播种，4 月下旬移栽，8 月中旬收获。

大白菜：7 月下旬至 8 月上旬播种，8 月中旬移栽，10 月上中旬收获。

（二）田间布局

厢宽 1.6 m，起垄 2 条，垄面宽 0.4 m，垄底 0.5 m，垄沟 0.3 m。一垄面种 2 行马铃薯，两行间距 0.3 m，株距 0.28 m，每亩移栽 3000 株。在 2 行马铃薯中间套种 2 行玉米，株距 0.2 m，每亩 4000 株左右。在马铃薯收获后种 2 行大白菜，2 行间距 0.3 m，株距 0.33 m，每亩移栽 2500 株。

（三）栽培技术要点

1. 马铃薯

（1）品种

选用中薯 3 号、鄂马铃薯 3 号等一、二级原种，种薯大小在 30~50 g。

（2）培育壮芽

每亩备 1.2 m × 2.5 m 苗床。播种时保留种薯顶芽，芽头朝上，盖土后，平铺盖膜，立春后升小拱棚，芽头露土显绿色时移栽。然后用 50 cm 宽的超强力微膜贴垄覆盖。幼苗出土破膜放苗。

（3）配方施肥

每亩施农家肥 1500 kg，硫酸钾 30 kg，碳铵 40 kg，移栽前一次施下。花蕾期追肥喷施 1%磷酸二氢钾溶液 2 次。

2. 玉米

（1）品种

宜单 629、中农大 451、蠡玉 16、登海 9 号等。

（2）塑盘育苗

选用长 60 cm，宽 33 cm，254 孔的塑盘作为载体。4 月上旬播种，苗龄 25 天，2.5~3 叶移栽，用宽 50 cm 的超微膜贴垄覆盖。

（3）配方施肥

每亩施腐熟农家肥 1500 kg，含量 40%三元复合肥 30 kg，硫酸锌 1.5 kg，大喇叭口期亩追穗肥 20 kg。

3. 大白菜

（1）品种

新抗 75、山东 6 号、夏秋王等。

（2）营养钵育苗

每钵播种 2 粒，2 叶间苗，5~6 叶起垄移栽，栽后浇足定根水。

（3）配方施肥

每亩施腐熟农家肥 2000 kg，含硫 40%的三元复合肥 30 kg，移栽时施于垄下。追肥分别于莲座期和结球初期亩施尿素 7.5 kg。

（4）病虫害防治

及时防治霜霉病、软腐病和菜青虫、蚜虫等。

（四）适宜区域

早西瓜—玉米—晚稻的种植模式适宜在气候温暖、雨量充沛的地区，尤其是南方的双季稻产区。这种模式能够在一年内实现三种作物的轮作，提高土地的利用效率。这种种植模式在浙江省杭州市农业科学研究院试验田有相关的研究和实践。

第三节　种养结合模式

一、稻鸭共育技术

（一）效益

稻鸭共育技术，不仅可以节省农药、化肥、鸭饲料等方面投入，同时促进水稻增产，品质提高，促进稻田综合效益提高，减少稻田生态环境污染。

（二）田间布局

①中稻每亩放养量 12 只，早稻每亩放养量 10 只左右，晚稻每亩不超过 10 只。

②中稻大田移栽密度，一般杂交稻为 16.5 cm（宽 26.5 cm）× 13.3 cm，常规稻移栽密度为 16.5 cm × 20 cm。

③早稻大田移栽密度，一般常规稻为 10 cm × 20 cm 为宜，杂交稻为 13 cm × 23 cm 为宜。

④晚稻大田移栽密度，一般为 12 cm × 16 cm 为宜。

（三）中稻田稻鸭共育技术要点

1. 准备阶段（4月上旬至4月下旬）

（1）选择品种

水稻选择优质、抗倒、抗病品种，如广两优香66、丰两优1号、扬两优6号等。鸭品种选择绍兴鸭及其配套系、荆江麻鸭、金定鸭、杂交野鸭等。

（2）选择地点

选水源充足，田间有水沟，排灌方便，无污染，符合无公害生产的稻田。

（3）确定规模

以10亩左右稻田为一单元，每亩12只鸭左右，并根据规模落实稻种和鸭苗数量、种源及时间。

（4）落实配套设施

准备育雏场地、鸭棚、围网、竹竿、频振灯等设施。围网网眼孔径以2 cm×2 cm（约两指）为宜。频振灯按50亩准备1盏；鸭棚按每平方米养鸭10只备足物资。

2. 分育阶段（4月下旬至6月中旬）

（1）安装好设施

放鸭之前搭好鸭棚，建好围网，围网高度60 cm左右，安装频振灯。

（2）水稻管理

①适时播种，培育壮秧。②开好三沟，施足底肥，注重施用有机肥、沼气肥。③适时移栽，规格插植，插足基本苗。④早施返青分蘖肥。

（3）养鸭管理

①浸种前5~7天，种蛋入孵，水稻插秧前7天购回1日龄鸭苗。②雏鸭饲养密度，每平方米饲养25~30只。③育雏温度，3日龄前温度保持28~30℃，4~6日龄26~28℃，7~12日龄24~26℃。④雏鸭出壳20~24小时，即可先"开水"，"开水"后半小时"开食"，每只鸭子六七分饱即可。⑤喂料：小型蛋鸭及役鸭第一天2.5 g，以后每天每只增加2.5~3.0 g。10日龄前喂料6~7次/天，其中晚上1~2次。10~15日龄喂料5~6次/天，其中晚上1次。每次喂料吹哨，建立条件反射。⑥育雏分群，40~50只为一小群。⑦保持饲养器具清洁，鸭舍干燥，温度均匀，防

止雏鸭"打堆"。⑧预防细菌性疾病：每100 kg饲料拌入5~7 g土霉素，连用3~4天，停药2天，间断用药。前三天饮水中加入50~70 mg/kg恩诺沙星。⑨免疫：1日龄接种鸭肝炎（若种鸭已接种，则7~10日龄接种），7日龄接种浆膜炎，10日龄接种禽流感，15日龄接种鸭瘟。⑩驯水：雏鸭4日龄下水，4~5日龄一次下水10分钟，羽毛不能全打湿，一次驯水时间2小时内，6日龄后自由下水。

3. 共育阶段（6月中旬至8月中旬）

（1）水稻管理

①水稻移栽后，当秧苗开始恢复生长，应尽快放入浮萍。②选用毒死蜱等无公害农药，防治稻纵卷叶螟、螟虫等。③水稻分蘖期，稻田保持浅水层，水深以5 cm为宜。④适时适度晒田：当苗数达到预期穗数的80%时开始晒田，总苗数控制在有效穗数的1.2~1.3倍，以落干搁田为主。⑤酌情补施穗肥。⑥破口前7~10天喷施井冈霉素，破口期喷施三唑酮，预防穗期综合症。

（2）养鸭管理

①水稻移栽后5~7天，放鸭入田。②补料：小鸭15~25日龄补配合料，每只每天补料50 g。25日龄后，补喂杂谷或混合饲料，每只每天补料50~70 g，每天分早晚定时两次补料，早补日补量的三分之一，晚补三分之二。③25~30日龄接种禽霍乱菌苗。④50日龄左右驱虫一次。⑤主要防天敌和中暑。⑥暴风雨前及时将鸭群收回鸭棚。⑦经常巡查围网，清点鸭数，根据稻田饵料与鸭群生长发育状况，调整补料数量与质量，及时妥善处理死鸭。⑧肉鸭出田前15天，每只鸭每天补料130 g，并提高补料能量，以利催肥。

4. 后期阶段（8月下旬至9月下旬）

①水稻齐穗后鸭子及时出田，肉鸭适时上市。挑出体轻个小的关养，增加喂料量，促进发育整齐。

②水稻干干湿湿管水，不要断水过早，以收获前7天断水为宜。

③注意防治病虫害。

④及时收获，机收机脱，提高稻谷外观品质。

（四）适宜区域

养鸭基础好的水稻优势区域。

二、稻蟹共生技术

（一）效益

稻田养蟹，稻蟹共存互利，蟹可为稻田除虫、除草、松土、增肥，稻田可以给蟹提供良好的栖息环境。该种模式对水稻单产影响不大，每亩产商品蟹 20~30 kg，能连片上规模，并配上频振灯诱蛾，能生产出有机蟹和有机大米。

（二）田间布局

每块稻田大小无严格要求，面积一般 5 亩以上，集中连片种养。一般 2~3 月每亩放养规格为 100~200 只/kg 的二龄蟹 400~800 只；3 月下旬至 4 月初放养规格为 20 000 只/kg 的豆蟹苗 5000 只。

（三）主要技术要点

1. 稻田改造

（1）稻田准备

养蟹稻田应选择靠近水源、水质良好无污染、灌溉方便、保水性能良好，且通电通路的稻田为养蟹田。

（2）开好殖沟

通常由环沟、田间沟两部分构成，一般占稻田面积的 20%~30%。环沟：在田埂四周堤埂内侧 2~3 m 处开挖，宽 1.5 m 左右、深 1 m、坡比 1∶2 成环形。田间沟：每隔 20~30 m 开一条横沟或十字形沟，沟宽 0.5 m、深 0.6 m、坡比 1∶1.5，并与环沟相通。

（3）加固加高田埂

用养殖沟中取出的土来加固田埂，田埂一般比稻田高出 0.5 m 以上，埂面宽 1.2 m，底部宽 6.5 m。

（4）修好灌水排水门和防逃墙

灌排水闸门不留缝隙，并在闸门内加较密铁丝网，防逃墙一般要求高出田面 0.5 m。

（5）整池消毒

田间工程完成后先晒田，再消毒，蟹苗放养前 15 天，灌水到田面 10 cm，每亩田用 75~150 kg 生石灰消毒。

（6）施足底肥

在蟹苗放养 7 天前，亩施腐熟有机肥 2000 kg，复合肥 30 kg，以确保水稻生长需要，同时也可以培育水质，培养基础饲料。

（7）移植水草

在养殖沟内移栽一定数量的黄丝草、伊乐藻等水生植物，作为蟹苗饲料和寄居地，并净化水质。

2. 蟹苗的投放与管理

（1）投苗

一般 2~3 月选择晴暖天气投苗，每亩放养规格为 100~200 只／kg 的二龄蟹 400~800 只，或 3 月下旬至 4 月初放养规格为 20 000 只／kg 的豆蟹苗 5000 只。为了改善水质，每亩可放白鲢 10~20 尾。

（2）饲料投喂

养蟹饲料来源较广，植物性饲料有米糠、玉米粉、稻谷、浮萍等；动物性饲料有小细鱼、鱼粉、蚯蚓、猪血、动物内脏等。前期动物和植物性饲料按 2∶1 投喂，中后期按 1∶1 投喂。投饲应定时、定位，一日二次（8~9 时，16~17 时），灵活掌握，整个饲料期间须投青饲料不断，可在稻田返青前向田中投一定量的浮萍，让其生长，也可充分利用田埂种些南瓜，不仅能解决中后期青饲料的供给，且能省人力、降成本。

（3）水质管理

始终保持水质清晰，要经常保持田间水深 8~10 cm，不可任意变换水位或脱水烤田。6~7 月每周换水一次，8~9 月每周换水 2~3 次，9 月以后 5~10 天换水 1 次。

（4）病害防治

坚持预防为主，防重于治。饲养期间每 10 天在沟中施一次生石灰，用量 5~10 g／m³，在饲料中不定期添加复合维生素，100 kg 饲料添加 8 g，连喂 3~5 天。对老鼠、水蛇、青蛙等敌害要及时捕杀。此外，还须做好防洪、防台风、防偷、防逃等工作。

3. 水稻移栽和管理

（1）品种选择

应选生长期长、秸秆粗壮、耐肥力强、抗倒伏和抗病力强的水稻品种，如扬两优6号、深两优5814等。

（2）大田栽插

选用旱育秧方式培育壮苗，于4月中旬或6月上旬将大田翻耕平整栽插。

（3）稻田管理

主要抓施肥、除草、除虫、晒田等管理。除草主要是除稗草，用人工拔草，禁用除草剂。治虫一般不用药，万一用药时应选高效低毒农药，采用叶面喷雾法防治。晒田宜采取降水轻搁，水位降至稻田出面即可。

4. 收获捕捞

当水稻成熟收割时，降水将蟹引入沟中，再收割水稻。河蟹收获视气候变化而定，气温偏高适当推迟，气温低可提前，总的原则是宜早不宜迟。捕捞方法是利用河蟹生殖洄游的习性，每天晚上用手电徒手在岸边抓，此法可捕获80%。若养蟹田中又混养了鱼虾，则虾用抄网在沟中捞捕，鱼则用拉网在沟中捞捕，然后排干沟水，捉鱼摸蟹。所捕的鱼虾蟹可立即销售，也可利用营养池或另外的池塘、河道暂养，选择时机陆续销售。

（四）适宜区域

水源条件好的水稻产区。

三、稻虾共生技术

（一）效益

在稻田里养殖淡水小龙虾，是利用稻田的浅水环境，辅以人为措施，既种稻又养虾，以提高稻田单位面积效益的一种经营模式。稻田养殖淡水小龙虾共生原理的内涵就是以废补缺、互利助生、化害为利，在稻田养虾实践中，人们称之为"稻田养虾，虾养稻"。

（二）田间工程建设

1. 稻田的选择

（1）水源

水源要充足，水质良好，排灌方便，农田水利工程设施要配套完好，有一定的灌排条件。

（2）土质

土质要肥沃，以黏土和沙壤土为宜。

（3）面积

面积少则十几亩，多则几十亩，上百亩都可，面积大比面积小更好。

2. 开挖鱼沟

在稻田四周开挖环形沟，面积较大的稻田，还应开挖"田"字形或"川"字形或"井"字形的田间沟。环形沟距田间埂 3 m 左右，环形沟上口宽 4~6 m，下口宽 1~1.5 m，深 1.2~1.5 m。田间沟宽 1.5 m，深 0.5~0.8 m。沟的总面积占稻田面积的 20% 左右。

3. 加高加固田埂

将开挖环形沟的泥土垒在田埂上并夯实，确保田埂高达 1.2~1.5 m，宽 3 m 以上，并打紧夯实，要求做到不裂、不漏、不垮。

4. 防逃设施

常用的有两种，一是安插高 55 cm 的硬质钙塑板作为防逃板，埋入田埂泥土中 15~20 cm，每隔 75~100 cm 处用一木桩固定。注意四角应做成弧形，防止龙虾沿夹角攀爬外逃。第二种防逃设施是采用网片和硬质塑料薄膜共同防逃，在易涝的低洼稻田主要以这种方式防逃，用高 1.2~1.5 m 的密眼网围在稻田四周，在网上内侧距顶端 10 cm 处再缝上一条宽 25~30 cm 的硬质塑料薄膜即可。

稻田开设的进、排水口应用双层密网防逃，同时为了防止夏天雨季冲毁堤埂，稻田应开设一个溢水口，溢水口也用双层密网过滤。

5. 放养前的准备工作

及时杀灭敌害，可用鱼藤酮、茶粕、生石灰、漂白粉等药物杀灭蛙卵、鳝、鳅及其他水生敌害和寄生虫等。种植水草，营造适宜的生存环境，在环形沟及田间沟种植沉水植物如聚草、苦草、水花生等，并在水面上移养漂浮水生植物如芜萍、紫背浮萍、凤眼莲等。培肥水体，调节水质，为了保证龙虾有充足的活饵，可在放种苗前一个星期施有机肥，常用的有干鸡粪、猪粪，并及时调节水质，确保养虾水体达到肥、活、嫩、爽的要求。

（三）主要技术要点

1. 水稻栽培技术要点

（1）水稻品种选择

养虾稻田一般只种一季稻，水稻品种要选择叶片开张角度小，抗病虫害、抗倒伏且耐肥性强的紧穗型品种，目前常用的品种有汕优系列、协优系列等。

（2）施足基肥

每亩施用农家肥 200 ~ 300 kg，尿素 10 ~ 15 kg，均匀撒在田面并用机器翻耕耙匀。

（3）秧苗移植

秧苗一般在 6 月中旬开始移植，采取条栽与边行密植相结合，浅水栽插的方法，养虾稻田宜提早 10 天左右。我们建议移植方式采用抛秧法，要充分发挥宽行稀植和边坡优势的技术，移植密度为 30 cm × 15 cm 为宜，确保龙虾生活环境通风透气性能好。

2. 龙虾放养技术

（1）放养准备

放虾前 10 ~ 15 天，清理环形虾沟和田间沟，除去浮土，修正垮塌的沟壁，每亩稻田环形虾沟用生石灰 20 ~ 50 kg，或选用其他药物，对环形虾沟和田间沟进行彻底清沟消毒，杀灭野杂鱼类，敌害生物和致病菌。放养前 7 ~ 10 天，稻田中注水 30 ~ 50 cm，在沟中每亩施放禽畜粪肥 800 ~ 1000 kg，以培肥水质。同时移植轮叶黑藻、马来眼子菜等沉水植物，要求占沟面积的二分之一，从而为放养的龙虾创造一个良好的生态环境。

（2）移栽水生植物

环形虾沟内栽植轮叶黑藻、金鱼藻、马来眼子菜等沉水性水生植物，在沟边种植空心菜，在水面上浮植水葫芦等。但要控制水草的面积，一般水草占环形虾沟面积的 40%～50%，以零星分布为好，不要聚集在一起，这样有利于虾沟内水流畅通无阻塞。

（3）放养时间

不论是当年虾种，还是抱卵的亲虾，应力争一个"早"字。早放既可延长虾在稻田中的生长期，又能充分利用稻田施肥后所培养的大量天然饵料资源。常规放养时间一般在每年 8～9 月或来年的 3 月底，也可以采取随时捕捞，随时放养方式。

（4）放养密度

每亩稻田按 20～25 kg 抱卵亲虾放养，雌雄比 3∶1。也可待来年 3 月放养幼虾种，每亩稻田按 0.8 万～1.0 万尾投放。注意抱卵亲虾要直接放入外围大沟内饲养越冬，待秧苗返青时再将虾引入稻田生长。在 6 月以后随时补放，以放养当年人工繁殖的稚虾为主。

（5）放苗操作

在稻田放养虾苗，一般选择晴天早晨和傍晚或阴雨天进行，这时天气凉快，水温稳定，有利于放养的龙虾适应新的环境。放养时，沿沟四周多点投放，使龙虾苗种在沟内均匀分布，避免因过分集中，引起缺氧窒息死虾。淡水小龙虾在放养时，要注意幼虾的质量，同一田块放养规格要尽可能整齐，放养时一次放足。

另外，建议在田头开辟土池暂养，具体方法是亲虾放养前半个月，在稻田田头开挖一条面积占稻田面积 2%～5% 的土池，用于暂养亲虾。待秧苗移植一周且禾苗成活返青后，可将暂养池与土池挖通，并用微流水刺激，促进亲虾进入大田生长，通常称为稻田二级养虾法。利用此种方法可以有效地提高龙虾成活率，也能促进龙虾适应新的生态环境。

3. 水位调节

水位调节，应以稻为主，龙虾放养初期，田水宜浅，保持在 10 cm 左右，但因虾的不断长大和水稻的抽穗、扬花、灌浆均需大量水，所以可将田水逐渐加深到 20～25 cm，以确保两者（虾和稻）需水量。在水稻有效分蘖期采取浅灌，保证水稻的正常生长。

进入水稻无效分蘖期，水深可调节到 20 cm，既增加龙虾的活动空间，又促进水稻的增产。同时，还要注意观察田沟水质变化，一般每 3～5 天加注一次新水，盛夏季节，每 1～2 天加注一次新水，以保持田水清新。

4. 投饵管理

首先通过施足基肥，适时追肥，培育大批枝角类、桡足类以及底栖生物，同时在3月还应放养一部分螺蛳，每亩稻田150~250 kg，并移栽足够的水草，为龙虾生长发育提供丰富的天然饲料。在人工饲料的投喂上，一般情况下，按动物性饲料40%，植物性饲料60%来配比。投喂时也要实行定时、定位、定量、定质投饵原则。早期每天分上、下午各投喂一次，后期在傍晚6时多投喂一次。投喂饵料品种多为小杂鱼、螺蛳肉、河蚌肉、蚯蚓、动物内脏、蚕蛹，配喂玉米、小麦、大麦粉。还可投喂适量植物性饲料，如水葫芦、水芫萍、水浮萍等。日投喂饲料量为虾体重的3%~5%。平时要坚持勤检查虾的吃食情况，当天投喂的饵料在2~3小时内被吃完，说明投饵量不足，应适当增加投饵量，如在第二天还有剩余，则投饵量要适当减少。

5. 科学施肥

养虾稻田一般以施基肥和腐熟的农家肥为主，促进水稻稳定生长，保持中期不脱力，后期不早衰，群体易控制，每亩可施农家肥300 kg、尿素20 kg、过磷酸钙20~25 kg、硫酸钾5 kg。放虾后一般不施追肥，以免降低田中水体溶解氧，影响龙虾的正常生长。如果发现脱肥，可少量追施尿素，每亩不超过5 kg。施肥的方法是：先排浅田水，让虾集中到鱼沟中再施肥，有助于肥料迅速沉积于底泥中并为田泥和禾苗吸收，随即加深田水到正常深度；也可采取少量多次、分片撒肥或根外施肥的方法。禁用对淡水小龙虾有害的化肥，如氨水和碳酸氢铵等。

6. 科学施药

稻田养虾能有效地抑制杂草生长，龙虾摄食昆虫，降低病虫害，所以要尽量减少除草剂及农药的施用，龙虾入田后，若再发生草荒，可人工拔除。如果确因稻田病害或虾病严重需要用药时，应掌握以下七个关键方法：①科学诊断，对症下药。②选择高效低毒低残留农药。③由于龙虾是甲壳类动物，也是无血动物，对含膦药物、菊酯类、拟菊酯类药物特别敏感，因此慎用敌百虫等药物，禁止用敌杀死等药。④喷洒农药时，一般应加深田水，降低药物浓度，减少药害，也可放干田水再用药，待8小时后立即上水至正常水位。⑤粉剂药物应在早晨露水未干时喷施，水剂和乳剂药应在下午喷洒。⑥降水速度要缓，等虾爬进鱼沟后再施药。⑦可采取分片分批的用药方法，即先施稻田一半，过2天再施另一半，同时要尽量避免农药直接落入水中，保证龙虾的安全。

7. 科学晒田

晒田的原则是："平时水沿堤，晒田水位低，沟溜起作用，晒田不伤虾。"晒田前，要清理鱼沟鱼溜，严防鱼沟里阻隔与淤塞。晒田总的要求是轻晒或短期晒，晒田时，沟内水深保持在 13~17 cm，使田块中间不陷脚，田边表土不裂缝和发白，以见水稻浮根泛白为适度。晒好田后，及时恢复原水位。尽可能不要晒得太久，以免虾缺食太久影响生长。

8. 病害预防

龙虾的病害采取"预防为主"的科学防病措施。常见的敌害有水蛇、老鼠、黄鳝、泥鳅、鸟等，应及时采取有效措施驱逐或诱灭之。在放虾初期，稻株茎叶不茂，田间水面空隙较大，此时虾个体也较小，活动能力较弱，逃避敌害的能力较差，容易被敌害侵袭。同时，淡水小龙虾每隔一段时间需要蜕壳一次，才能生长，在蜕壳或刚蜕壳时，最容易成为敌害的适口饵料。到了收获时期，由于田水排浅，虾有可能到处爬行，目标会更大，也易被鸟、兽捕食。对此，要加强田间管理，并及时驱捕敌害，有条件的可在田边设置一些彩条或稻草人，恐吓、驱赶水鸟。另外，当虾放养后，还要禁止家养鸭子下田沟，避免损失。

9. 加强其他管理

其他的日常管理工作必须做到勤巡田、勤检查、勤研究、勤记录。坚持早晚巡田，检查虾的活动，摄食水质情况，决定投饵、施肥数量。检查堤埂是否塌漏，平水缺、拦虾设施是否牢固，防止逃虾和敌害进入。检查鱼沟、鱼窝，及时清理，防止堵塞。检查水源水质情况，防止有害污水进入稻田。要及时分析存在的问题，做好田块档案记录。

10. 收获

稻谷收获一般采取收谷留桩的办法，然后将水位提高至 40~50 cm，并适当施肥，促进稻桩返青，为龙虾提供避荫场所及天然饵料来源，稻田养虾的捕捞时间在 4~9 月均可，主要采用地笼张捕法。

（四）适宜区域

水源条件好的水稻产区。

第三章 种植主推栽培技术

第一节 水稻栽培技术

一、水稻集中育秧技术

（一）水稻集中育秧的主要方式

①连栋温室硬盘育秧，又称智能温室育秧或大棚育秧。

②中棚硬（软）盘育秧。

③小拱棚或露地软盘育秧。

（二）技术总目标

提高播种质量（防漏播、稀播），提高秧苗素质（旱育秧，早炼苗），提高成秧率（防烂种、烂芽、烂秧死苗）。

（三）适合于机插的秧苗标准

要求营养土厚 2~2.5 cm，播种均匀，出苗整齐。营养土中秧苗根系发达，盘结成毯状。苗高 15~20 cm，茎粗叶挺色绿，矮壮。秧块长 58 cm，宽 28 cm，叶龄三叶左右。

（四）水稻集中育秧的技术

1. 选择苗床，搭好育秧棚

选择离大田较近，排灌条件好，运输方便，地势平坦的旱地作苗床，苗床与大田比例为 1∶100。如采用智能温室，多层秧架育秧，苗床与大田之比可达 1∶200。如用稻田作苗床，年前要施有机肥和无机肥腐熟培肥土壤。选用钢架拱形中棚较好，以宽 6~8 m，中间高 2.2~3.2 m 为宜，棚内安装喷淋水装置，采用南北走向，以利采光通风，大棚东、南、西三边 20 m 内不宜有建筑物和高大树木。中棚管应选用 4 分厚壁钢管，顺着中棚横梁，每隔 3 m 加一根支柱，防风绳、防风网要特别加固。中棚四周开好排水沟。整耕秧田：秧田干耕干整，中间留 80 cm 操作道，以利运秧车行走，两边各横排 4~6 排秧盘，并留好厢沟。

2. 苗床土的选择和培肥

育苗营养土一定要年前准备充足，早稻按亩大田 125 kg（中稻按 100 kg）左右备土（一方土约 1500 kg，约播 400 个秧盘）。选择土壤疏松肥沃，无残茬、无砾石、无杂草、无污染、无病菌的壤土，如耕作熟化的旱田土或秋耕春炒的稻田土。水分适宜时采运进库，经翻晒干爽后加入 1%~2% 的有机肥，粉碎后备用，盖籽土不培肥。播种前育苗底土每 100 kg 加入优质壮秧剂 0.75 kg 拌均匀，现拌现用，黑龙江省农科院生产的葵花牌、云杜牌壮秧剂质量较好，防病效果好。盖籽土不能拌壮秧剂，营养土冬前培肥腐熟好，忌播种前施肥。

3. 选好品种，备足秧盘

选好品种，选择优质、高产、抗倒伏性强品种。早稻：两优 287、鄂早 17 等。中稻：丰两优香 1 号、广两优 96、两优 1528 等。常规早稻每亩大田备足硬（软）盘 30 张，用种量 4 kg 左右。杂交早稻每亩大田备足硬（软）盘 25 张，用种量 2.75 kg。中稻每亩大田备足硬（软）盘 22 张，杂交中稻种子 1.5 kg。

4. 浸种催芽

（1）晒种

清水选种：种子催芽前先晒种 1~2 天，可提高发芽势，用清水选种，除去秕粒、半秕粒单独浸种催芽。

（2）种子消毒

种子选用适乐时等药剂浸种，可预防恶苗病、立枯病等病害。

（3）浸种催芽

常规早稻种子一般浸种 24~36 小时，杂交早稻种子一般浸种 24 小时，杂交中稻种子一般浸种 12 小时。种子放入全自动水稻种子催芽机或催芽桶内催芽，温度调控在 35 度档，一般 12 小时后可破胸，破胸后种子在油布上摊开炼芽 6~12 小时，晾干水分后待播种用。

5. 精细播种

（1）机械播种

安装好播种机后，先进行播种调试，使秧盘内底土厚度为 2～2.2 cm。调节洒水量，使底土表面无积水，盘底无滴水，播种覆土后能湿透床土。调节好播种量，常规早稻每盘播干谷 150 g，杂交早稻每盘播干谷 100 g，杂交中稻每盘播干谷 75 g，若以芽谷计算，乘以 1.3 左右系数。调节覆土量，覆土厚度为 3～5 mm，要求不露籽。采用电动播种设备一小时可播 450 盘左右（1 天约播 200 亩大田秧盘），每条生产线需工人 8～9 人操作，播好的秧盘及时运送到温室，早稻一般 3 月18 日开始播种。

（2）人工播种

①适时播种：3 月 20～25 日抢晴播种。②苗床浇足底水：播种前一天，把苗床底水浇透。第二天播种时再喷灌一遍，确保足墒出苗整齐。软盘铺平、实、直、紧，四周用土封好。③均匀播种：先将拌有壮秧剂的底土装入软盘内，厚 2～2.5 cm，喷足水分后再播种。播种量与机械播种量相同。采用分厢按盘数称重，分次重复播种，力求均匀，注意盘子四边四角。播后每平方米用 2 g 敌克松兑水 1 kg 喷雾消毒，再覆盖籽土，厚约 3～5 mm，以不见芽谷为宜。使表土湿润，双膜覆盖保湿增温。

6. 苗期管理

（1）温室育秧

①秧盘摆放：将播种好的秧盘送入温室大棚或中棚，堆码 10～15 层盖膜，暗化 2～3 天，齐苗后送入温室秧架上或中棚秧床上育苗。②温度控制：早稻第 1～2 天，夜间开启加温设备，温度控制在 30～35 ℃，齐苗后温度控制在 20～25 ℃。单季稻视气温情况适当加温催芽，齐苗后不必加温，当温度超过 25 ℃时，开窗或启用湿帘降温系统降温。③湿度控制：湿度控制在 80%或换气扇通风降湿。湿度过低时，打开室内喷灌系统增湿。④炼苗管理：一定要早炼苗，防徒长，齐苗后开始通风炼苗，一叶一心后逐渐加大通风量，棚内温度控制在 20～25 ℃为宜。盘土应保持湿润，如盘土发白、秧苗卷叶、早晨叶尖无水珠应及时喷水保湿。前期基本上不喷水，后期气温高，蒸发量大，约一天喷一遍水。⑤预防病害：齐苗后喷施一遍敌克松 500 倍液，一星期后喷施移栽灵防病促发根，移栽前打好送嫁药。

（2）中、小棚育秧

①保温出苗：秧苗齐苗前盖好膜，高温高湿促齐苗，遇大雨要及时排水。②通风炼苗：一叶一心晴天开两档通风，傍晚再盖好，1~2天后可在晴天日揭夜盖炼苗，并逐渐加大通风量，二叶一心全天通风，降温炼苗，温度20~25℃为宜。阴雨天开窗炼苗，日平均温度低于12℃时不宜揭膜，雨天盖膜防雨淋。③防病：齐苗后喷一次移栽灵防治立枯病。④补水：盘土不发白不补水，以控制秧苗高度。⑤施肥：因秧龄短，苗床一般不追肥，脱肥秧苗可喷施1%尿素溶液。每盘用尿素1 g，按1∶100兑水拌匀后于傍晚时分均匀喷施。

7. 适时移栽

由于机插苗秧龄弹性小，必须做到田等苗，不能苗等田，适时移栽。早稻秧龄20~25天，中稻秧龄15~17天为宜，叶龄3叶左右，株高15~20 cm移栽，备栽秧苗要求苗齐、均匀、无病虫害、无杂株杂草、卷起秧苗底面应长满白根，秧块盘根良好。起秧移栽时，做到随起、随运、随栽。

（五）机插秧大田管理技术要点

1. 平整大田

用机耕船整田较好，田平草净，土壤软硬适中，机插前先沉降1~2天，防止泥陷苗，机插时大田只留瓜皮水，便于机械作业，由于机插秧苗秧龄弹性小，必须做到田等苗，提前把田整好，田整后，亩可用60%丁草胺乳油100 mL拌细土撒施，保持浅水层3天，封杀杂草。

2. 机械插秧

行距统一为30 cm，株距可在12~20 cm内调节，相当于可亩插1.4万~1.8万穴。早稻亩插1.8万穴，中稻亩插1.4万穴为宜，防栽插过稀。每苑苗数早杂4~5苗，常规早稻5~6苗，中杂2~3苗，漏插率要求小于5%，漂秧率小于3%，深度1 cm。

3. 大田管理

（1）湿润立苗

不能水淹苗，也不能干旱，及时灌薄皮水。

（2）及时除草

整田时没有用除草剂封杀的田块，秧苗移栽 7~8 天活蔸后，亩用尿素 5 kg 加丁草胺等小苗除草剂撒施，水不能淹没心叶，同时防治好稻蓟马。

（3）分次追肥

分蘖肥做两次追施，第一次追肥后 7 天追第 2 次肥，亩用尿素 5~8 kg。

（4）晒好田

机插苗返青期较长，返青后分蘖势强，高峰苗来势猛，可适当提前到预计穗数的 70%~80% 时自然断水落干搁田，反复多次轻搁至田中不陷脚，叶色落黄褪淡即可，以抑制无效分蘖并控制基部节间伸长，提高根系活力。切勿重搁，以免影响分蘖成穗。

二、水稻抛秧栽培技术

水稻抛秧栽培技术是指利用塑料育秧盘或无盘抛秧剂等培育出根部带有营养土块的水稻秧苗，通过抛、丢等方式移栽到大田的栽培技术。根据育苗的方式，抛秧稻主要有塑料软盘育苗抛栽、纸筒育苗抛栽、"旱育保姆"无盘抛秧剂育秧抛栽和常规旱育秧手工掰块抛栽等方式。湖北省主要以塑料软盘育苗抛秧和无盘旱育抛秧为主。

（一）塑料软盘育苗抛成技术

1. 播前准备

（1）品种选择

选择秧龄弹性大、抗逆性好的品种。双季晚稻要根据早稻品种熟期合理搭配品种，一般以"早配迟""中配中""迟配早"的原则，选用稳产高产、抗性强的品种，保证安全齐穗。

（2）秧盘准备

每亩大田需备足 434 孔塑料 50 张。秧龄短的早熟品种可备 561 孔塑料育秧软盘 40~45 张。

（3）确定苗床

选择运秧方便、排灌良好、背风向阳、质地疏松肥沃的旱地、菜地或水田作苗床。苗床面积按秧本田1∶（25~30）的比例准备。营养土按每张秧盘1.3~1.4 kg备足。

2. 播种育秧

（1）播期

一般早稻在3月下旬至4月上旬播种。晚稻迟熟品种于6月5~10日播种，中熟品种于6月15~20日播种，早熟品种7月5~10日播种。

（2）摆盘

在苗床厢面上先浇透水，再将2个塑料软盘横摆，用木板压实，做到盘与盘衔接无缝隙，软盘与床土充分接触不留空隙，无高低。

（3）播种

将营养土撒入摆好的秧盘孔中，以秧盘孔容量的三分之二为宜，再按每亩大田用种量，将催芽破胸露白的种子均匀播到每具孔中，杂交稻每孔1~2粒，常规稻每孔3~4粒，尽量降低空穴率，然后覆盖细土使孔平并用扫帚扫平，使孔与孔之间无余土，以免串根影响抛秧，盖土后用喷水壶把水淋足，不可用瓢泼浇。

（4）覆盖

早稻及部分中稻需要覆盖地膜保温。晚稻需覆盖上秸秆防晒、防雨冲、防雀害，保证正常出苗。

（5）苗床管理

①芽期：播后至第1叶展开前，主要保温保湿，早稻出苗前膜内最适温度30~32 ℃，超过35 ℃时通风降温，出苗后温度保持在20~25 ℃，超过25 ℃时通风降温。晚稻在立针后及时将覆盖揭掉，以免秧苗徒长。②2叶期：一叶一心到二叶一心期，喷施多效唑控苗促蘖。管水以干为主，促根深扎，叶片不卷叶不浇水。早、中稻膜内温度应在20 ℃左右，晴天白天可揭膜炼苗。③3叶至移栽期：早稻膜内温度控制在20 ℃左右。根据苗情施好送嫁肥，一般在抛秧前5~7天亩用尿素2.5 kg均匀喷雾。在抛栽前一天浇一次透墒水，促新根发出，有利于抛栽和活蔸，抛栽前切记不能浇水。晚稻秧龄超过25~30天的，对缺肥的秧苗可适当施送嫁肥，但要注意保证秧苗高度不超过20 cm。

3. 大田抛秧

（1）耕整大田

及时耕整大田，要求做到"泥融、田平、无杂草"。在抛栽前用平田杆拖平。

（2）施足基肥

要求氮、磷、钾配合施用，以每亩复合肥 40~50 kg 作底肥。

（3）适时早抛

一般以秧龄在 30 天内、秧苗叶龄不超过 4 片为宜。晚稻抛栽期秧龄长（叶龄 5~6 叶）的争取早抛，尽量争取在 7 月底抛完。

（4）抛秧密度

早稻每亩抛足 2.5 万穴，中稻每亩 1.8 万穴左右，晚稻每亩 2 万穴左右，不宜抛秧过密过稀。

（5）抛栽质量

用手抓住秧尖向上抛 2~3 米的高度，利用重力自然入泥立苗。先按 70% 秧苗在整块大田尽量抛匀，再按 3 米宽拣出一条 30 cm 的工作道，然后将剩余 30% 的秧苗顺着工作道向两边补缺。抛栽后及时匀苗、补蔸。

4. 大田管理

（1）水分管理

做到"薄水立苗、浅水活蘖、适期晒田"。抛栽时和抛栽 3 天内保持田面薄水，促根立苗。抛栽 3 天后复浅水促分蘖。当每亩苗达到预期穗数的 85%~90% 时，应及时排水晒田，促根控蘖。后期干干湿湿，养根保叶，切忌长期淹灌，也不宜断水过早。

（2）施肥

抛秧后 3~5 天，早施分蘖肥，每亩追尿素 10 kg。晒田后复水时，结合施氯化钾 7~8 kg。

（3）防治病虫害

主要防治稻蓟马、稻纵卷叶螟，重点防治第四代三化螟危害造成白穗。

（二）水稻无盘旱育抛秧技术

水稻无盘旱育抛秧技术是水稻旱育秧和抛秧技术的新发展，利用无盘抛秧剂

（简称旱育保姆）拌种包衣，进行旱育抛秧的一种栽培技术。旱育保姆包衣无盘育秧具有操作简便、节省种子、节省秧盘、节省秧地、秧龄弹性大、秧苗质量好、拔秧方便、秧根带土易抛、抛后立苗快等技术优势及增产作用，一般每亩大田增产 5% ~ 10%。尤其是对早稻因为干旱或者前期作物影响不能及时移栽，需延长秧龄以及对晚稻感光型品种要求提前播种，延长生育期，确保晚稻产量，显得特别重要。技术要点：

1. 秧田准备

应选用肥沃、含沙量少、杂草较少、交通方便的稻田或菜地作无盘抛秧的秧床秧田。一般 1 亩大田需秧床 30 ~ 40 m²。整好秧厢，翻犁起厢时一并施入足够的腐熟农家肥；同时，还应施 2 ~ 2.5 kg 复合肥与泥土充分混合，培肥床土。按 1.5 m 开厢，起厢后耙平厢面。

2. 选准型号

无盘抛栽技术要选用抛秧型的"旱育保姆"，籼稻品种选用籼稻专用型，粳稻品种选用粳稻专用型。

3. 确定用量

按 350 g "旱育保姆" 可包衣稻种 1 ~ 1.2 kg 来确定用量。"旱育保姆" 包衣稻种的出苗率高、成秧率高、分蘖多，因此需减少播种量。大田用种量杂交稻每亩 1.5 kg 左右，常规稻 2 ~ 3 kg，秧大田比 1 :（12 ~ 15）。

4. 浸好种子

采取"现包即种"的方法。包衣前先将精选的稻种在清水中浸泡 25 分钟，温度较低时可浸泡 12 小时，春季气温低，浸种时间长，夏天气温高，浸种时间短。

5. 包衣方法

将浸好的稻种捞出，沥至稻种不滴水即可包衣。将包衣剂倒入脸盆等圆底容器中，再将浸湿的稻种慢慢加入脸盆内进行滚动包衣，边加种边搅拌，直到包衣剂全部包裹在种子上为止。拌种时，要掌握种子水分适度。稻种过分晾干，拌不上种衣剂。稻种带有明水，种衣剂会吸水膨胀黏结成块，也拌不上或拌不匀。拌种后稍微晾干，即可播种。

6. 浇足底水

旱育秧苗床的底水要浇足浇透，使苗床 10 cm 土层含水量达到饱和状态。

7. 匀播盖籽

将包好的种子及时均匀撒播于秧床，无盘抛秧播种一定要均匀，才能达到秧苗所带泥球大小相对一致，提高抛栽立苗率。播种后，要轻度镇压后覆盖 2～3 cm 厚的薄层细土。

8. 化学除草

盖种后喷施旱育秧专用除草剂，如旱秧青、旱秧净等。

9. 覆盖薄膜、增温保湿

为了保证秧苗齐、匀、壮，播种后要盖膜，齐苗后逐步揭膜，揭膜时要一次性补足水分。

10. 拔秧前浇水

在拔秧前一天的下午苗床要浇足水，一次透墙，以保证起秧时秧苗根部带着"吸水泥球"，利于秧立苗，但不能太湿。扯秧时，应一株或两株秧苗作一蔸拔起。

11. 旱育抛秧方法

大田田间管理及病虫害防治等同塑盘抛秧栽技术。

三、水稻免耕栽培技术

水稻免耕栽培技术是指在水稻种植前稻田未经任何翻耕犁耙，先使用除草剂摧枯灭除前季作物残茬或绿肥、杂草，灌水并施肥沤田，待水层自然落干或排浅水后，将秧苗抛栽或直播到大田中的一项新的栽培技术。

水稻免耕栽培田块要求：选择水源条件好、排灌方便、耕层深厚、保水保肥性能好、田面平整的田块进行。易旱田、砂质田和恶性杂草多的田块不适宜作免耕田。

（一）水旱轮作田免耕栽培

水稻水旱轮作免耕栽培是指油菜、早熟西瓜、小麦、蔬菜等田块，收获后不用翻耕，喷施克瑞踪除草后，即可抛秧、插秧、直播水稻。

1. 免耕抛秧

免耕抛秧就是秧苗直接抛在未经耕耙的板田上，操作程序是：①种子用适乐时包衣、浸种，旱育秧苗。②收割油菜、小麦等前茬作物后，排干田水，喷施克瑞踪除草。③施土杂肥，沟内填埋秸秆，灌水泡田，施复合肥或有机氮素肥作底肥，整理田坡。④田水自然落干到适宜水深后进行抛秧或丢秧。⑤抛秧3天后复水，灌水时缓慢，以防止漂秧。⑥返青后按照常规施用稻田除草剂。⑦常规管理。免耕抛秧每亩抛秧穴数比翻耕多5%~10%，秧龄比移栽稻短，叶龄不超过3叶，苗高以不超过10~15 cm为宜。大田基肥要腐熟，防止出现烧根死苗现象。最好不用或少用碳酸氢铵。

2. 免耕插秧

免耕插秧就是在未经耕耙的田块上直接栽插秧苗。采用板田直插，应选用土质较松软的壤土、轻壤土。免耕插秧的程序是：①种子用适乐时包衣、浸种，培育壮苗。②收割油菜、小麦等前茬作物后，排干田水，喷施克瑞踪除草。③施土杂肥，沟内填埋秸秆，灌水泡田，施复合肥或有机氮素肥作底肥，整理田埂。④田水自然落干到适宜水深后进行插秧。⑤插秧3天后复水，灌水时应缓慢，以防止漂秧。⑥返青后按照常规施用稻田除草剂。⑦常规管理。

3. 免耕直播

免耕直播就是将稻种直接播在未经翻耕的板田上。免耕直播的操作程序是：①种子用适乐时包衣，浸种催芽。②收割油菜、小麦等前茬作物后，排干田水，喷施克瑞踪除草，要喷匀喷透。③施土杂肥，灌水泡田，施复合肥或有机氮素肥作底肥，整理田坡，整平田面。④田水基本落干后进行播种。亩用种量杂交稻1.25 kg，常规稻4.0 kg。⑤播种1天后喷施或撒施扫弗特除草。⑥常规管理。

免耕直播要注意：第一，不要选用漏水田和水源不足的田块。第二，播种量比翻耕田稍多。第三，双季晚稻不宜采用直播。

4. 秸秆还田

具体做法是：油菜收获后不要平沟，将油菜秸秆全部埋入沟中踩实，将高于田面的土耙在秸秆上，压住秸秆，防止上水后飘起。到了秋季，再将30%~50%的水稻秸秆埋入沟中，在沟的左侧犁出一条新沟，犁出的土顺势填入沟内，埋在秸秆上。每年如此，每年将沟往左移动一次，3~5年后可将全田埋秸秆一遍，这是提高地力的有效途径。早晚稻连作田收后即脱粒、喷药，24 小时后灌水、施肥、抛秧。

（二）冬干田免耕栽培

冬干田杂草容易防除，地块平整，适宜免耕抛秧和免耕直播，操作程序是：①种子用适乐时包衣、浸种催芽培育壮苗；②喷施克瑞踪防除冬干田杂草；③灌水泡田，整理田埂，以复合肥或有机氮素肥作底肥；④田水自然落干到适宜水深后进行播种、抛秧、丢秧或插秧；⑤3 天后复水，灌水时应缓慢，以防止漂秧；⑥按照常规方法，施用稻田除草剂；⑦进行常规管理。

（三）双季晚稻免耕栽培

双季晚稻田是连作水稻田，适合免耕抛秧，土质较松软的也可免耕插秧。双季晚稻免耕要解决的关键问题是早稻稻桩产生的自生稻。技术上要掌握两点：一是齐泥割稻浅留稻桩。二是必须喷施克瑞踪杀灭稻桩。早稻收割后稻桩冒浆时尽快喷药，喷雾时雾滴要匀要粗，使药水渗入稻桩内，提高灭茬效果；灌深水淹稻桩。

（四）除草剂（克瑞踪）在水稻免耕栽培中使用要点

在水稻免耕栽培技术中，化学除草和灭茬是技术的核心环节之一。选用的灭生性除草剂要具备安全、快速、高效、低毒、残留期短、耐雨性强等优点。湖北省在水稻免耕栽培中使用克瑞踪除草剂效果较好，应用较广泛。

第二节　油菜栽培技术

一、优质油菜"一菜两用"栽培技术

（一）选择优良品种

选用双低高产、生长势强、整齐度好、抗病能力强的优质油菜品种，适合本地栽培的有中双 9 号、中双 10 号、华油杂 10 号、华双 5 号、中油杂 8 号等优质双低油菜品种。

（二）适时早播，培育壮苗

1. 精整苗床

选择地势平坦、排灌方便的地块作苗床，苗床与大田之比为 1 ∶（5~6）。苗床要精整、整平整细，结合整地亩施复合肥或油菜专用肥 50 kg、硼砂 1 kg 作底肥。

2. 播种育苗

最佳播期为 8 月底至 9 月初。亩播量为 300~400 g，出苗后一叶一心开始间苗，三叶一心定苗，每平方米留苗 100 株左右。三叶一心时亩用 15%多效唑 50 g 兑水 50 kg 均匀喷雾，如苗子长势偏旺，在五叶一心时按上述浓度再喷一次。

（三）整好大田，适龄早栽

1. 整田施底肥

移栽前精心整好大田，达到厢平土细，并开好腰沟、围沟和厢沟，结合整田亩施复合肥或油菜专用肥 50 kg，硼砂 1 kg 作底肥。

2. 移栽

在苗龄达到 35~40 天时适龄移栽，一般每亩栽 8000 株左右，肥地适当栽稀，瘦地适当栽密。移栽时一定要浇好定根水，以保证移苗成活率。

（四）大田管理

1. 中耕追肥

一般要求中耕三次，第一次在移栽后活株后进行浅中耕，第二次在 11 月上中旬深中耕，第三次在 12 月中旬进行浅中耕，同时培土壅蔸防冻。结合第二次中耕追施提苗肥，亩施尿素 5~7.5 kg。

2. 施好薹肥

在 12 月中下旬，亩施草木灰 100 kg 或其他优质有机肥 1000 kg，覆盖行间和油菜要颈处，防冻保暖。

3. 施好薹肥

"一菜两用"技术的薹肥和常规栽培有较大的差别，要施 2 次。第一次是在元月下旬施用，每亩施尿素 5~7.5 kg，第二次是在摘薹前 2~3 天时施用，亩施尿素 5 kg 左右。2 次薹肥的施用量要根据大田的肥力水平和苗子的长势长相来定，肥力水平高，长势好的田块可适当少施，肥力水平较低，长势较差的田块可适当多施。

4. 适时适度摘薹

当优质油菜薹长到 25~30 cm 时即可摘薹，摘薹时摘去上部 15~20 cm，基部保留 10 cm，摘薹要选在晴天或多云天气进行。

5. 清沟排渍

开春后雨水较多，要清好腰沟、围沟和厢沟，做到"三沟"配套，排明水，滤暗水，确保雨停沟干。

6. 及时防治病虫

油菜的主要虫害有蚜虫、菜青虫等，主要病害是菌核病，蚜虫和菜青虫亩用吡虫啉 20 g 兑水 40 kg 或 80%敌敌畏 3000 倍液防治，菌核病用 50%菌核净粉剂 100 g 或 50%速克灵 50 克兑水 60 kg 选择晴天下午喷雾，喷施在植株中下部茎叶上。

7. 叶面喷硼

在油菜的初花期至盛花期，每亩用速乐硼 50 g 兑水 40 kg，或用 0.2%硼砂溶液 50 kg 均匀喷于叶面。

8. 收获

当主轴中下部角果枇杷色种皮为褐色，全株三分之一角果呈黄绿色时，为适宜收获期。收获后捆扎摊于田坡或堆垛后熟，3~4 天后抢晴摊晒、脱粒，晒干扬净后及时入库或上市。

二、直播油菜栽培技术

(一) 选择优良品种

选用双低高产、生长势较强、株型紧凑、整齐度好、抗病能力强的优质油菜品种，适合本地直播栽培的有中双 9 号、中油 112、中油杂 11 号、华油杂 9 号、华油杂 13 号等双低优质油菜品种。

（二）精细整地，施足底肥

1. 整田

前茬作物收获后，迅速灭茬整田，按包沟 2 m 开厢，厢面宽 150～160 cm，将厢面整平，并开好腰沟、围沟和厢沟，做到"三沟"相通。

2. 施底肥

结合整田亩施碳酸氢铵 40 kg、过磷酸钙 40 kg、氧化钾 10～15 kg、硼砂 1 kg，或复合肥 50～60 kg 加硼砂 1 kg，或油菜专用肥 60 kg 加硼砂 1 kg 作底肥。

（三）适时播种，合理密植

1. 播种时间

直播油菜播种时间弹性比较大，从 9 月下旬至 11 月上旬均可播种，但不能超过 11 月 10 日。播种太迟在冬至前不能搭好苗架，产量太低。

2. 播种量

每亩播种量为 250～300 g，按量分厢称重播种，最好是每亩用商品油菜籽 0.5 kg 炒熟后与待播种子混在一起播种，以播均匀。

3. 化学除草

播种后整平厢面，亩用 72% 都尔 100～150 mL，兑水 50 kg 均匀地喷于厢面，封闭除草。油菜出苗后，如田间杂草较多，可在杂草 3～5 叶时亩用 5% 高效盖草能 30～40 mL 或 50% 乙草胺 60～120 mL 兑水 40 kg 喷雾防除。

（四）加强田间管理

1. 间苗定苗

三叶一心时，结合中耕松土进行一次间苗，锄掉一部分苗子，到五叶一心时定苗，播种较早的亩留苗 20 000～25 000 株，播种较迟的亩留苗 25 000～30 000 株。

2. 追施提苗肥

结合定苗，亩施尿素 5～7.5 kg 提苗，提苗肥要根据地力水平，肥地少施，瘦地多施。

3. 化学调控

在三叶一心至五叶一心期间，亩用 15% 多效唑 50 g，兑水 50 kg 喷雾进行化学调控，达到控上促下的目的。

4. 施好薹肥

12 月中下旬施薹肥，亩施有机肥 1000 kg 或草本灰 100 kg，覆盖行间和油菜根颈处，防冻保暖。1 月下旬施薹肥，亩施尿素 5～7.5 kg，按肥地少施瘦地多施的原则进行。

5. 清沟排渍

春后雨水较多，要清好腰沟、围沟和厢沟，做到"三沟"配套，排明水，滤暗水，确保雨停沟干。

6. 及时防治病虫

油菜的主要虫害有蚜虫、菜青虫等，主要病害是菌核病，蚜虫和菜青虫亩用吡虫啉 20 g 兑水 40 kg 或 80% 敌敌畏 3000 倍液防治，菌核病用 50% 菌核净粉剂 100 g 或 50% 速克灵 50 g 兑水 60 kg 选择晴天下午喷雾，喷施在植株中下部茎叶上。

7. 叶面喷硼

在油菜的初花期至盛花期，每亩用速乐硼 50 g 兑水 40 kg，或用 0.2% 硼砂溶液 50 kg 均匀喷于叶面。

8. 收获

当主轴中下部角果枇杷色种皮为褐色，全株三分之一角果呈黄绿色时，为适宜收获期。收获后捆扎摊于田坡或堆垛后熟，3～4 天后抢晴摊晒、脱粒，晒干扬净后及时入库或上市。

三、油菜免耕直播栽培技术

（一）选择优良品种

选用双低高产、生长势较强，株型紧凑、整齐度好、抗病能力强的优质油菜品种，适合本地免耕直播栽培的品种有中双 9 号、中油 112、中油杂 11 号、华油杂 9 号、华油杂 13 号等双低优质油菜品种。

（二）开沟施肥除草

1. 开沟作厢

前茬作物收获后，及时开沟作厢，按包沟 1.8~2 m 开厢，沟宽 20 cm 左右，深 20 cm，开沟的土均匀地铺洒在厢面上，同时要开好腰沟和围沟，沟宽 30~35 cm，深 30~35 cm，要做到"三沟"相通。

2. 施肥

结合开沟施足底肥，亩施碳酸氢铵 40 kg、过磷酸钙 40 kg、氯化钾 10~15 kg、硼砂 1 kg，或复合肥 60 kg 加硼砂 1 kg，或油菜专用肥 60 kg 加硼砂 1 kg 均匀地施于厢面作底肥。

3. 播前除草

播种前 3~5 天，亩用 50%扑草净 100 g 加 12.5%盖草能 30~50 mL 兑水 60 kg，或亩用 41%农达水剂 200~300 mL 兑水 50 kg，或 150~200 mL 克瑞踪兑水 50 kg，均匀地喷雾，杀灭所有地面杂草，清理前茬。

（三）适时播种，合理密植

1. 播种时间

免耕直播油菜一般是接迟熟中稻、一季晚或晚稻茬，其播种时间在 10 月中旬至 11 月上旬，不得迟于 11 月 10 日。

2. 播种量

每亩播种量为 200~250 g，按量分厢称重播种，接中稻茬的田块亩播 200 g，按晚稻茬的田块亩播 250 g，力求播稀播均。

（四）加强田间管理

1. 及时间苗定苗

三叶一心时间苗，将过密的苗子拔掉，一般播种较早的田块留苗 20 000~25 000 株，播种较迟的田块留 25 000~30 000 株。

2. 田间除草

油菜出苗后，如田间杂草较多，可在杂草 3~5 叶期亩用 5% 高效盖草能 30~40 mL 或 50% 乙草胺 60~120 mL 兑水 40 kg 喷雾防除。

3. 追施提苗肥

结合定苗，亩施尿素 5~7.5 kg 提苗，提苗肥要根据地力水平，肥地少施，瘦地多施。

4. 化学调控

在三叶一心至五叶一心期间，亩用 15% 多效唑 50 g，兑水 50 kg 喷雾进行化学调控，达到控上促下的目的。

5. 施好薹肥

12 月中下旬施薹肥，亩施有机肥 1000 kg 或草木灰 100 kg，覆盖行间和油菜根颈处，防冻保暖。1 月下旬施薹肥，亩施尿素 5~7.5 kg，按肥地少施瘦地多施的原则进行。

6. 清沟排渍

开春后雨水较多，要清好腰沟、围沟和厢沟，做到"三沟"配套，排明水，滤暗水，确保雨停沟干。

7. 及时防治病虫

油菜的主要虫害有蚜虫、菜青虫等，主要病害是菌核病。蚜虫和菜青虫亩用吡虫啉 20 g 兑水 40 kg 或 80% 敌敌畏 3000 倍液防治，菌核病用 50% 菌核净粉剂 100 g 或 50% 速克灵 50 g 兑水 60 kg 选择晴天下午喷雾，喷施在植株中下部茎叶上。

8. 叶面喷硼

在油菜的初花期至盛花期，每亩用速乐硼 50 g 兑水 40 kg，或用 0.2% 硼砂溶液 50 kg 均匀喷于叶面。

9. 收获

当主轴中下部角果枇杷色种皮为褐色，全株三分之一角果呈黄绿色时，为适宜收获期。收获后捆扎摊于田埂或堆垛后熟，3~4 天后抢晴摊晒、脱粒，晒干扬净后及时入库或上市。

第三节　玉米栽培技术

一、鲜食玉米优质高产栽培技术

随着种植业结构的调整，"鲜、嫩"农产品成为现代化都市农业发展的方向，其中以甜糯为代表的鲜食玉米因其营养成分丰富，味道独特，商品性好，备受人们青睐，市场前景十分广阔，农民的经济效益很好，已逐渐发展成为武汉市优势农产品，种植面积逐年增大。根据近年来在生产上推广应用情况，现将鲜食玉米优质高产栽培技术总结如下。

（一）选用良种

一般要选用甜糯适宜、皮薄渣少、果穗大小均匀一致、苞叶长不露尖、结实饱满、籽粒排列整齐、综合抗性好且适宜于本地气候特点的优良品种。在选用品种时，应结合生产安排选用生育期适当的品种，如早春播种要选用早熟品种，提早上市；春播、秋播可根据上市需要，选用早、中、晚熟品种，排开播种，均衡上市；延秋播种以选早熟优质品种较好。

（二）隔离种植

以鲜食为主的甜、糯特用玉米其性状多由隐性基因控制，种植时需要与其他玉米隔离，以尽量减少其他玉米花粉的干扰，否则甜玉米会变为硬质型，糖度降低，品质变劣。糯玉米的支链淀粉会减少，失去或弱化其原有特性，影响品质，降低或失去商品价值。因此，生产上常采用空间隔离和时间隔离。空间距离需在种植甜、糯玉米的田块周围300米以上，不要种与甜、糯玉米同期开花的普通玉米或其他类型的玉米，如有树林、山岗等天然屏障则可缩短隔离距离。时差隔离，即同一种植区内，提前或推后甜、糯玉米播种期，使其开花期与邻近地块其他玉米的开花期错开20天左右，甚至更长。对甜、糯玉米也应注意隔离。

(三) 分期播种

鲜食玉米适宜于春秋种植。根据市场需要和气候条件，分期排开播种，对均衡鲜食玉米上市供应非常重要，特别是采用超早播种和延秋播种技术，提早上市和延迟上市，是提高鲜食玉米经济效益的一个重要措施。一般春播分期播种间隔时间稍长，秋播分期播种时间较短。

春播一般要求土温稳定在 12 ℃以上。为了提早上市，武汉地区在 2 月下旬播种，选用早熟品种，采用双膜保护地栽培，3 叶期移栽，5 月下旬至 6 月上中旬可收获，此时鲜食玉米上市量小，价格高。采用地膜覆盖栽培技术，武汉地区于 3 月中旬播种。露地栽培于清明前后播种。4 月下旬不宜种植。

秋播在 7 月中旬至 8 月 5 日播种。秋延迟播种于 8 月 5 日至 8 月 10 日播种，于 11 月上市，此时甜玉米市场已趋于淡季，产品价格同，但后期易受低温影响，有一定的生产风险。

(四) 精细播种

鲜食甜、糯玉米生产，要求选择土壤肥沃、排灌方便的砂壤、壤土地块种植。鲜食甜、糯玉米特别是超甜玉米淀粉含量少，籽粒秕瘦，发芽率低，顶土力弱。为了保证甜玉米出全苗和壮苗，要精细播种。首先，要选用发芽率高的种子，播前晒种 2~3 天，冷水浸种 24 小时，以提高发芽率，提早出苗。其次，精细整地，做到土壤疏松、平整，土壤墒情均匀、良好，并在穴间行内施足基肥，一般每亩施饼肥 50 kg、磷肥 50 kg、钾肥 15 kg，或氮、磷、钾复合肥 50~60 kg，以保证种子出苗有足够的养分供应，促进壮苗早发。最后，甜玉米在播种过程中适当浅播，超甜玉米一般播深不能超过 3 cm，普通甜玉米一般播深不超过 4 cm，用疏松细土盖种。此外，春季可利用地膜覆盖加小拱棚保温育苗，秋季可用稻草或遮阴网遮阴防晒防暴雨育苗。

(五) 合理密植

鲜食玉米以采摘嫩苞穗为目的，生长期短，要早定苗。一般幼苗 2 叶期间苗，3 叶期定苗。育苗移栽最佳苗龄为二叶一心。

根据甜、糯玉米品种特性、自然条件、土壤肥力和施肥水平以及栽培方法确定适宜的种植密度。一般来说，甜玉米的种植密度建议在每亩 3000~4000 株之间，糯玉米的适宜密度范围在 3500~4000 株，早熟品种密度稍大，晚熟品种密度稍小。采取等行距单株条植，行距 50~65 cm，株距 20~35 cm。

（六）加强田间管理

鲜食甜、糯玉米幼苗长势弱，根系发育不好，苗期应在保苗全、苗齐、苗匀、苗壮上下功夫，早追肥，早中耕促早发，每亩追施尿素 5~10 kg。拔节期施平衡肥，每亩尿素 5~7 kg。大喇叭口期重施穗肥，每亩施尿素 5~20 kg，并培土压根。要加强开花授粉和籽粒灌浆期的肥水管理，切不可缺水，土壤水分要保持在田间持水量的 70% 左右。

甜、糯玉米品种一般具有分蘖分枝特性。为保主果穗产量的等级，应尽早除蘖打杈，在主茎长出 2~3 个雌穗时，最好留上部第一穗，把下面雌穗去除，操作时尽量避免损伤主茎及其叶片，以保证所留雌穗有足够的营养，提高果穗商品质量，以免影响产量和质量。

在开花授粉期采用人工授粉，减少秃顶，提高品质。

（七）防治病虫害

鲜食甜、糯玉米的营养成分高，品质好，极易招致玉米螟、金龟子、蚜虫等害虫危害，且鲜果穗受危害后，严重影响其商品性状和市场价格，因此对甜玉米的虫害要早防早治，以防为主。在防治病虫害的同时，要保证甜玉米的品质，尽量不用或少用化学农药，最好采用生物防治。

玉米病虫害防治的重点是加强对玉米螟防治，可在大喇叭口期接种赤眼蜂卵块，也可用 BT 乳剂或其他低毒生物农药灌心，以防治螟虫危害。苗期蝼蛄、地老虎危害常常会造成缺苗断垄，可用 50% 辛硫磷 800 倍液兑水喷雾预防。

（八）适时采收

采收期对鲜食甜、糯玉米的商品品质和营养品质影响较大，不同品种、不同播种期，适宜采收期不同，只有适期采摘，甜、糯玉米才具有甜、糯、香、脆、嫩以及营养丰富的特点。鲜食甜玉米应在乳熟期采收，以果穗花丝干枯变黑褐色时为采收适期；或者用授粉后天数来判断，春播的甜玉米采收期在授粉后 19~24 天，秋播的可以在授粉后 20~26 天为好。糯玉米的适宜采收期以玉米开花授粉后的 18~25 天。鲜食玉米还应注意保鲜，采收时应连苞叶一起采收，最好是随米收，随上市。

二、鲜食玉米无公害栽培技术

鲜食玉米实行无公害栽培，可生产安全、安心的产品，满足人们生活的需要，实现农民增收、农业增效，对促进鲜食玉米产业的持续、健康发展有着重要意义。

（一）选择生产基地

选择生态环境良好的生产基地。基地的空气质量、灌溉水质量和土壤质量均要达到国家有关标准。生产地块要求地势平坦，土质肥沃疏松，排灌方便，有隔离条件。空间隔离，要求与其他类型玉米隔离的距离为 400 米以上。时间隔离，要求在同隔离区内 2 个品种开花期要错开 30 天以上。

（二）精细整地，施足基肥

播种前，深耕 20~25 cm，犁翻耙碎，精细整地。单作玉米的厢宽 120 cm，套种玉米厢宽 180 cm，沟宽均为 20 cm，厢高 20 cm，厢沟、围沟、腰沟三沟配套。结合整地，施足基肥。一般亩施腐熟农家肥 2000 kg，或饼肥 150 kg，或复合肥 60 kg，硫化锌 0.5 kg。

（三）分期播种，合理密植

根据市场需要和气候条件，分期排开播种。武汉地区春播一般要求土温稳定在 12 ℃时。如果采用塑料大棚和小拱棚育苗、地膜覆盖大田移栽方式，在 2 月上旬至 3 月上旬播种，二叶一心移栽，5 月下旬至 6 月上旬可收获。大田直播地膜覆盖栽培在 3 月中旬至 4 月上旬，6 月中下旬收获。露地直播在清明前后播种，7 月上旬采收。秋播在 7 月下旬至 8 月 5 日，秋延迟可于 8 月 5 日至 10 日播种，9 月下旬至 11 月中旬采收。

甜玉米大田直播亩用种量 0.6~0.8 kg，糯玉米亩用种量为 1.5 kg。育苗移栽，甜玉米亩用种量 0.5~0.6 kg，糯玉米亩用种量为 1~1.2 kg。采取宽窄行种植，窄行距 40 cm，株距 30 cm，种植密度 3000~4000 株。

（四）田间管理

1. 查苗、补苗、定苗

出苗后要及时查苗和补苗，使补栽苗与原有苗生长整齐一致。二叶一心至三叶一心定苗，去掉弱小苗，每穴留 1 株健壮苗。

2. 肥水管理

春播玉米于幼苗 4~5 叶时追施苗肥，每亩追施尿素 3 kg。

7~9 叶时追施攻穗肥，在行间打洞，每亩追施 25 kg 三元复合肥，并及时培土。在玉米授粉、灌浆期，亩用磷酸二氢钾 1 kg 兑水叶面喷施。秋播玉米重施苗肥，补施攻穗肥。玉米在孕穗、抽穗、开花、灌浆期间不可受旱，土壤太干燥要及时灌跑马水，将水渗透畦土后及时排除田间渍水。多雨天气要清沟，及时排除渍水。

3. 及时去蘖

6~8 叶期发现分蘖及时去掉。打苞一般留顶端或倒二苞，以苞尾部着生有小叶为最好，每株只留最大一苞。

（五）病虫害防治

鲜食玉米禁止施用高毒高残留农药，禁止施用有机磷或沙蚕毒素类农药与 BT 混配的复配生物农药，采收期前 10 天禁止施用农药。

1. 主要虫害

玉米主要虫害有：地老虎、玉米螟、玉米蚜等。

（1）地老虎防治方法

第一，毒饵诱杀。播种到出苗前用 90% 敌百虫晶体 0.25 kg，兑水 2.5 kg，拌匀 25 kg 切碎的嫩菜叶，于傍晚撒在田间诱杀。第二，人工捕捉，早晨在受害株根部挖土捕捉。第三，药物防治。可用 2.5% 敌杀死乳油 3000 倍液、50% 辛硫磷乳油 1000 倍液喷雾或淋根。

（2）玉米螟防治方法

①农业防治：第一，选用高产抗（耐）病虫品种。第二，可以推广秸秆粉碎还田，或用作肥料、饲料、燃料等措施，减少玉米螟越冬基数。第三，合理安排茬口，压低玉米螟基数。第四，利用玉米螟集中在尚未抽出的雄穗上危害特点，在危害严重地区，隔行人工去除雄穗，带出田外烧毁或深埋，以消灭幼虫。第五，在大螟田间产卵高峰期内，对五叶以上玉米苗，详细观察玉米叶鞘两侧内的大螟卵块，人工摘除田外销毁。②生物防治：在玉米螟产卵初期至产卵盛期，将"生物导弹"产品挂在玉米叶片的主脉上，或采摘杂木枝条，插在玉米地里，将"生物导弹"挂在枝条上，每亩按 15 米等距离挂 5 枚，于上午 10 时前或下午 4 时后挂。玉米螟重发田块，间隔 10 天左右每亩再挂 5 枚防治玉米螟。挂"生物导弹"后不宜使用化学农药。③理化诱控：第一，灯光诱杀物理防治技术。利用昆虫趋光性，使用太阳能杀虫灯、频振式杀虫灯诱杀大螟、玉米螟等。第二，性诱技术。利用昆虫性信息素，在性诱剂诱捕器中安放性诱剂诱杀玉米螟等害虫。④化学防治：发生严重田块，于 5 月上中旬，对 4 叶以上春玉米亩用 0.2% 甲维盐乳油 20～30 mL，或 55% 杀螟腈可湿性粉剂 50 g，或 90% 晶体敌百虫 100 g，兑水 30 kg，用喷雾器点喷玉米心叶部。玉米螟重发田块，于玉米心叶期施用 1% 辛硫磷颗粒剂或 5% 杀虫双大粒剂，加 5 倍细土或细河沙混匀，撒入喇叭口，杀灭心叶期玉米螟幼虫。在小麦与玉米间作田还可选用辛硫磷乳油主防玉米螟，兼治玉米螟、叶螨、黏虫等。

（3）玉米蚜防治方法

①清除杂草：结合中耕，清除田边、沟边、塘边和竹园等处的禾本科杂草，消灭滋生基地。②药剂拌种：用玉米种子重量 0.1% 的 10% 吡虫啉可湿粉剂浸拌种，防治苗期蚜虫、稻蓟马、飞虱效果好。③药剂防治：在玉米心叶期，蚜虫盛发前，可用 50% 抗蚜威可湿性粉剂 3000 倍液或 10% 吡虫啉可湿性粉剂 2000～3000 倍液喷雾，隔 7～10 天喷 1 次，连喷 2 次。

2. 主要病害

玉米的主要病害：玉米纹枯病、丝黑穗病、玉米大斑病、小斑病等。

（1）玉米纹枯病防治方法

①注意选择抗（耐）病品种，各地要因地制宜引进品种试种。②勿在前作

地水稻纹枯病严重发病的田块种玉米，勿用纹枯病稻秆作覆盖物。③合理密植，开沟排水降低田间湿度，增施磷钾肥，避免偏施氮肥。④加强检查，发现病株即摘除病叶鞘烧毁，并用5%井冈霉素水剂400~500倍液喷雾，隔7~10天喷1次，连喷2次；或喷施速克灵可湿粉1000~1500倍液，或50%退菌特可湿粉800~1000倍液，2~3次，隔7~10天一次，着重喷植株基部。

（2）玉米丝黑穗病防治方法

①选用抗病品种。②精耕细作，适期播种，促使种子发芽早，出苗快，减少发病。③及时拔除病株，带出田外销毁。收获后及时清洁田园，减少田间初侵染菌源。实行轮作。④用粉锈宁可湿性粉剂，或敌克松50%可湿性粉剂，或福美双可湿性粉剂，进行药剂拌种，随拌随播。

（3）玉米大、小斑病防治方法

①选用抗病品种：这是防治大、小斑病的根本途径，不同的品种对病害的抗性具有明显的差异，要因地制宜引种抗病品种。②健身栽培：适期播种、育苗移栽、合理密植和间套作，施足基肥、配方施肥、及早追肥，特别要抓好拔节和抽穗期及时追肥，适时喷施叶面营养剂。注意排灌，避免土壤过旱过湿。清洁田园，减少田间初侵染菌源和实行轮作等。③药剂防治：可用40%克瘟散乳剂500~1000倍液，或40%三唑酮多菌灵，或45%三唑酮福美双1000倍液，或75%百菌清+70%托布津（1:1）1000倍液，也可选喷50%多菌灵可湿粉500倍液，或50%甲基托布津600倍液，2~3次，隔7~10天一次，交替施用，前密后疏，喷匀喷足。

（4）玉米锈病防治方法

应以种植抗病杂交种为主，辅以栽培防病等措施。具体措施：①选用抗病杂交品种，合理密植。②加强肥水管理，增施磷钾肥，避免偏施过施氮肥，适时喷施叶面营养剂提高植株抗病性。适度用水，雨后注意排渍降湿。③及时施药预防控病：在植株发病初期喷施25%粉锈宁可湿粉剂，或乳油1500~2000倍液，或40%多·硫悬浮剂600倍液，或12.5%速保利可湿粉，2~3次，隔10天左右一次，交替施用，喷匀喷足。

（六）适时采收

鲜食玉米在籽粒发育的乳熟期，含水量70%，花丝变黑时为最佳采收期。一般普甜玉米在吐丝后 17~23 天采收，超甜玉米在吐丝后 20~28 天采收，糯玉米在吐丝后 22~28 天采收，普通玉米在吐丝后 25~30 天采收。采收时连苞叶采收，以利于上市延长保鲜期，当天采收当天上市。

（七）运输与贮存

鲜穗收获后就地按大小分级，使用无污染的编织袋包装运输。运输工具要清洁、卫生、无污染、无杂物，临时贮存要在通风、阴凉、卫生的条件下。在运输和临时贮存过程中，要防日晒、雨淋和有毒物质污染，不使产品质量受损。不宜堆码。

三、玉米免耕栽培技术

（一）选择生产基地

选择在地势平坦、排灌方便、土层深厚、肥沃疏松、保水保肥的壤土或砂土田进行。耕层浅薄、土壤贫瘠、石砾多、土质黏重和排水不良的地块不宜作玉米免耕田。

（二）选用优质高产良种

选用优质、高产、多抗（抗干旱、抗倒伏、抗病虫害）、根系发达、适应性广、适宜于当地种植的品种。湖北省平原地区可选用登海 9 号、宜单 926、蠡玉16 号、鄂玉 23 等品种。

（三）播前除草

选用高效、安全除草剂，在播种前 7~10 天选晴天喷施。使用除草剂要掌握"草多重喷、草少轻喷或人工除草"的原则。适合免耕栽培用的主要除草剂品种及常规用量是：10% 草甘膦每亩 1500~2000 mL、20% 克瑞踪或百草枯每亩 250~300 mL、41% 农达每亩 400~500 g。

（四）适时播种

玉米萌发出苗要求有一定的温度、水分和空气条件，掌握适宜时机播种，满足玉米萌发对这些条件的要求，才能做到一次全苗，当地表气温达到 12 ℃ 以上即可播种。春玉米一般在 3 月下旬至 4 月上旬播种。免耕栽培可采取开沟点播或开穴点播方法进行，每穴点播 2~3 粒种子，然后用经过堆沤腐熟的农家肥和细土盖肥盖种。

（五）合理密植

为了保证玉米免耕产量，种植密度要适宜。春玉米一般平展型品种亩植3000~3800 株，紧凑型品种亩植 4500 株左右，半紧凑型品种亩植 3800~4500 株。单行单株种植，行距 70 cm，株距紧凑型品种 17~20 cm，半紧凑型品种 22~24 cm，平展型品种 26~30 cm。双行单株种植，大行距 80 cm，小行距 40 cm，株距紧凑型 20~22 cm，半紧凑型 23~25 cm，平展型 30~34 cm。

（六）科学施肥

掌握前控、中促、后补的施肥原则。施足基肥，注意氮、磷、钾配合施用。基肥一般亩施农家肥 2000 kg 或三元复合肥 50 kg、锌肥 1 kg。5~6 片叶时追苗肥，亩施尿素 10 kg。12~13 片叶时追穗肥，亩施尿素 20 kg。

（七）田间管理

1. 查苗补苗
出苗后及时查苗补苗。补苗方法：一是移苗补缺（用多余苗或预育苗移栽）。二是补种（浸种催芽后补）。补种或补苗必须在 3 叶前完成，补苗后淋定根水，加施 1~2 次水肥。

2. 间苗定苗
3 叶时及时间苗，每穴留 2 苗。4~5 叶定苗，每穴留 1 苗。

3. 化学除草
5~8 叶期，每亩用 40% 玉农乐悬浮剂 50~60 mL 兑水 30~40 kg 喷雾除草，草少则采用人工拔除。

4. 科学排灌
苗期遇旱可用水浇灌，抽雄至授粉灌浆期是需水临界期，应保持土壤持水量

70%~80%，遇旱应及时灌水抗旱，降雨过多应及时排水防涝。

（八）病虫鼠害防治

采取农业防治、物理防治和化学防治相结合的办法综合防治，把病虫鼠害降至最低限度。主要化学防治方法有以下三种。

①虫害防治：对地下虫害防治，在播种时每亩用50%辛硫磷乳油1 kg与盖种土拌匀盖种。防治玉米螟，可在大喇叭口期将BT颗粒剂撒于心叶内，或用BT乳剂对准喇叭口喷雾，间隔7天施用一次。螨虫的防治，可用2.5%扑虱灵兑水800倍防治。②病害防治：对发生纹枯病的田块，在发病初期每亩用3%井冈霉素水剂100 g兑水60 kg喷雾。对大小斑病每亩用50%多菌灵可湿性粉剂兑水500倍喷雾防治。③鼠害防治：可用80%敌鼠钠盐、7.5%杀鼠醚等防治，严禁使用国家禁止使用的剧毒急性药物。

（九）适时收获

收获干粒的玉米，在全田90%以上植株茎叶变黄，果穗苞衣枯白，籽粒变硬时可收获。鲜食甜、糯玉米，适宜在乳熟期采摘。

第四节　马铃薯栽培技术

一、秋马铃薯栽培技术

（一）种薯选择及催芽

1. 选用优良早熟品种

秋马铃薯主要作为菜用，应选用早熟或特早熟，生育期短，休眠期短，抗病、优质、高产、抗逆性强，适应当地栽培条件，外观商品性好的各类鲜食专用品种。适应本地秋季栽培的马铃薯品种有费乌瑞它、中薯1号、东农303、中薯3号、早大白等，种薯应选用40 g左右的健康小整薯，大力提倡使用脱毒种薯。

2. 精心催芽

秋马铃薯播种时，一般种薯尚未萌芽，因而必须催芽以打破其休眠，催芽的时间应选在播种前 15 天进行。要选择通风、透光和凉爽的室内场所进行催芽，催芽的方法主要是采用一层种薯一层湿润稻草（或湿沙）等覆盖的方法进行，一般摆 3~4 层，也可采用 1~2 mg/kg 赤霉素喷雾催芽。

（二）精细整地，施足底肥

1. 整地起垄

在前茬作物收获后，及时精细整地，做到土层深厚、土壤松软。按 80 cm 的标准起垄，要求垄高达到 25~30 cm，并开好排水沟。

2. 施足底肥

每亩施用腐熟的有机肥 2000~2500 kg，含硫复合肥（含量 45%）50 kg 作底肥。

（三）适时播种

1. 播种期

根据当地的气候特点、海拔高度和耕作制度，合理地确定播期，最佳播种期应在 8 月下旬至 9 月上旬，不得迟于 9 月 10 日。播期太迟易受早霜冻害。

2. 密度

垄宽 80 cm 种双行，株距 25~30 cm，每亩 5000~6000 株，肥力水平较低的地块，适当加大密度，肥力水平较高的地块适当降低密度。

3. 播种方式

秋播马铃薯，既要适当浇水降温又要考虑排水防渍。为创造土温较低的田间环境，一般宜采用起大垄浅播的方式播种，双行错窝种植。播种深度为8~12 cm。播种最好在阴天进行，如晴天播种要避开中午的高温时段。

（四）加强田间管理

1. 保湿出苗

播种后如遇连续晴天，必须连续浇水，保持土壤湿润，直至出苗。

2. 覆盖降温

秋马铃薯生育前期一般气温比较高。出苗后迅速用麦苗或草杂肥覆盖垄面5~8 cm，可降低土壤温度使幼苗正常生长。

3. 中耕追肥

齐苗时，进行第一次中耕除草培土，每亩用清水粪加 5~8 kg 尿素追肥一次。现蕾后再进行一次中耕培土。

4. 抗旱排渍

土壤干旱应适度灌水，长期阴雨注意清沟排渍。

5. 化学调控

在幼苗期喷 2~3 次 0.2%浓度的喷施宝，封行前如出现徒长，可用 15%多效唑 50 g 兑水 40 kg 喷施 2 次。

6. 叶面喷肥

块茎膨大期每亩用 0.2%~0.3%磷酸二氢钾液 50 kg 叶面喷施 2~3 次，间隔7 天。淀粉积累期，每亩用 0.2%的氯化钾溶液 40 kg 叶面喷施。

（五）病虫害防治

1. 晚疫病

当田间发现中心病株时用瑞毒霉、甲霜灵锰锌等内吸性杀菌剂喷雾，10 天左右喷一次，连续喷 2~3 次。

2. 青枯病

发现田间病株及时拔除并销毁病体。

3. 蚜虫

发现蚜虫及时防治，用 5%抗蚜威可湿性粉剂 1000~2000 倍液，或 10%吡虫啉可湿性粉剂 2000~4000 倍液等药剂交替喷雾。

4. 斑潜蝇

用 73%炔螨特乳油 2000~3000 倍稀释液，或施用其他杀螨剂，5~10 天喷药1 次，连喷 2~3 次。喷药重点在植株幼嫩的叶背和茎的顶尖。

（六）收获上市

根据生长情况和市场需求进行收挖，也可以在春节前后收获，收获过程中轻装轻放减少损伤，防止雨淋。商品薯收获后按大小分级上市。

二、秋马铃薯稻田免耕稻草全程覆盖栽培技术

(一) 种薯选择及催芽

1. 选用优良品种

秋马铃薯主要作为菜用，应选用早熟或特早熟，生育期短，休眠期短，抗病、优质、高产、抗逆性强，适应当地栽培条件，外观商品性好的各类鲜食专用品种。适应本地秋季栽培的马铃薯品种有中薯 3 号、东农 303、费乌瑞它、中薯 1 号、早大白、郑薯 6 号等，种薯应选用 40 g 左右的健康小整薯，大力提倡使用脱毒种薯。

2. 精心催芽

秋马铃薯播种时，一般种薯尚未萌芽，因而必须催芽以打破其休眠，催芽的时间应选在播种前 15 天进行。要选择通风、透光和凉爽的室内场所进行催芽，催芽的方法主要是采用一层种薯一层湿润稻草 (或湿沙) 等覆盖的方法进行，一般摆 3~4 层，也可采用 1~2 mg/kg 赤霉素喷雾催芽。

(二) 开沟排湿，规范整厢

中稻收割时应齐泥收割 (或铲平或割平水稻禾苑)，1.6 m 或 2.4 m 开厢，要开好厢沟、围沟、腰沟，做到能排能灌，开沟的土放在厢面并整碎铺平。保持土壤有较好的墒情 (如果割谷后田间墒情较差，可在开厢挖沟前 1~2 天灌跑马水然后再开沟整厢)。如果田间稻桩比较高，杂草又比较多时，在播种前 3~5 天均匀喷雾克瑞踪杀灭杂草和稻茬。

(三) 播种、盖草

秋马铃薯 8 月底至 9 月上旬播种，每亩 6000 株左右，采用宽窄行 (50 cm × 30 cm) 种植，平均行距 40 cm，株距按密度确定 (28~30 cm)。摆种时行向与厢沟垂直 (厢边一行与厢边留 17~20 cm)，将种薯芽朝上，直接摆在土壤表面，稍微用力压一下，使种薯与土壤充分接触，以利接触土壤水分和扎根。

施足底肥。底肥以磷、钾肥和有机肥为主，每亩用45%~48%含量的50 kg复合肥，8~10 kg钾肥，5 kg尿素混合后，点施于两薯之间或条施于两行中间的空隙处，使种薯与肥料间距保持5~8 cm，以防间距太短引起烂薯缺苗。再用每亩约1000 kg腐熟有机肥或渣子粪（或火土）点施在种薯上面（将种薯盖严为好）。

种薯摆放好、底肥施好后，应及时均匀覆盖稻草，覆盖厚度10 cm左右，并稍微压实（秋马铃薯应边播种边盖草）。一般三亩稻谷草盖一亩马铃薯，盖厚了不易出苗，而且茎基细长软弱。稻草过薄易漏光，使产量下降，绿薯率上升。如果稻草厚薄不均，会出现出苗不齐的情况。

（四）加强田间管理

1. 及时接苗

稻草覆盖栽培马铃薯出苗时部分薯苗会因稻草缠绕而出现"卡苗"的现象，要及时"接苗"。

2. 适时追肥

齐苗后亩用尿素5 kg化水点施或用稀水粪（沼气液）加入少量尿素点施。如果中期植株出现早衰现象，用0.2%~0.3%磷酸二氢钾喷施叶面。

3. 抗旱排渍

在马铃薯生育期间特别是结薯和膨大期遇旱一定要浇水抗旱，在雨水较多时要注意清沟排渍。

4. 喷施多效唑

在马铃薯初蕾期亩用15%多效唑50 g兑水40 kg均匀地喷雾，如果植株生长特别旺盛，应隔7天后再喷一次，控制地上部分旺长，促进早结薯和薯块的膨大。

（五）及时防治病虫害

1. 晚疫病

当田间发现中心病株时用瑞毒霉、甲霜灵锰锌等内吸性杀菌剂喷雾，10天左右喷一次，连续喷2~3次。

2. 青枯病

发现田间病株及时拔除并销毁病体。

3. 蚜虫

发现蚜虫及时防治，用5%抗蚜威可湿性粉剂1000~2000倍液，或10%吡虫啉可湿性粉剂2000~4000倍液等药剂交替喷雾。

4. 斑潜蝇

用73%炔螨特乳油2000~3000倍稀释液，或施用其他杀螨剂，5~10天喷药1次，连喷2~3次。喷药重点在植株幼嫩的叶背和茎的顶尖。

（六）适时收获分级上市

秋马铃薯要在霜冻来临之前及时收获，以防薯块受冻而影响品质，收获后按大小分级上市，争取好的价位。

三、冬马铃薯栽培技术

（一）种薯选择和处理

1. 选用优良品种

选用抗病、优质、丰产、抗逆性强、适应当地栽培条件、商品性好的各类专用品种。为了提早成熟一般选用早熟、特早熟品种，如费乌瑞它、东农303、中薯1号、中薯3号、中薯4号、中薯5号、郑薯6号、早大白、克新4号和大西洋等。大力推广普及脱毒种薯，种薯宜选择健康无病、无破损、表皮光滑、均匀一致、贮藏良好，具有该品种特征的薯块作种。

2. 切块

播种前2~3天进行，切块的主要目的是打破种薯休眠，扩大繁殖系数，节约用种量。50 g以下小种薯一般不切块，50 g以上切块。切块时要纵切，将顶芽一分为二，切块应为菱形或立方块，不要成条或片状，每个切块应含有一到两个芽眼，平均单块重40 g左右。切块要用两把切刀，方便切块过程中切刀消毒，一般用含3%高锰酸钾溶液消毒也可用漂白粉兑水1∶100消毒，剔除腐烂或感病种薯，防止传染病害。

3. 拌种

切块后的薯种用石膏粉或滑石粉加农用链霉素和甲基托布津（90：5：5）均匀拌种，药薯比例1.5：100，并进行摊晾，使伤口愈合，不能堆积过厚，以防止烂种。

4. 推广整薯带芽播种技术

30~50 g整薯播种能避免切刀传病，还能最大限度地利用顶端优势，保存种薯中的养分、水分，增强抗旱能力，出苗整齐健壮，结薯增加，增产幅度达30%以上。

（二）精细整地，施足底肥

1. 整地

深耕，耕作深度约25~30 cm。整地，使土壤颗粒大小合适，根据当地的栽培条件、生态环境和气候情况进行作垄，平原地区推广深沟高垄地膜覆盖栽培技术，垄距75~80 cm，既方便机械化操作，又利于早春地温的提升和后期土壤水分管理。丘陵、岗地不适宜机械化操作地区，推广深沟窄垄地膜覆盖栽培技术，垄距55~60 cm，更利于早春地温的提升和后期土壤水分管理。

2. 施肥

马铃薯覆膜后，地温增高，有机质分解能力强，前期能使土壤中的硝态氮和铵态氮含量提高，植株生长旺盛，消耗养分多。地膜覆盖后不易追肥，冬春地膜覆盖栽培必须一次性施足底肥。在底肥中，农家肥应占总施肥量的60%，一般要求亩施腐熟的农家肥2500~3000 kg，化肥亩施专用复合肥100 kg（16：13：16或17：6：22）、尿素15 kg、硫酸钾20 kg。农家肥和尿素结合耕翻整地施用，与耕层充分混匀，其他化肥作种肥，播种时开沟点施，避开种薯以防烂种，适当补充微量元素。

3. 除草与土壤药剂处理

整地前亩用百草枯200 g加水喷雾除草。每亩用50%辛硫磷乳油100 g兑少量水稀释后拌毒土20 kg，均匀撒播地面，可防治金针虫、蝼蛄、蛴螬、地老虎等地下害虫。

（三）适时播种，合理密植

1. 播种时间

马铃薯播种时间的确定应考虑到出苗时已断晚霜，以免出苗时遭受晚霜的冻害，适宜的播种期为 12 月中下旬至 1 月中旬。播种安排在晴天进行。

2. 播种深度

播种深度约为 5~10 cm，地温高而干燥的土壤宜深播，费乌瑞它等品种宜深播（12~15 cm）。

3. 播种密度

不同的专用型品种要求不同的播种密度，一般早熟品种每亩种植 5000 株左右。

4. 播种方法

人工或机械播种均可，大垄双行，小垄单行，人工播种要求薯块切口朝下，芽眼朝上。播后封好垄口。

5. 喷施除草剂

播种后于盖膜前应喷施芽前除草剂，每亩用都尔或禾耐斯芽前除草剂 100 cm 兑水 50 kg 均匀喷于土层上。

6. 覆盖地膜

喷施除草剂后应采用地膜覆盖整个垄面，并用土将膜两侧盖严，防止风吹开地膜降温，减少水分散失，提高除草效果。

（四）加强田间管理

1. 及时破膜

早春幼苗开始出土，在马铃薯出苗达 4~6 片叶，无霜、气温比较稳定时，在出苗处将地膜破口，引出幼苗，破口要小并用细土将苗四周的膜压紧压严。破膜过晚则容易烧苗。

2. 防止冻害

地膜马铃薯比露地早出苗 5~7 天，要防止冻害。一般早春，气温降到 -0.8 ℃时幼苗受冷害。-2 ℃时幼苗受冻害，部分茎叶枯死。-3 ℃时茎叶全部枯死。在破膜引苗时，可用细土盖住幼苗 50%，有明显的防冻作用。遇到剧烈降温，苗上覆盖稻麦草保护，温度正常后取掉。

3. 化学调控

在现蕾至初花期亩用 15% 多效唑 50 g 兑水 40 kg 喷施 1 次，如长势过旺，在 7 天后再喷一次。对地上营养生长过旺的要加大用量，以促进薯块生长。

4. 抗旱排渍

马铃薯块茎是变态肥大茎，全身布满了气孔，必须创造一个良好的土壤环境才利于块茎膨大。马铃薯结薯高峰期（开花后 20 天），每亩日增产量 100 kg 以上，干旱将严重影响块茎膨大，渍水又易造成烂根死苗，或者引起块茎腐烂。所以，抗旱时，要轻灌速排，最好采用喷灌。

5. 中耕培土

马铃薯进入块茎膨大期后，必须搞好中耕培土工作，尤其是费乌瑞它等易青皮品种。在马铃薯现蕾期（气温回升后），将地膜揭掉，并迅速搞好中耕培土工作。

（五）主要病虫害防治

1. 晚疫病

在有利发病的低温高湿天气，用 70% 代森锰锌可湿性粉剂 600 倍液，或 25% 甲霜灵可湿性粉剂 800 倍稀释液，或克露 100~150 g 加水稀释液，喷施预防，在出现中心病株后立即防治。若病害流行快，每 7 天左右喷 1 次，连续 3~5 次。交替使用。

2. 青枯病

发病初期用 72% 农用链霉素可溶性粉剂 4000 倍液，或 3% 中生菌素可湿性粉剂 800~1000 倍液，或 77% 氢氧化铜可湿性微粒粉剂 400~500 倍液灌根，隔 10 天灌 1 次，连续灌 2~3 次。

3. 环腐病

用硫酸铜浸泡薯种 10 分钟。发病初期，用 72% 农用链霉素可溶性粉剂 4000 倍液，或 3% 中生菌素可湿性粉剂 800~1000 倍液喷雾。

4. 早疫病

在发病初期，用 75% 百菌清可湿性粉剂 500 倍液，或 77% 氢氧化铜可湿性微粒粉剂 400~500 倍液喷雾，每隔 7~10 天喷 1 次，连续喷 2~3 次。

5. 蚜虫

发现蚜虫时防治，用 5% 抗蚜威可湿性粉剂 1000~2000 倍液，或 10% 吡虫啉可湿性粉剂 2000~4000 倍液，或 20% 的氰戊菊酯乳油 3300~5000 倍液等药剂交替喷雾。

（六）采收

根据生长情况与市场需求及时收获，收获后按大小分级上市，争取好的价位。

第五节　棉花栽培技术

一、地膜（钵膜）棉高产栽培技术

（一）选用良种

选用中熟优质高产杂交棉品种，例如，武汉地区宜选用鄂杂棉系列或鄂抗棉系列品种。

（二）适时播种

地膜棉：①播前 5~7 天精细整地，达到厢平土细无杂草，沟路相通利水流。②提前粒选、晒种（2~3 天），播时用多菌灵、种衣剂或稻脚青搓种。③4 月上旬定距点播，每穴播健籽 2~3 粒。④播后每亩用都尔 150 mL，兑水 50 kg 喷于土表，随即抢晴抢墒盖膜，子叶转绿破孔露苗。⑤1 叶期间苗，2 叶期定苗（去弱苗、留壮苗），6 月 20 日左右揭膜。钵膜棉：①苗床选在避风向阳、地势高朗、排灌较好、无病土壤、方便管理及运钵近便的地方，苗床与大田比为 1∶15。②每亩大田按 8000 钵备土，年前每亩苗床提前施下优质土杂肥 100 担，或人粪尿 20 担，翻土冬炕。制钵前 15~20 天，每亩增施尿素 8 kg，过磷酸钙 25 kg，氯化钾 10 kg，确保钵土营养。③中钵育苗，钵径 4.5 cm，高 7.5 cm。④3 月底至 4

月初播种，每钵播籽 2 粒。播前要粒选、晒种（2~3 天），药剂搓（浸）种。播时达到"三湿"（钵湿、种湿、盖土湿）。播后盖细土、覆盖。⑤齐苗前封膜保温，齐苗后晴天通风炼苗，1 叶期间苗，并搬钵蹲苗，2 叶时定苗。⑥培育壮苗，4 月底或 5 月初 3~4 叶时，带肥带药（移栽前 5~7 天喷氮肥、喷施多菌灵）移植麦林（苗龄 30 天左右）。

（三）合理密植

中等地力，每亩 1500~2000 株，种植方式"一麦两花"或等行栽培。

（四）配方施肥

一般每亩施用纯氮 17 kg 左右，五氧化二磷 3~5 kg，氧化钾 12 kg 以上。地膜棉每亩底肥施用优质土杂肥 80~100 担（或饼肥 25 kg），碳铵 20 kg，过磷酸钙 20 kg，氯化钾 5 kg。6 月 20 日左右揭膜后，蕾肥亩施饼肥 50 kg，复合肥 10 kg。壮桃肥亩施尿素 8~10 kg。钵膜棉移植麦林时，每亩施用清水粪 30 担或复合肥 8 kg。移植苗发新叶时，亩追尿素 4~5 kg。棉苗出林，亩追水粪 12 担左右，碳铵 5 kg，氯化钾 5 kg。蕾肥、花铃肥和壮桃肥施用水平同地膜棉。视苗情可酌情多次喷施叶面肥。

（五）科学化调

对弱苗、僵苗和早衰苗，结合打药，可喷施 1 万倍的喷施宝或 3000 倍的 802。对肥水较足的棉田，7~8 叶时，亩用缩节胺 1 g 或 25% 的助壮素 4 mL 兑水 50 kg 喷施调节。盛蕾初花期，亩用缩节胺 1.5~2 g 或 25% 的助壮素 6~8 mL，兑水 50 kg 喷施调控，喷后 10~15 天，如苗旺长，亩用缩节胺 2~2.5 g 或助壮素 8~10 mL，兑水 50 kg 喷施。当单株果枝达 18 层以上时，亩用缩节胺 3~4 g 或 25% 的助壮素 12~16 mL，兑水 50 kg，喷雾棉株中、上部，可抑制顶端生长，调节株型。对 10 月中旬的贪青迟熟棉，每亩宜用乙烯利 100 g 兑水 40 kg 喷雾催熟。

（六）抗旱排涝

根据棉花的生育要求，应遇旱及时灌水，有涝迅速排除，特别是要注重 6 月下旬前后梅雨季节的排涝防渍和入伏后的抗旱保墒管理。

（七）中耕除草

当灌水、雨后棉田板结或杂草丛生时，要适时中耕、松土、除草和培土壅根。

（八）综防病虫

要以棉花的"三病"（苗病、枯黄萎病及铃病）、"三虫"（红蜘蛛、红铃虫与棉铃虫）为主要防治对象，并兼治其他。对苗期根病，宜用多菌灵或稻脚青。叶病则用半量式波尔多液防治。枯黄萎病可选用抗病品种，药剂防治，及早拔除病株深埋，或实行水旱轮作。铃病开沟滤水，通风散湿，喷施药剂或抢摘烂桃。对"三虫"要根据虫情测报，及时施药防治。

（九）整枝打顶

现蕾后，要抹赘芽，整公枝。7月底或8月初，按照标准（达到果枝总数）适时打顶。

（十）及时收花

8月中下旬棉花开始吐絮后，要抢晴及时采收，做到"三不"（不摘雨露花，不摘笑口花和不摘青桃），细收细拣，五分收花。

二、直播棉栽培技术

（一）选择优良品种

选用优质高产杂交抗虫棉或常规品种，武汉地区宜选用鄂杂棉系列或鄂抗棉系列品种。

（二）精细整地，施足底肥

播种前整地2~3次，厢宽180 cm，厢沟宽30 cm，深20 cm，并开好腰沟和围沟，整地水平达到厢平、土碎、上虚下实，厢面呈龟背形。

结合整地：亩施有机肥 2000~2500 kg，碳铵 20~25 kg，过磷酸钙 30~40 kg，氯化钾 15~20 kg，或 45%复合肥 35~40 kg 作底肥。

（三）适时播种

4 月下旬至 5 月上旬播种，每亩播 2000~2500 穴，每穴播种 2~3 粒，播种深度 2~3 cm，覆土匀细紧密，每亩用种量 500~600 g。

（四）苗期管理

及时间苗、定苗，齐苗后 1~2 片真叶时间苗，3~4 片真叶时定苗，每亩留苗 2000~2500 株，同时做好缺穴的补苗，确保密度。

中耕松土 2~3 次，深度 4~6 cm，达到土壤疏松，除草灭茬的目的，结合中耕松土，追施提苗肥，亩施尿素 5~7.5 kg。

苗期病虫防治，主要是防治立枯病、炭疽病、疫苗、地老虎、棉蚜、盲椿象、棉蓟马等病虫危害。

（五）蕾期管理

中耕 2~3 次，深度 8~12 cm，结合中耕培土 2~3 次，初花期封行前完成培土。

每亩用饼肥 40~50 kg，拌过磷酸钙 15~20 kg，或 45%复合肥 20~30 kg 作蕾肥，开沟深施，对缺硼的棉田喷施 2~3 次 0.1%~0.2%硼酸溶液 40 kg 左右。

现蕾后及时打掉叶枝，缺株断垄处保留 1~2 个叶枝，并将叶枝顶端打掉，促进其果枝发育，除叶枝的同时抹去赘芽。

蕾期主要防治枯萎病、黄萎病、棉蚜、盲蝽蟓、棉铃虫等病虫的危害。

（六）花铃期管理

重施花铃肥，每亩施尿素 15~20 kg，氯化钾 15~20 kg，结合最后一次中耕开沟深施，施后覆一层薄土，补施盖顶肥，8 月 15 日前，每亩施尿素 5~7.5 kg。叶面喷施 0.2%~0.3%磷酸二氢钾溶液 2~3 次。

进入花铃期后，每隔 15 天进行化控一次，每亩用 2~3 g 缩节胺兑水 40~50 kg 喷雾，打顶后 7~10 天进行最后一次化控，亩用 4~5 g 缩节胺兑水 50 千克喷棉株上部。

当果枝数达到 20~22 层时打顶，打顶时轻打，打小顶，只摘去一叶一心。

如遇较严重的干旱，土壤含水量降到 60%以下时，要灌水抗旱，抗旱时采取沟灌为宜，灌水时间应在上午 10 时前或下午 5 时后，如遇大雨或长期阴雨，及时组织清沟排渍。

花铃期主要防治棉蚜、红蜘蛛、红铃虫、盲蝽蟓、烟粉虱、棉铃虫等虫害。

（七）后期管理

视植株长相喷施 1%尿素+0.2%~0.3%磷酸二氢钾溶液，喷施 2~3 次，每次间隔 10 天，分批打去主茎中下部老叶，剪去空枝，防止田间荫蔽。

10 月中旬温度在 20 ℃以上时，用 40%乙烯利喷施桃龄 40 天左右的棉桃催熟，药液随配随用，不能与其他农药混用。当棉田大部分棉株有 1~2 个铃吐絮，铃壳出现翻卷变干，棉絮干燥，即可开始采收，每隔 5~7 天采摘一次，采摘的棉花分品种，分好次晒干入库或上市。

第四章　生态农业及其绿色发展的基础条件

第一节　生态农业的内涵与特征

一、生态农业的概念及内涵

（一）生态农业的概念

第一，生态农业是对农业的生态本质最充分的体现和表述，是生态型集约化的农业生产体系。它要求人们在发展农业过程中，以生态学和生态经济学原理为指导，尊重生态自然规律和生态经济规律，保护生态，培植资源，防治污染，提供清洁食物和优美的环境，它是把农业发展建立在健全的生态基础之上的一种新型农业。

第二，生态农业不仅是农业生态质量充分体现的生态化农业，还是一种科学的人工生态系统和科学化农业。因此，生态农业的本质是生态化和科学化的有机统一。生态农业的经济实质是在保持农业生态经济平衡的条件下，依靠吸取一切能够发展农业生产的新技术和新方法，把传统农业技术的精华与现代农业技术有机地结合起来，来提高太阳能的利用率、生物能的转化率和废弃物的再循环率，以达到提高农业生产力，实现高效的生态良性循环和经济良性循环，从而获得最佳的经济、社会和生态效益。

第三，生态农业的本质特征是把农业生产系统的运行切实转移到良性的生态循环和经济循环的轨道上来，使农业持续、稳定、协调发展，形成经济、生态、社会三大效益的有机统一。因此，生态农业可以说是通过科技进步，实现生态与经济协调发展的新型农业，建立在生态良性循环基础上的生态与经济的协调发展，就成为生态农业首要的、本质的特征。

第四，生态农业是实现农、林、牧、副、渔五业结合，进行多种经营、全面规划、总体协调的整体农业，是因地制宜、发挥优势、合理利用、保护与增殖自然资源，实现农业可持续发展的持久型农业；是充分利用自然调控并与人工调控相结合，使生态环境保持良好，生产适应性更强的稳定性农业；是能充分利用有机和无机物质，加速物质循环和能量转化，从而获得高产的无废料农业；是建立生物与工程措施相结合的净化体系、能保护与改善生态环境、提高产品质量的清洁农业。

（二）生态农业的内涵

生态农业是运用生态学、生态经济学、系统工程学、现代管理学、现代农业理论和系统科学的方法，把现代科学技术成就与传统农业技术的精华有机结合，优化配置土地空间、生物资源、现代技术和时间序列，把农业生产、农村经济发展和生态环境治理与保护，资源的培育与高效利用融合为一体，促进系统结构优化、功能完善、效益持续，最终形成区域化布局、基地化建设、专业化生产，并建立具有生态合理性，功能良性循环的新型综合农业体系和产、供、销一条龙、农工商一体化的多层次链式复合农业产业经营体系，是天、地、人和谐的农业生产模式。

生态农业的内涵主要包括以下八点：一是在健康食物观念引导下，确保国家食物安全和人民健康；二是进一步依靠科技进步，以继承中国传统农业技术精华和吸收现代高新科技相结合；三是以科技和劳动力密集相结合为主，逐步发展成技术、资金密集型的农业现代化生产体系；四是注重保护资源和农村生态环境；五是重视提高农民素质和普及科技成果应用；六是切实保证农民收入持续稳定增长；七是发展多种经营模式、多种生产类型、多层次的农业经济结构，有利于引导集约化生产和农村适度规模经营；八是优化农业和农村经济结构，促进农、牧、渔，种、养、加，贸、工、农有机结合，把农业和农村发展联系在一起，推动农业向产业化、社会化、商品化和生态化方向发展。

二、我国生态农业的特征

（一）整体性

生态农业强调发挥农业生态系统的整体功能，以大农业为出发点，按"整体、协调、循环、再生"的原则，全面规划，调整和优化农业结构，使农、林、牧、副、渔各业和农村一、二、三产业综合发展，并使各业之间互相支持，相得益彰，提高综合生产能力。

（二）多样性

生态农业针对我国地域辽阔，各地自然条件、资源基础、经济与社会发展水平差异较大的情况，充分吸收我国传统农业精华，结合现代科学技术，以多种生态模式、生态工程和丰富多彩的技术类型装备农业生产，使各区域都能扬长避短，充分发挥地区优势，各产业都能根据社会需要与当地实际协调发展。

（三）高效性

生态农业通过物质循环和能量多层次综合利用和系列化深加工，实现经济增值，实行废弃物的资源化利用，降低农业成本，提高生态效益，为农村大量剩余劳动力创造农业内部的就业机会，保护农民从事农业的积极性。

（四）持续性

发展生态农业能够保护和改善生态环境，防治污染，维护生态平衡，提高农产品的安全性，变农业和农村经济的常规发展为可持续发展，把环境建设同经济发展紧密结合起来，在最大限度地满足人们对农产品日益增长的需求的同时，提高生态系统的稳定性和持续性，增强农业发展的后劲。

（五）稳定性

生态农业是按照生态学原理和经济学原理，运用现代科学技术成果和现代管理手段，以及传统农业的有效经验建立起来的，能获得较高的经济效益、生态效益和社会效益的现代化高效农业。它要求把发展粮食与多种经济作物生产，发展大田种植与林、牧、副、渔业，发展大农业与第二、第三产业结合起来，利用传统农业精华和现代科技成果，通过人工设计生态工程、协调发展与环境之间、资源利用与保护之间的矛盾，形成生态上与经济上两个良性循环，经济、生态、社会三大效益的统一。随着中国城市化的进程加速和交通快速发展，生态农业的发展空间将得到进一步深化发展。生态农业系统的稳定性远比农业生态系统强。

（六）生态性

第一，降低生产成本。从大理市无公害生产基地试验结果表明，采用有机农业技术，不用化肥和农药，降低生产成本，同时改善土壤耕作性。

第二，改善环境质量。由于生态农业不用或严格控制农药的使用，使水体中的农业化学物质含量降低。据农业部门测定：农业使用的化肥，只有30%左右为植物所利用，其余则进入地下水或地表水或挥发损失。因此要采用作物之间的轮作、少耕或免耕，间种套种、增施有机肥，增加土壤通透性，减轻土壤板结。

第三，提高农产品质量。随着人们生活水平的不断提高，绿色食品、无公害蔬菜等成了人们的热门话题，而且需求量越来越多。生态农业大大降低甚至免去了化学物质对植物和果实的影响，自然不必怀疑其中有对人体有害的化学物质。

第四，保护自然资源。生态农业是通过有机废物循环利用而使这些废物变成农作物的营养源。同时改善了土壤，也解决了这些废物的处理问题。土壤有机质的增加使土壤保水保肥能力增强。有机肥养分比较齐全，能满足作物对养分的需求。

第五，经济效益高。生态农业不用或极少用化肥或农药，使生产投资减少。生态农业产品食用安全可靠，深受消费者的喜爱，其销售价亦高出常规农业产品，单位面积内的经济效益提高，对从事生态农业的农民有好处。

三、生态农业与其他农业的关系

（一）生态农业与可持续农业的关系

生态农业是基于农业可持续发展、实现农业现代化所提出来的一个构想，人类自从离开了采集渔猎方式，农业先是进入刀耕火种的原始农业阶段，接着又进入了以地点固定、人畜力投入为主的传统农业阶段，在一些工业化国家，农业在20世纪初期开始进入了工业化农业阶段。目前，大多数发展中国家都处于传统农业或者处于传统农业向工业化农业过渡的阶段，工业化农业也正在寻求自己的可持续发展方向。

生态农业技术是发展可持续农业的有效手段，发展可持续农业，需要不断提高经济效益、生态效益和社会效益，实现"经济—自然—社会"的综合农业体系的良性发展。我国生态农业研究不仅在理论和方法上进行了深入的探索，还在农业生态环境整治和农业源污染控制技术研究与开发方面取得了很大的进展，为发展可持续农业提供了有力的技术支持和保证。生态产业的本质特征就是利用生态技术体系，通过物质能量的多层次分级利用或循环利用，使投入生态系统的资源和能量尽可能地被充分利用，达到废物最小化，以促进生态与经济的良性循环，实现生态环境与经济社会相互协调和可持续发展。

（二）生态农业与现代农业的关系

循环农业是循环经济体系的一个部分，它是运用生态学、生态经济学原理所指导的农业经济形态，通过调整和优化农业产业结构，延长产业链条，提高农业系统内物质能量的多级循环利用，最大限度地利用农业生物质资源，采用清洁生产方式，实现农业生态的良性循环。循环农业的"3R"原则，实际上是生态农业初期就在实践中经常利用的方法，也是现代农业所倡导的。

中国特色的现代农业是站得高、看得远、涵盖非常广泛的一个概念，包括了农业的可持续发展、循环经济、高新农业技术、新产品使用等多项内容。其具体化还有待于各个方面的努力，并且需要遵循与时俱进的思路。由于中国生态农业的提出其实也是希望走一条具有中国特色的农业现代化道路，因此，生态农业与现代农业这两个概念实际上是并行不悖的。生态农业的建设注重农业生态环境的保护，更重视农业的物质循环与能量的多级转换利用；而现代农业的发展则体现在农业生产的各个方面，更注重现代科学技术及新产品的运用。

第二节　生态系统与生态农业的基本原理

一、生态系统与农业生态系统

（一）生物种群与群落

1. 种群

（1）种群的概念

种群是指在同一时期内占有一定空间的同种生物个体的集合。对种群概念可以从两个层次进行理解：一是作为抽象概念用于理论研究上（如种群生态学、种群遗传学理论和种群研究方法等），这层含义的种群，泛指一切能相互交配并繁育后代的所有同种个体的集合（该物种的全部个体），如熊猫种群；二是作为具体存在的客体用于实际研究上，这层含义的种群，即指实际上进行交配并繁育后代的局部种群（包括自然种群或实验种群），如某森林中的梅花鹿种群和实验室饲养的小白鼠种群。大多数情况下，种群是指由生态学家根据研究的需要而划定的局部种群，如某农场或农田本季栽培的全部水稻植株。

种群是物种的基本组成单位，一个物种可包含许多种群。种群也是组成生物群落的基本单位。任何一个种群在自然界都不能孤立存在，而是与其他物种的种群一起形成群落。

（2）种群的基本特征

种群虽然是由个体组成的，但不是个体的简单累加，它具有物种个体所不具有的独特性质、结构和功能，具有自我组织和自我调节能力。种群的基本特征是指各类生物种群在正常的生长发育条件下所具有的共同特征，即种群的共性。种群的基本特征包括以下四个方面。

①空间特征。种群均占据一定的空间，其个体在其生存环境空间中的分布形式取决于该物种的生物学特性。

②数量特征。研究种群常常需要划定边界，统计种群的数量特征参数，以便掌握种群的历史、现状和预测种群的未来发展趋势。

③遗传特征。种群具有一定的遗传组成，是一个基因库，但不同的地理种群存在着基因差异，不同种群的基因库不同。种群的基因在繁殖过程中世代传递，在进化过程中通过遗传物质的重新组合及突变作用改变遗传性状，以适应环境的不断改变。

④系统特征。种群是一个具有自我组织的自我调节的系统。它是以特定种群为中心，以作用于该种群的其他生物种群和全部环境因子为空间边界所组成的系统。因此，对种群的研究应从系统的角度，通过研究种群的内在因子，以及环境内各环境因子与种群数量变化的相互关系，从而揭示种群数量变化的机制与规律。

（3）种群的调节

种群的数量变动，反映着两组相互矛盾的过程（出生和死亡、迁入和迁出）

相互作用的综合结果。因此，影响出生率、死亡率和迁移率的一切因素，都同时影响种群的数量动态。

（4）种内与种间关系

物种主要的种内相互作用是竞争、自相残杀、性别关系、领域性和社会等级等，而主要的种间相互作用是竞争、捕食、寄生和互利共生。

一是种内关系。存在于生物种群内部个体间的相互关系称为种内关系。同种个体间发生的竞争叫作种内竞争。由于同种个体通常分享共同资源，种内竞争可能会很激烈。因资源利用的重叠，意味着种内竞争是生态学的一种重要影响力。降低种群密度可以克服或应付竞争，如通过扩散以扩大领域等途径。从个体看，种内竞争是有害的，但对该物种而言，其淘汰了弱者、保存了较强个体，种内竞争可能有利于种群进化。

密度效应。种群的密度效应由两种相互作用因素决定：出生与死亡、迁出与迁入。其作用类型可划分为密度制约和非密度制约。因密度的改变，将改变对共享资源的利用，改变种内竞争形势。

性别生态学。有性繁殖的种群异性个体构成最大量、最重要的同种关系，对基因多样性和种群数量变动有重要意义。动植物多行有性繁殖，因有性繁殖有利于适应多变环境。雌雄两性配子的融合能产生更多的变异类型后代，有利于在不良环境下保证部分个体的生存。无性繁殖以植物居多，无性繁殖在进化选择上有其优越性，能迅速增殖其个体，对新开拓的栖息地是一种有利适应。

领域性和社会等级。领域指由个体、家庭或其社群所占据、并保卫，不让其他成员侵入的空间。具领域性的种类以脊椎动物居多，尤其是鸟、兽。社会等级是指动物种群中各个体的地位、具有一定顺序的等级现象，具支配—从属关系。社会等级制在动物界相当普遍，许多鱼类、爬行类、鸟类和兽类都存在。

二是种间关系。种间关系是指物种种群之间的相互作用所形成的关系。两个种群的相互关系可以是间接的，也可以是直接的相互影响。这种影响可能是有害的，也可能是有利的。

种间竞争。种间竞争是指两物种或更多物种、利用同样而有限的资源时的相互作用现象。种间竞争的结果常是不对称，即一方占优势而另一方被抑制甚或被消灭。

生态位理论。生态位是生态学一个重要概念，指物种在生物群落或生态系统中的地位和角色，早期生态位的概念用来表示划分环境的空间单位和一个物种在环境中的地位。通常，一个物种占据的生态位空间，受到竞争和捕食所影响。没有竞争和捕食的胁迫，物种能在更广泛的条件和资源范围得到繁荣。这种潜在的生态位空间就是基础生态位，是理论上的最大生存空间。但物种暴露在竞争者和捕食者面前是很平常的现象，因而很少有物种能占据基础生态位，而实际占有的生态位即称实际生态位。生态位是每个种在一定生境的群落中都有不同于其他种的时、空位置，也包括在生物群落中的功能地。生态位的概念与生境和分布区的概念不同：生境是指生物生存的周围环境；分布区是种分布的地理范围；生态位则说明一个生物群落中某个种群的功能地位。

捕食作用。捕食可定义为一种生物摄取他种生物个体的全部或部分为食，前者称为捕食者，后者称为被食者。这一定义包括三个含义：一为典型捕食者，它袭击猎物杀而食之；二为食草者，它逐渐杀死（或不杀死）对象生物，且只消费对象个体的一部分；三为寄生，它与单一对象个体（寄主）有密切关系。

捕食者与猎物的相互关系，经过长期协同进化而逐步形成。捕食者进化了一整套适应特征以便更有效捕食猎物，猎物也形成一系列对策，以逃避被捕食。这两种选择是对立的，但在自然界捕食者将猎物种群捕食殆尽的事例很少，通常是对猎物中老、弱、病、残和遗传特性较差的个体加以捕食，从而起淘汰劣种、防止疾病传播及不利的遗传因素延续的作用。

食草是广义捕食的类型之一，其特点是植物不能逃避被食，而动物对植物的危害只是使部分机体受损害，留下的部分能再生。

植物被采食而受损程度随损害部位、植物发育阶段不同而异。如吃叶、采花、采果、破坏根系，其后果完全不同。生长季早期，树叶被食会大大减少木材生长量，而在生长季较晚期则对木材生产影响较少。此外，植物并非完全被动受害，而是发展了各种补偿机制。一些枝叶受损后，其自然落叶会减少，整株的光合率可能加强。若在繁殖期受害，如大豆，则能以增加粒重来补偿豆荚损失。亦发现动物啃食可能刺激叶单位面积光合率的提高。

植物亦形成保护适应：一为产生毒性与较差的味道（适口性），如苦豆子，在其生长季节、植株味苦且含生物碱，动物避之；二为防御结构，如带钩、刺等以阻止哺乳动物采食。

植物与草食动物亦存在互动关系，即植物—草食动物系统，亦称放牧系统。在这一系统中，动物与草地间具有复杂关系，简单认为草食动物的牧食会降低草地生产力是错误的。在乌克兰草原上，曾保存 500 hm² 原始针茅草原，禁止人为放牧。若干年后该地长满杂草，变成不能放牧草地。因针茅繁生阻碍其嫩芽生长并大量死亡，使草原变成杂草地。

三是寄生与共生。寄生与共生是生物学中用以描述两种生物关系的词语，广泛存在于植物间、动物间、植物与动物之间。

寄生。寄生是指一个种（寄生物）寄居于另一种（寄主）的体内或体表，靠寄主体液、组织或已消化物以获取营养而生存。寄生物可分为两大类：一类是微寄生物，在寄主体内或体表繁殖；另一类是大寄生物，在寄主体内或表面生长。主要微寄生物有病毒、细菌、真菌和原生动物。动植物的大寄生物主要是无脊椎动物。动物中，寄生蠕虫特别重要，而昆虫是植物的主要大寄主。大多寄生物是食生物者，仅在活组织中生活，但一些寄生物在寄主死后仍继续生活，如一些蝇类和真菌。

共生。共生又分为偏利共生、互利共生、传粉和种子散布、防御性互利共生。

偏利共生：两个不同物种的个体间，发生对一方有利而对另一方无利的关系，称偏利共生，如附生于植物枝条上的地衣、苔藓等，借枝条的支撑以获取更多的光照和空间资源。

互利共生：互利共生是不同种的两个体间一种互惠关系，可增加双方的适合度。互利共生发生于生活在一起的生物体间，如菌根是真菌菌丝与高等植物根的共生体。真菌帮助植物吸收营养（特别是磷），同时从植物体获取营养维持菌体的生活。

传粉和种子散布：多数有花植物依靠传粉者而实现传粉受精，传粉者通过获取花蜜、花粉而得到食源。另一类动—植间的互利见于种子传播。啮齿动物、蝙蝠、鸟类和蚂蚁都是重要的种子传播者。其他一些种子传播者是以水果为食的动物，它们采食水果但排出种子，从而实现种子传播。应当指出，某些种子是埋藏于兽类毛层的刺果，虽实现种子传播，但对动物有害，故非互利共生。

防御性互利共生：一些互利共生是一方为另一方提供对捕食者或竞争者的防

御。蚂蚁—植物互利共生很普遍，许多植物树干或叶子泌蜜为蚂蚁提供食源，蚂蚁为其宿主对抗入侵害虫，从而减轻虫害。

2. 群落

（1）群落的概念与性质

群落（生物群落）是指一定时间内居住在一定空间范围内的生物种群的集合。它包括植物、动物和微生物等各个物种的种群，共同组成生态系统中有生命的部分。

生物群落=植物群落+动物群落+微生物群落

关于群落的性质，长期以来一直存在着两种对立的观点。争论的焦点在于群落到底是一个有组织的系统，还是一个纯自然的个体集合。

"有机体"学派认为：沿着环境梯度或连续环境的群落组成了一种不连续的变化，因此生物群落是间断分开的。

"个体"学派则认为：在连续环境下的群落组成是逐渐变化的，因而不同群落类型只能是任意认定的。

现代生态学认为群落既存在着连续性的一面，也有间断性的一面。如果采取生境梯度的分析方法，即排序的方法来研究连续群变化，虽然在不少情况下表明群落并不是分离的、有明显边界的实体，而是在空间和时间上连续的一个系列。但事实上，如果排序的结果构成若干点集的话，则可达到群落分类的目的；如果分类允许重叠的话，则又可反映群落的连续性。这一事实反映了群落的连续性和间断性之间并不一定要相互排斥，关键在于研究者从什么角度和尺度看待这个问题。

（2）群落与生态系统

群落和生态系统这两个概念是有明显区别的，各具独立含义。群落是指多种生物种群有机结合的整体，而生态系统的概念包括群落和无机环境。生态系统强调的是功能，即物质循环和能量流动。但谈到群落生态学和生态系统生态学时，确实是很难区分。群落生态学的研究内容是生物群落和环境相互关系及其规律，这恰恰也是生态系统生态学所要研究的内容。随着生态学的发展，群落生态学与生态系统生态学必将有机地结合，成为一个比较完整的、统一的生态学分支。

（3）群落结构的松散性和边界的模糊性

同一群落类型之间或同一群落的不同地点，群落的物种组成、分布状况和层次的划分都有很大的差异，这种差异通常只能进行定性描述，在量的方面很难找到统一的规律，人们视这种情况为群落结构的松散性。

在自然条件下，群落的边界有的明显，如水生群落与陆生群落之间的边界，可以清楚地加以区分；有的边界则处在不明显的连续变化中，如草甸草原和典型草原的过渡带、典型草原和荒漠草原的过渡带等。多数情况下，不同群落之间存在着过渡带，被称为群落交错区。

（4）群落的命名

对于群落的分类和命名，常见的有以下一些方法。

根据群落中的优势种来命名：如马尾松林群落、木荷林群落。

根据群落所占的自然生境来命名：如岩壁植被。

根据优势种的主要生活型来命名：如亚热带常绿阔叶林群落、草甸沼泽群落。

根据群落中的特征种来命名：如木荷群丛。

（5）群落的基本特征

主要有以下八个。

一是具有一定的外貌。一个群落中的植物个体，分别处于不同高度和密度，从而决定了群落的外部形态。在植物群落中，通常由其生长类型决定其高级分类单位的特征，如森林、灌丛或草丛的类型。

二是具有一定的种类组成。每个群落都是由一定的植物、动物、微生物种群组成的。因此，种类组成是区别不同群落的首要特征。一个群落中种类成分的多少及每种个体的数量，是度量群落多样性的基础。

三是具有一定的群落结构。生物群落是生态系统的一个结构单元，它本身除具有一定的种类组成外，还具有一系列结构特点，包括形态结构、生态结构与营养结构。例如生活型组成、种的分布格局、成层性、季相、捕食者和被食者的关系等。但其结构常常是松散的，不像一个有机体结构那样清晰，有人称之为松散结构。

四是形成一定的群落环境。生物群落对其居住环境会产生重大影响，并形成群落环境。如森林中的环境与周围裸地就有很大的不同，包括光照、温度、湿度与土壤等都经过了生物群落的改造。即使生物非常稀疏的荒漠群落，对土壤等环境条件也有明显改变。

五是不同物种之间的相互影响。群落中的物种有规律地共处，即在有序状态下共存。诚然，生物群落是生物种群的集合体，但不是说一些种的任意组合便是一个群落。一个群落必须经过生物对环境的适应和生物种群之间的相互适应、相互竞争，形成具有一定外貌、种类组成和结构的集合体。

六是具有一定的动态特征。生物群落是生态系统中具有生命的部分，生命的特征是不停地运动，群落也是如此，其运动形式包括季节动态、年际动态、演替与演化。

七是按照一定的规律分布。任一群落分布在特定地段或特定生境上，不同群落的生境和分布范围不同。无论从全球范围看还是从区域角度讲，不同生物群落都是按照一定的规律分布。

八是群落的边界特征。在自然条件下，有些群落具有明显的边界，可以清楚地加以区分；有的则不具有明显边界，而处于连续变化中。前者见于环境梯度变化较陡，或者环境梯度突然中断的情形。例如，地势变化较陡的山地的垂直带，陆地环境和水生环境的边界处（池塘、湖泊、岛屿等）。但两栖类（如蛙）常常在水生群落与陆地群落之间移动，使原来清晰的边界变得复杂。此外，火烧、虫害或人为干扰都可造成群落的边界。后者见于环境梯度连续缓慢变化的情形。大范围的变化如草甸草原和典型草原的过渡带，典型草原和荒漠草原的过渡带等；小范围的如沿一缓坡而渐次出现的群落替代等。但在多数情况下，不同群落之间都存在过渡带，被称为群落交错区，并产生明显的边缘效应。

生物群落可以从植物群落、动物群落和微生物群落这三个不同角度来研究，其中以植物群落研究得最多也最深入。群落学的一些基本原理多是在植物群落研究中获得的，植物群落学又称植物学或植物社会学，它主要研究植物群落的结构、功能、形成、发展及其所处环境的相互关系。目前对植物群落的研究已形成比较完整的理论体系，在该学科发展的各个历史时期都有一些代表人物和代表性著作。动物一般不能脱离植物而长久生存，又不像植物定点生活而具有移动性，所以动物群落的研究较植物群落困难，动物群落学发展得较慢，早期的动物群落学研究也往往是对植物群落学的追随，其情况有点像早期的植物种群生态学对动物种群生态学那样。但是由于大多数植物是绿色植物，属于群落或营养结构中的生产者，而复杂的食物网，包括各个营养级及其相互作用，必须有更高营养级的消费者参加，有关生态锥体、营养级间能量传递效率等原理的发现，没有动物群落生态研究是不可能的。而形成群落结构和功能基础的物种间相互关系，诸如捕食、食草、竞争、寄生等许多重要生态学原理，多数也由动物生态学研究开始。对近代群落生态学做出重要贡献的一些原理，诸如中度干扰假说对形成群落结构的意义、竞争压力对物种多样性的影响等都与动物群落学的进展分不开。因此，最有成效的群落生态学研究，应该是动物、植物、微生物群落的有机结合。近代的食物网理论，生态系统的能流、物流等规律，都是这种整体研究的结果。

（二）生态系统

1. 生态系统的概念与内涵

生态系统是指生物群落与其生存环境之间，以及生物种群相互之间密切联系、相互作用，通过物质交换、能量转换和信息传递，成为占据一定空间、具有一定结构、执行一定功能的动态平衡整体。

生态系统定义的基本含义是：①生态系统是客观存在的实体，有时、空概念的功能单元；②由生物和非生物成分组成，以生物为主体；③各要素间有机地组织在一起，具有整体的功能；④生态系统是人类生存和发展的基础。

生态系统的范围可大可小，通常根据研究的目的和具体的对象而定。最大是生物圈，可看作是全球生态系统，它包括了地球一切的生物及其生存条件；小的如一块草地，一个池塘都可看作是一个生态系统。

2. 生态系统的基本特征

（1）有时空概念的复杂的大系统

生态系统通常与一定的空间相联系，以生物为主体，呈网络式的多维空间结构的复杂系统。它是一个极其复杂的由多要素、多变量构成的系统，而且不同变量及其不同的组合，以及这种不同组合在一定变量动态之中，又构成了很多亚系统。

（2）有一定的负荷力

生态系统负荷力是涉及用户数量和每个使用者强度的二维概念，二者之间保持互补关系，当每一个体使用强度增加时，一定资源所能维持的个体数目相应减少。基于这一特点，在实践中可将有益生物种群保持在一个环境条件所允许的最大种群数量，此时，种群的繁殖速率最快。对环境保护工作而言，在人类生存和生态系统不受损害的前提下，容纳污染物与环境容量相匹配。任何生态系统的环境容量越大，可接纳的污物就越多，反之则越少。应该强调指出，生态系统的纳污量不是无限的，污染物的排放必须与环境容量相适应。

（3）有明确功能和功益服务性能

生态系统不是生物分类学单元，而是个功能单元。例如能量的流动，绿色植物通过光合作用把太阳能转变为化学能贮藏在植物体内，然后再转给其他动物，这样营养就从一个取食类群转移到另一个取食类群，最后由分解者重新释放到环境中。又如在生态系统内部生物与生物之间，生物与环境之间不断进行着复杂而有规律的物质交换，这种交换是周而复始不断地进行着，对生态系统起着深刻的影响。自然界元素运动的人为改变，往往会引起严重的后果。生态系统在进行多种生态过程中为人类提供粮食、药物、农业原料，并提供人类生存的环境条件，形成生态系统服务。

（4）有自维持、自调控功能

任何一个生态系统都是开放的，不断有物质和能量的进入和输出。一个自然生态系统中的生物与其环境条件是经过长期进化适应，逐渐建立了相互协调的关系。生态系统自调控机能主要表现在三个方面：一是同种生物的种群密度的调控，这是在有限空间内比较普遍存在的种群变动规律；二是异种生物种群之间的数量调控，多出现于植物与动物、动物与动物之间，常有食物链关系；三是生物与环境之间的相互适应的调控。生物经常不断地从所在的生境中摄取所需的物质，生境亦需要对其输出进行及时的补偿，两者进行着输入与输出之间的供需调控。

生态系统调控功能主要靠反馈来完成。反馈可分为正反馈和负反馈。前者是系统中的部分输出，通过一定线路而又变成输入，起促进和加强的作用；后者则倾向于削弱和减低其作用。负反馈对生态系统达到和保持平衡是不可缺少的。正负反馈相互作用和转化，从而保证了生态系统达到一定的稳态。

（5）有动态的、生命的特征

生态系统也和自然界许多事物一样，具有发生、形成和发展的过程。生态系统可分为幼年期、成长期和成熟期，表现出鲜明的历史性特点，从而具有生态系统自身特有的整体演变规律。换言之，任何一个自然生态系统都是经过长期历史发展形成的，这一点很重要。我们所处的新时代具有鲜明的未来性。生态系统这一特性为预测未来提供了重要的科学依据。

（6）有健康、可持续发展特性

自然生态系统是在数十亿万年中发展起来的整体系统，为人类提供了物质基础和良好的生存环境，然而长期以来人类活动已损害了生态系统健康。为此，加强生态系统管理促进生态系统健康和可持续发展是全人类的共同任务。

3. 生态系统的研究方向

目前有关生态系统的研究，主要集中在以下五个方面。

（1）对自然生态系统的保护和利用

各种各样的自然生态系统有和谐、高效和健康的共同特点，许多野外研究表明，自然生态系统中具有较高的物种多样性和群落稳定性。一个健康的生态系统比一个退化的更有价值，它具有较高的生产力，能满足人类物质的需求，还能给人类提供生存的优良环境。因此，研究自然生态系统的形成和发展过程、合理性机制以及人类活动对自然生态系统的影响，对于有效利用和保护自然生态系统均有较大的意义。

（2）生态系统调控机制的研究

生态系统是一个自我调控的系统，这方面的研究包括：自然、半自然和人工等不同类型生态系统自我调控的阈值；自然和人类活动引起局部和全球环境变化带来的一系列生态效应；生物多样性、群落和生态系统与外部限制因素间的作用效应及其机制。

（3）生态系统退化的机制、恢复及其修复研究

在人为干扰和其他因素的影响下，有大量的生态系统处于不良状态，承载着超负荷的人口和环境负担、水资源枯竭、荒漠化和水土流失在加重等，脆弱、低效和衰退已成为这一类生态系统的明显特征。这方面的研究主要有：由于人类活动而造成逆向演替或对生态系统结构、重要生物资源退化机理及其恢复途径；防止人类与环境关系的失调；自然资源的综合利用及污染物的处理。

（4）全球性生态问题的研究

近几十年来，许多全球性的生态问题严重威胁着人类的生存和发展，这些问题要靠全球人类共同努力才能解决，如臭氧层破坏、温室效应、全球变化等。这

方面的研究重点有：全球变化对生物多样性和生态系统的影响及其反应；敏感地带和生态系统对气候变化的反应；气候与生态系统相互作用的模拟；建立全球变化的生态系统发展模型；提出全球变化中应采取的对策和措施等。

（5）生态系统可持续发展的研究

过去以破坏环境为代价来发展经济的道路使人类社会走进了死胡同，人类要摆脱这种困境，必须从根本上改变人与自然的关系，把经济发展和环境保护协调一致，建立可持续发展的生态系统。研究的重点是：生态系统资源的分类、配置、替代及其自我维持模型；发展生态工程和高新技术的农业工厂化；探索自然资源的利用途径，不断增加全球物质的现存量；研究生态系统科学管理的原理和方法，把生态设计和生态规划结合起来；加强生态系统管理、保持生态系统健康和维持生态系统服务功能。

4. 生态系统组分及结构

（1）生态系统组分

不论是陆地还是水域，系统或大或小，都可以概括为生物组分和环境组分两大组分。

一是生物组分。多种多样的生物在生态系统中扮演着重要的角色。根据生物在生态系统中发挥的作用和地位而划分为生产者、消费者和分解者三大功能类群。

生产者又称初级生产者，指能利用简单的无机物质制造食物的自养生物，主要包括所有绿色植物、蓝绿藻和少数化能合成细菌等自养生物。这些生物可以通过光合作用把水和二氧化碳等无机物合成为碳水化合物、蛋白质和脂肪等有机化合物，并把太阳辐射能转化为化学能，贮存在合成有机物的分子键中。植物的光合作用只有在叶绿体内才能进行，而且必须是在阳光的照射下。但是当绿色植物进一步合成蛋白质和脂肪的时候，还需要有氮、磷、硫、镁等 16 种或更多种元素和无机物参与。生产者通过光合作用不仅为本身的生存、生长和繁殖提供营养物质和能量，而且它所制造的有机物质也是消费者和分解者唯一的能量来源。生态系统中的消费者和分解者是直接或间接依赖生产者为生的，没有生产者就不会有消费者和分解者。可见，生产者是生态系统中最基本和最关键的生物成分。太阳能只有通过生产者的光合作用才能源源不断地输入生态系统，再被其他生物所利用。初级生产者也是自然界生命系统中唯一能将太阳能转化为生物化学能的媒介。

消费者是针对生产者而言，即它们不能从无机物质制造有机物质，而是直接或间接地依赖于生产者所制造的有机物质，因此属于异养生物。消费者归根结底都是依靠植物为食（直接取食植物或间接取食以植物为食的动物）。直接吃植物的动物叫植食动物，又叫一级消费者（如蝗虫、兔、马等）；以植食动物为食的动物叫肉食动物，也叫二级消费者，如食野兔的狐和猎捕羚羊的猎豹等；以食肉动物为食的动物叫大型食肉动物或顶级食肉动物，也叫三级消费者，如池塘里的黑鱼，草地上的鹰隼等猛禽。消费者也包括那些既吃植物也吃动物的杂食动物，有些鱼类是杂食性的，它们吃水藻、水草，也吃水生无脊椎动物。有许多动物的食性是随着季节和年龄而变化的，麻雀在秋季和冬季以吃植物为主，但是到夏季的生殖季节就以吃昆虫为主，所有这些食性较杂的动物都是消费者。食碎屑者也应属于消费者，它们的特点是只吃死的动植物残体。消费者还应当包括寄生生物。

分解者是异养生物，它们分解动植物的残体、粪便和各种复杂的有机化合物，吸收某些分解产物，最终能将有机物分解为简单的无机物，而这些无机物参与物质循环后可被自养生物重新利用。分解者主要是细菌和真菌，也包括某些原生动物和蚯蚓、白蚁、秃鹫等大型腐食性动物。分解者在生态系统中的基本功能是把动植物死亡后的残体分解为比较简单的化合物，最终分解为最简单的无机物并把它们释放到环境中去，供生产者重新吸收和利用。由于分解过程对于物质循环和能量流动具有非常重要的意义，所以分解者在任何生态系统中都是不可缺少的组成成分。如果生态系统中没有分解者，动植物遗体和残遗有机物很快就会堆积起来，影响物质的再循环过程，生态系统中的各种营养物质很快就会发生短缺并导致整个生态系统的瓦解和崩溃。由于有机物质的分解过程是一个复杂的逐步降解的过程，因此除了细菌和真菌两类主要的分解者，其他大大小小以动植物残体和腐殖质为食的各种动物在物质分解的总过程中都在不同程度地发挥着作用，如专吃兽尸的秃鹫，食朽木、粪便和腐烂物质的甲虫、白蚁、粪金龟子、蚯蚓和软体动物等。有人则把这些动物称为大分解者，而把细菌和真菌称为小分解者。

二是环境组分。环境组分包括辐射、大气、水体、土体。

辐射中最重要的成分来自太阳的直射辐射和散射辐射，通常称短波辐射。辐射成分里还有来自各种物体的热辐射，称长波辐射。

大气中的二氧化碳和氧气与生物的光合和呼吸关系密切，氮气与生物固氮有关。

环境中的水体存在形式有湖泊、溪流、海洋等，也可以地下水、降水的形式出现。水蒸气弥漫在空中，水分也渗透在土壤中。

土体泛指自然环境中以土壤为主体的固体成分，其中土壤是植物生长最重要的基质，也是众多微生物和小动物的栖息场所。自然环境通过其物理状况（如辐射强度、温度、湿度、压力、风速等）和化学状况（如酸碱度、氧化还原电位、阳离子、阴离子等）对生物的生命活动产生综合影响。

（2）生态系统结构

一是食物链。生产者所固定的能量和物质，通过一系列取食和被食的关系在生态系统中传递，各种生物按其取食和被食的关系而排列的链状顺序称为食物链。食物链中每一个生物成员称为营养级。我国民谚所说的"大鱼吃小鱼，小鱼吃虾米"就是食物链的生动写照。

按照生物与生物之间的关系可将食物链分成四种类型，即捕食食物链、碎屑食物链、寄生性食物链、腐生性食物链。

捕食食物链是指一种活的生物取食另一种活的生物所构成的食物链。捕食食物链都以生产者为食物链的起点。如植物→植食性动物→肉食性动物。这种食物链既存在于水域，也存在于陆地环境。如草原上，青草→野兔→狐狸→狼；湖泊中，藻类→甲壳类→小鱼→大鱼。

碎屑食物链是指以碎食（植物的枯枝落叶等）为食物链的起点的食物链。碎食被别的生物所利用，分解成碎屑，然后为多种动物所食构成。其构成方式：碎食物→碎食物消费者→小型肉食性动物→大型肉食性动物。在森林中，有90%的净生产是以食物碎食方式被消耗的。

寄生性食物链由宿主和寄生物构成，它以大型动物为食物链的起点，继之以小型动物、微型动物、细菌和病毒。后者与前者是寄生性关系。如哺乳动物或鸟类→跳蚤→原生动物→细菌→病毒。

腐生性食物链以动、植物的遗体为食物链的起点，腐烂的动、植物遗体被土壤或水体中的微生物分解利用，后者与前者是腐生性关系。

在生态系统中各类食物链具有以下特点：其一是在同一个食物链中，常包含有食性和其他生活习性极不相同的多种生物；其二是在同一个生态系统中，可能有多条食物链，它们的长短不同，营养级数目不等。由于在一系列取食与被取食的过程中，每一次转化都将有大量化学能变为热能消散，因此，自然生态系统中营养级的数目是有限的。在人工生态系统中，食物链的长度可以人为调节。

二是食物网。生态系统中的食物营养关系是很复杂的。由于一种生物常常以多种食物为食，而同一种食物又常常为多种消费者取食，因此食物链交错起来，多条食物链相连，形成了食物网。食物网不仅维持着生态系统的相对平衡，还推动着生物的进化，成为自然界发展演变的动力。这种以营养为纽带，把生物与环境、生物与生物紧密联系起来的结构，称为生态系统的营养结构。

（三）农业生态系统

1. 农业生态系统的概念及组成

（1）农业生态系统的概念

农业生态系统是指某一特定空间内农业生物与其环境之间，通过互相作用联结成进行能量转换和物质生产的有机综合体。人类生态系统的产生，第一阶段就是农业生态系统，它远远早于城市生态系统的出现。

农业生态系统是人工、半人工生态系统。农业生态系统的能量及能源除来自太阳辐射外，目前不同程度上需消耗石油能源、依赖于工业能的投入。农业生态系统也是一个具有一般系统特征的人工系统，它是人们利用农业生物与非生物环境之间以及生物种群之间的相互作用建立的，并按照人类需求进行物质生产的有机整体。其实质是人类利用农业生物来固定、转化太阳能，以获取一系列社会必需的生活和生产资料。农业生态系统是自然生态系统演变而来，并在人类的活动影响下形成的，它是人类驯化了的自然生态系统。因此，它不仅受自然生态规律的支配，还受社会经济规律的调节。

（2）农业生态系统的组成

农业生态系统与自然生态系统一样，也由生物与环境两大部分组成。但是生物以人工驯化栽培的农作物、家畜、家禽等为主。环境也是部分受到人工控制或全部经过人工改造的环境。在农业生态系统中的生物组分中增加了人这样一个大型消费者，其同时又是环境的调控者。

2. 农业生态系统的特点

农业生态系统是在人类控制下发展起来的。由于其受人类社会活动的影响，因此它与自然生态系统相比有明显不同。

（1）人类强烈干预下的开放系统

自然生态系统中生产者生产的有机物质全部留在系统内，许多化学元素在系统内循环平衡，是一个自给自足的系统；而农业生态系统是人类干预下的生态系统，目的是更多地获取农畜产品以满足人类的需要，由于大量农畜产品的输出，使原先在系统循环的营养物质离开了系统，为了维持农业生态系统的养分平衡，提高系统的生产力，农业生态系统就必须从系统外投入较多的辅助能，如化肥、农药、机械、水分排灌、人畜力等。为了长期地增产与稳产，人类必须保护与增殖自然资源，保护与改造环境。

（2）农业生态系统中的农业生物具有较高的净生产力、较高的经济价值和较低的抗逆性

由于农业生态系统的生物物种是人工培育与选择的结果，经济价值较高，但抗逆性差。往往造成生物物种单一，结构简化，系统稳定性差，容易遭受自然灾害。需要通过一系列的农业管理技术的调控来维持和加强其稳定性。

（3）农业生态系统受自然生态规律和社会经济规律的双重制约

由于农业生态系统是一个开放性的人工系统，有着许多能量与物质的输入与输出，因此农业生态系统不仅受自然规律的控制，也受社会经济规律的制约。人类通过社会、经济、技术力量干预生产过程，包括农产品的输出和物质、能量、技术的输入，而物质、能量、技术的输入又受劳动力资源、经济条件、市场需求、农业政策、科技水平的影响，在进行物质生产的同时，也进行着经济再生产过程，不仅要有较高的物质生产量，而且要有较高的经济效益和劳动生产率。因此，农业生态系统实际上是一个农业生态经济系统，体现着自然再生产与经济再生产交织的特性。

（4）农业生态系统具有明显的地区性

农业生态系统具有地域性，不仅受自然气候生态条件的制约，还受社会经济

市场状况的影响，因此要因地制宜，发挥优势，不仅要发挥自然资源的生产潜力优势，还要发挥经济技术优势。因此，农业生态系统的区划，应在自然环境、社会经济和农业生产者协调发展的基础上，实行生态分区治理、分类经营和因地制宜发展。

（5）系统的稳定性差

由于农业生态系统中的主要物种是经过人工选育的，因此对自然条件与栽培、饲养管理的措施要求越来越高，而且抗逆性较差；同时，人们为了获得高的生产率，往往抑制其他物种，使系统内的物种种类大大减少，食物链简化、层次减少，致使系统的自我稳定性明显降低，容易遭受不良因素的破坏。

3. 农业生态系统的分类

为便于人们研究与实际操作管理技术的运用，农业生态系统可以分成以下四类。

（1）农田生态系统

农田生态系统由作物与其生长发育有关的光、热、水、气、肥、土及作物伴生生物（土壤微生物、作物病虫和农田杂草）等环境组成。并通过与环境的作用完成产品的生产过程。

（2）森林生态系统

森林生态系统由以木本植物为主体的生物与其生长发育所需的光、热、水、气、肥、土及伴生生物等环境组成，并完成特定的林产品生产和农业水土保持功能的农业生态系统。它是多功能的生态系统，素有"农业水库""都市肺脏"美称。

（3）草原生态系统

草原生态系统由天然牧草、人工牧草及草食性农业动物为主体的生物种群与其生长发育所需的环境条件构成，并完成肉、奶、皮、毛等动物性农产品生产的农业生态系统。

（4）内陆淡水生态系统

内陆淡水生态系统是人们为发展农业生产，特别是为发展渔业经济而加以利用和改造的湿地、溪流、江河、湖泊、水库池塘等水域系统的总称。内陆淡水生态系统的功能，主要表现在各种水生生物产品的生产和为农田作物提供灌溉水源两大方面。

4. 农业生态系统结构

系统的结构通常是指系统的构成要素的组成、数量及其在时间、空间上的分布和能量、物质转移循环的途径。结构直接关系生态系统内物质和能量的转化循环特点、水平和效率，以及生态系统抵抗外部干扰和内部变化而保持系统稳定性的能力。

总体来讲，农业生态系统结构，指农业生态系统的构成要素以及这些要素在时间上、空间上的配置和能量、物质在各要素间的转移、循环途径。由此可见，农业生态系统的结构包括三个方面，即系统的组成成分、组分在系统空间和时间上的配置，以及组分间的联系特点和方式。

农业生态系统的结构，直接影响系统的稳定性和系统的功能、转化效率与系统生产力。一般说来，生物种群结构复杂、营养层次多，食物链长并联系成网的农业生态系统，稳定性较强；反之，结构单一的农业生态系统，即使有较高的生产力，但稳定性差。因此，在农业生态系统中必须保持耕地、森林、草地、水域有一定的适宜比例，从大的方面保持农业生态系统的稳定性。

5. 建立合理的农业生态系统结构

合理优化的农业生态系统应有以下四方面的标志。

①合理的农业生态系统结构应能充分发挥和利用自然资源和社会资源的优势，消除不利影响。

②合理的农业生态系统结构必须能维持生态平衡，这体现在输入与输出的平衡，农、林、牧比例合理适当，保持生态系统结构的平衡，农业生态系统中的生物种群比例合理、配置得当。

③合理的农业生态系统结构合理的多样性和稳定性。一般情况下，如果农业生态系统组成成分多，作物种群结构复杂，能量转化、物质循环途径多的农业生态系统结构，那么，抵御自然灾害的能力强、系统也较稳定。

④合理的生态系统结构应能保证获得最高的系统产量和优质多样的产品，以满足人类的需要。而要建立合理的农业生态系统结构就必须从以下方面着手：建立合理的平面结构；建立合理的垂直结构；建立合理的时间结构；建立合理的营养结构等。

农业生态系统的食物链结构是生物在长期演化过程中形成的，如果在食物链中增加新环节或扩大已有环节，则会使食物链中各种生物更充分地、多层次地利用自然资源，一方面使有害生物得到抑制，可增加系统的稳定性；另一方面使原来不能利用的产品再转化，可增加系统的生产量。

通常利用食物链的方式有两种，一为食物链加环，二为产品链加环。在食物链上加环可以分为生产加环、增益环、减耗环和复合环。在产品链上加环为产品加工环，严格地说，产品加工环不属于食物链范畴，但与系统关系密切，能直接决定本系统的功能。

二、生态农业的基本原理

（一）整体效应原理

1. 整体效应原理的含义

作为一个稳定高效的系统必然是一个和谐的整体，系统各组分之间应当有适当的比例关系和明显的功能分工与协调，只有这样才能使系统顺利完成能量、物质、信息的转换和沟通，并且实现"总体功能大于各部分之和"的效果，即"1+1>2"，这就是整体效应原理。比如，海洋中珊瑚礁之所以能够保持很高的系统生产力，得益于珊瑚虫和藻类组成的高效的植物—动物营养循环。通常情况下，失去了共生藻类的珊瑚虫会因为死亡而导致珊瑚礁逐渐"白化"，失去其鲜艳的色彩，那里的生物多样性也将锐减，从而造成系统的崩溃。再如豆科植物和根瘤菌的共生关系。

2. 整体效应原理在农业中的应用

生态农业建设的一个重要任务是通过整体结构实现系统的高效功能，农业生态系统是由生物及环境组成的复杂网络系统，由许许多多不同层次的子系统构成，系统的层次间也存在密切联系，这种联系是通过物质循环、能量转换、价值转移和信息传递来实现的，合理的结构能提高系统整体功能和效率，根据整体功能大于个体功能之和的原理，对整个农业生态系统的结构进行优化设计，利用系统各组分之间的相互作用及反馈机制进行调控，从而提高整个农业生态系统的生产力及其稳定性。

农业生态系统包括农、林、牧、副、渔等若干亚系统，种植业亚系统又包括作物布局，种植方式等。从具体条件出发，运用优化技术，合理安排结构，使总体功能得到最好发挥，系统生产力最大，是生态农业整体效应原理的具体体现。例如，在农田病虫害的防治方面，运用综合防治技术，减少农药的使用，达到防治效果，病虫害防治是农业生产中必须解决的大问题，通过构建综合防治体系，采用生态防治技术实现病虫害的有效控制，农田系统中各组分之间（农作物、病虫、天敌、人工辅助活动及生产环境）构成一个相互作用、不可分割、不容取代的统一整体，各组分之间密不可分的联系是通过物质循环、能量转换，信息传递来实现的。它们共同完成农田系统整体功能和农作物生育进程，任何一个单一组分都不可能独立地完成农田生态系统的整体功能和效益，任何一个环节、组分出现失衡必然导致农田系统的总体失衡，因此，农田病虫害防治不能仅将问题归结在农田病虫群体数量与植株的受损程度上，农田病虫危害是一个普遍存在的问题（农作物生长过程中必然伴随着病虫、天敌的生长过程），农作物病虫害防治不可能将病虫防治得干干净净，要树立农作物病虫危害程度大小是相对的，而农作物受病虫危害现象是绝对的整体观念；在农田防治中就注重从整体效应和效果来看待农作物病虫害危害，全面分析农田中各因素（组分）之间是否协调，避免仅从单一数量指标上确认农作物病虫害危害。另外，农田生态系统与周边环境系统存在着必然联系，周边环境发生改变也将会影响农田病虫消长变化。因此，要全面多角度来分析，不能孤立看待农田病虫害综合防治工作，避免为防治而防治的错误发生。

（二）生态位原理

1. 生态位原理的含义

（1）生态位的概念

生态位又称生态龛，是指生物在完成其正常生活周期时所表现出来的对环境综合适应的特征，是一种生物在生物群落和生态系统中的功能与地位，表示每个生物在环境中所占的阈值大小。比如，生存空间的大小，食性的大小，每日的和季节性的生态位，对不同环境条件的不同适应等。在自然界里，每一个特定位置都有不同种类的生物，其活动以及与其他生物的关系取决于它的特殊结构、生理和行为，每个物种都有自己独特的生态位，以便与其他物种做出区别。生态位又可分为空间生态位、营养生态位、超体积生态位、基础生态位和实际生态位等。

空间生态位是指每个物种在群落内中所处的空间位置。

营养生态位是指生物对其食物资源能够实际和潜在占据、利用或适应的部分。

超体积生态位是指种群在以资源环境或环境条件梯度为坐标而建立起来的多维空间中所占据的位置。

基础生态位是指一个物种在无别的竞争物种存在时所占有的生态位。基础生态位实际上只是一种理论上的生态位，以假定一个物种种群单独存在，无其他任何竞争环境资源的别的物种的干扰为前提，在这种情况下生态位边界的设定只取决于物理和食物因素。但实际上在此生态位边界以内总是有别的竞争物种存在要与之分享资源，因此任何物种种群占有的实际生态位要比理论上的生态位小一些。

实际生态位是指有别的物种竞争存在时的生态位。一个物种在无竞争种类存在时，它的生态位的大小就只取决于物理因素和食物因素。但是在通常情况下总是有别的竞争物种存在而要分享环境资源的，因此，生态位的超型空间比它独自占领时的要小，这就是该物种种群的实际生态位。

（2）生态位理论

生态位理论包括对生态位的测定及物种的生态位关系等，生态位测定作为一种反映物种与环境因子的吻合程度的指标或物种之间生态学相似程度或在利用资源方面相似性的一种度量指标，常用的有生态位宽度和生态位重叠等。

一是生态位宽度。生态位宽度又称生态位广度或生态位大小，是一个物种所能利用的各种资源总和。当资源的可利用性减少时，一般使生态位宽度增加，例如，在食物供应不足的环境中，消费者也被迫摄食少数次等猎物和被食者，而在食物供应充足的环境中，消费者仅摄食最习惯摄食的少数被食者，生态位宽度是生物利用资源多样性的一个指标。在现有资源谱中，仅能利用其一小部分的生物，就称为狭生态位的；能利用其很大部分的，则称为广生态位的。

生态位宽度的测定包括未考虑资源利用率的生态位宽度测定，在生态位空间中，沿着某一具体路线通过生态位的一段距离，生态位宽度是物种利用或趋于利用所有可利用资源状态而减少种内个体相遇的程度，或为生态专一性的倒数。

二是生态位重叠。生态位重叠是指两个或两个以上生态位相似的物种生活于同一空间时分享或竞争共同资源的现象，生态位重叠是两个物种在其与生态因子联系上的相似性，是种群对相同资源的共同利用，或者是共有的生态空间资源区域，生物群落中，多个物种取食相同食物的现象就是生态位重叠的一种表现，由此造成物种间的竞争，而食物缺乏时竞争加剧。

生态位重叠的两个物种因竞争排斥原理而难以长期共存，除非空间和资源十分丰富。通常资源总是有限的，因此生态位重叠物种之间竞争总会导致重叠程度降低，如彼此分别占领不同的空间位置和在不同空间部位觅食等。在向某一地区引进物种时，要考虑与当地物种的生态位重叠的问题。外来物种总因数量有限、对环境尚未适应等原因处于竞争的弱势，因此，如与当地物种生态位重叠过大将会导致引种失败。根据生态位理论，没有两种物种的生态位是完全相同的，如果生态位出现部分重叠，这时就会出现严酷的竞争，而如果弱者进入强者的生态领域中，就会出现"大鱼吃小鱼，小鱼吃虾米"的状况。

三是竞争排除原理。竞争排除原理是指两个互相竞争的物种不能长期共存于同一生态位，在同一地区，肯定不会有两个物种具有相同的生态位关系。占据同一生态位的竞争种之间存在任何平衡，而必然导致一个物种将另一物种完全排除。但自然界中存在着竞争物种共存现象，自然界中常可见到竞争物种共存于同一生境，很多共存的物种实际占有不同的生态位。共存的两个物种不可能完全相似（如在食性上），其相似性有一个极限，超过极限便可能发生激烈竞争乃至有一方被排除。这个临界的相似性称为极限相似性。

四是生态位分离。生态位分离是指两个物种在资源序列上利用资源的分离程度。生态位分离是指同域的亲缘物种为了减少对资源的竞争而形成的在选择生态位上的某些差别的现象。生态位分离是保持有生态位重叠现象的两个物种得以共存的原因，如无分离就会发生激烈竞争，致使弱势物种种群被消灭。

五是性状替换。性状替换可以理解为由于竞争造成生态分离的证明，指两个亲缘关系密切的物种若分布在不同的区域时，则它们的特征往往十分相似，甚至难以区别。但在同一区域分布时，它们之间的差异就明显，彼此之间必然出现明显的生态分离。这就会出现一个或几个特征的相互替换。这种性状替换现象是近缘物种之间相互激烈竞争的结果。

生态位理论表明：第一，在同一生境中，不存在两个生态位完全相同的物种；第二，在一个稳定的群落中，没有任何两个物种是直接竞争者，不同或相似物种必然进行某种空间、时间、营养或年龄等生态位的分异和分离；第三，群落是一个生态位分化了的系统，物种的生态位之间通常会发生不同程度的重叠现象，只有生态位上差异较大的物种，竞争才较缓和。物种之间趋向于相互补充，而不是直接竞争。

2. 生态位理论在农业上的应用

各种生物种群在生态系统中都有理想的生态位，在自然生态系统中，随生态演替进行，其生物种群数目增多，生态位丰富并逐渐达到饱和，有利于系统的稳定。而在农业生态系统中，由于人为措施，生物种群单一，存在许多空白生态位，容易使杂草病虫及有害生物侵入占据，因此需要人为填补和调整。

利用生态位原理，一方面把适宜的、价值较高的物种引入农业生态系统，以填补空白生态位，如稻田养鱼，把鱼引进稻田，鱼占据空白生态位，鱼既除草又除螟虫，又可促进稻谷生产，还可以产出鱼类产品，以提高农田效益。生态位原理应用的另一方面是尽量在农业生态系统中使不同物种占据不同的生态位，防止生态位重叠造成的竞争互克，使各种生物相安而居，各占自己特有的生态位，如农田的多层次立体种植、种养结合、水体的立体养殖等，能充分提高生产效率。

立体农业是生态位原理在农业生产中的体现，立体农业可以合理利用自然资源、生物资源和人类生产技能，实现由物种、层次、能量循环、物质转化和技术等要素组成的立体模式的优化。构成立体农业模式的基本单元是物种结构（多物种组合）、空间结构（多层次配置）、时间结构（时序排列）、食物链结构（物质循环）和技术结构（配套技术）。目前立体农业的主要模式有：丘陵山地立体综合利用模式；农田立体综合利用模式；水体立体农业综合利用模式；庭院立体农业综合利用模式。

（三）食物链原理

1. 食物链的认知

食物链是指生态系统中生物成员之间通过取食与被取食的关系所联系起来的

链状结构，食物网是指由许多长短不一的食物链互相交织成复杂的网状关系。食物链的类型可分为捕食食物链、腐食食物链、寄生食物链等。

食物链作为一种食物路径联系着群落中的不同物种，食物链中的能量和营养素在不同生物间传递。生态系统中的生物虽然种类繁多，但根据它们在能量和物质运动中所起的作用，可以归纳为生产者、消费者和分解者三类。

（1）生产者

生产者主要是绿色植物，能用简单的物质制造食物的自养生物，这种功能就是光合作用，也包括一些化学合成细菌，它们能够以无机物合成有机物，生产者在生态系统中的作用是进行初级生产，生产者的活动是从环境中得到二氧化碳和水，在太阳光能或化学能的作用下合成碳。因此，太阳能只有通过生产者，才能不断地输入到生态系统中，并转化为化学能力即生物能，成为消费者和分解者生命活动中唯一的能源。

（2）消费者

消费者属于异养生物，是指那些以其他生物或有机物为食的动物，它们直接或间接以植物为食。

（3）分解者

分解者也是异养生物，主要是各种细菌和真菌，也包括某些原生动物及腐食性动物，如食枯木的甲虫、白蚁以及蚯蚓和一些软体动物等。它们把复杂的动植物残体分解为简单的化合物，最后分解成无机物归还到环境中去，被生产者再利用。分解者在物质循环和能量流动中具有重要的意义，因为大约有90%的陆地初级生产量都必须经过分解者的作用而归还给大地，再经过传递作用输送给绿色植物进行光合作用，所以分解者又可称为还原者。

食物链上的每一个环节，被称为营养级，后一营养级从前一营养级摄取物质能量而生活。在不同营养级之间的物质能量转化传递中遵循"十分之一定律"，即上一级生物产量中进入下一级生产的部分只能有10%左右的能量转化为新的产量，其余则为生物的排泄物或呼吸消耗。因此，营养级层次的多少与能量的消耗密切相关。食物链越长，营养级层次越多，沿着食物链损失的能量就越多，能量的利用率也就越低。根据这一原理，为了减少物质能量在食物链转化传递过程中的损耗，食物链应尽量缩短，也就是说应尽早从农业生态系统中取出产品，以便把尽量多的物质能量输入人类社会系统，供给人们消费。

2. 食物链原理在农业生产中的应用

根据农业生态系统中能量流动与转化的食物链原理，可以调整农业生产体系中的营养关系及转化途径。自然生态系统中一般食物链层次多而长，并组成食物链的网络。而农业生态系统中，往往食物链较短且简单，这不仅不利于能量转化和物质的有效利用，还降低了生态系统的稳定性。因此，生态农业就是要根据食物链原理组建食物链，将各营养级上因食物选择所废弃的物质作为营养源，通过混合食物链中的相应生物进一步转化利用，使生物能的有效利用率得到提高。生态农业常以农牧结合为核心，将第一性生产与第二性生产有机统一起来，并通过食性选择使食物链加环，使生物能多层次利用，经济效益提高。如谷物喂鸡、鸡粪还田、蚯蚓喂鸡、鸡粪喂猪等形式都是食物链原理的应用。

在生态农业生产中通过食物链的加环，增加农业生态系统的稳定性，提高农副产品的利用率，提高能量的利用率和转化率，食物链加环的类型主要包括：增加生产环、引入转化环、引入抑制环等。

在生产中加入一个或几个生产环，能将非经济产品转化为经济产品，如低价值的秸秆、饼粕、部分粮食饲养牛羊等。在蜜源植物开花之际，人工放蜂，利用蜜蜂的作用，既能增加果树的授粉率，又能获得蜂蜜等经济产品。

（1）增益环

增益环是指虽不能直接生产出商品，但有利于生态环境的改善或间接提高生产环效率的加环。如处理废渣、垃圾利用等环节。

（2）减耗环

减耗环是指通过引入一个新的环节或增大一个已有的环节，从而减少生产耗损，增加系统生产力，可以取得成本低而又不会造成环境污染的最佳效益。如利用生物防治病虫害技术等。

（3）复合环

复合环是指具有两种以上功能的环节，复合环的加入把几个食物链串联在一起，以增加系统产出，提高系统效能，它是起到生产环、增益环、减耗环多种功能的加环。如种、养结合物质循环利用，在系统中一个生产环节的产出是另一个生产环节的投入，形成一股复合环，使系统中的废弃物多次循环利用，从而提高能量的转换率和资源利用率，获得较大的经济效益，并能有效防止农业废弃物对农业生态环境的污染。

（四）物质循环与再生原理

1. 物质循环与再生原理的含义

物质循环是指物质在生态系统中循环往复分层分级利用。再生原理是指生态系统中，生物借助能量的不停流动，一方面不断地从自然界摄取物质并合成新的物质，另一方面又随时分解为原来的简单物质，即所谓"再生"，重新被系统中的生产者——植物所吸收利用，进行着不停顿的物质循环。

地球以有限的空间和资源，长久维持着众多生物的生存、繁衍和发展，奥秘就在于物质能够在各类生态系统中，进行区域小循环和全球地质大循环，循环往复，分层分级利用，从而达到取之不尽、用之不竭的效果。而没有物质循环的系统，就会产生废弃物，造成环境污染，并最终影响到系统的稳定和发展。中国古代的"无废弃农业"，就是利用物质循环生态工程最早和最典型的一种模式。

任何一个生态系统都有自身适应能力与组织能力，可以自我维持和自我调节，而其机制是通过生态系统中物质循环利用和能量流动转化。自然生态系统通过对大气的生物固氮而产生氮素平衡机制，从土壤中吸收一定的养分维持生命，然后又通过根茎、落叶、残体腐解归还土壤。

物质循环与再生包括能量多级利用和物质循环再生两层含义。两者都是指循环的是物质，能量的多级利用是指利用的是能量。比如，秸秆燃烧发电，发电是指能量，而且如果改成秸秆燃烧后做肥料就是指物质的循环再生和物质的多级利用。

物质多级利用和物质的循环再生是有区别的，但几乎物质的循环再生都包含了物质多级利用，所以区别不是很大。如桑基鱼塘、垃圾的减量化都可以说是物质多级利用和物质的循环再生。

2. 物质循环与再生原理在农业生产中的应用

桑基鱼塘是池中养鱼、池埂种桑的一种综合养鱼方式，是我国劳动人民在长期的生产劳动中总结出的充分利用物质循环与再生，将生态效益、经济效益和社会效益三统一的农业生产体系，提高了农业生产效率。

"桑"模式从种桑开始，通过养而结束于养鱼的生产循环，构成了桑、蚕、鱼三者之间密切的关系，形成池埋种桑、桑叶养蚕、蚕茧缓丝、蚕沙、蚕蛹、缫丝废水养鱼、鱼粪等泥肥肥桑的比较完整的能量流系统。在这个系统里，蚕丝为中间产品，不再进入物质循环；鲜鱼才是终级产品，供人们食用。系统中任何一个生产环节的好坏，也必将影响到其他生产环节。珠江三角洲有句俗谚说"桑茂、蚕壮、鱼肥大，塘肥、基好、蚕茧多"，充分说明了桑基鱼塘循环生产过程中各环节之间的联系。

桑基鱼塘系统中物质和能量的流动是相互联系的，能量的流动包含在物质的循环利用过程中，随着食物链的延伸逐级递减。能量的多级利用和物质的循环利用：桑叶喂蚕，蚕产蚕丝；桑树的凋落物和蚕粪落到鱼塘中，作为鱼饲料，经过鱼塘内的食物链过程，可促进鱼的生长。

第三节　生态农业的技术类型与模式分析

一、生态农业的技术类型

（一）充分利用土地资源的农林立体结构类型

农业生产中单一种群落的物种多样性低，资源利用率低，抗逆能力弱，其稳产高产的维持依赖于外部人工能量的持续输入，由此带来了生产成本高、产品竞争力弱的问题。立体种植则是利用自然生态系统中各生物种的特点，通过合理组合，建立各种形式的立体结构，以达到充分利用空间、提高生态系统光能利用率和土地生产力、增加物质生产的目的。农业中的立体结构是空间上多层次和时间上多顺序的产业结构，其目标是实现资源的充分、有效利用。

植物立体结构的设计要充分考虑物种本身的生物学特性，在组建植物群体的垂直结构时，需充分考虑地上结构（茎、枝、叶的分布）与地下结构（根的分布）的情况，合理搭配作物种类，使群体能最大限度地、均衡地利用不同层次的土壤水分和养分，同时达到间作互利、用养结合的效果。例如，高秆与矮秆作物的间作套种模式、果园间作花生或蔬菜等。

农林立体模式林业生产的立体结构主要是根据林木的立地条件，通过乔、灌、草三层（上、中、下）对林中时空资源进行充分合理开发利用，并根据生物共生、互生原理，选择和确定主要种群与次要种群，建造共存共荣的复合群落。农林系统是在同一地块上，将农作物生产与林业、畜牧业生产同时或交替地结合起来，使土地总生产力得以提高的持续性土地经营系统。如"林果—粮经"立体生态模式、枣—粮间作和桐—棉间作模式。

按照生态经济学原理使林木、农作物（粮、棉、油），绿肥、鱼、药（材）、（食用）菌等处于不同的生态位，各得其所，相得益彰，既充分利用太阳辐射能和土地资源，又为农作物营造一个良好的生态环境。这种生态农业类型在我国普遍存在，数量较多，大致有以下三种形式。

第一，各种农作物的轮作、间作与套种。其主要类型有：豆、稻轮作；棉、麦、绿肥间套作；棉花、油菜间作；甜叶菊、麦、绿肥间套作。

第二，农林间作。农林间作是充分利用光、热资源的有效措施，我国采用较多的是桐—粮间作和枣—粮间作，还有少量的杉—粮间作。

第三，林药间作。此种间作主要有吉林省的林、参间作，江苏省的林下栽种黄连、白术、绞股蓝、芍药等。林药间作不仅大大提高了经济效益，还塑造了一个山青林茂、整体功能较高的人工林系统，大大改善了生态环境，有力地促进了经济、社会和生态环境的良性循环发展。

除了以上各种间作，还有海南省的茶胶间作，种植业与食用菌栽培相结合的各种间作，如农田种菇、蔗田种菇、果园种菇等。

（二）物质能量的多级循环利用类型

农业生态系统的物质循环和能量转化，是通过农业生物之间以及它们与环境之间的各种途径进行的，系统的各营养级中的生物组成即食物链构成是人类按生产目的而精心安排的。另外，农业生态系统各营养级的生物种群，都是在人类的干预下执行各种功能，输出各种人类需求的产品。如果人们遵循生物的客观规律，按自然规律来配置生物种群，通过合理的食物链加环，为疏通物质流、能量流渠道创造条件，那么生态系统的营养结构就会更科学合理。

农业生态系统与其他陆地生态系统一样，其营养结构包括地上部分营养结构和地下部分营养结构，地上部分营养结构通过农田作物和禽、畜、鱼等生物，把无机环境中的二氧化碳、水、氮、磷、钾等无机营养物质转化成为植物和动物等有机体；地下部分营养结构是通过土壤微生物，把动物、植物等有机体及其排泄物分解成无机物。因此，地上生物之间，地下生物之间以及地下与地上生物之间，物质及能量可以相互利用，从而达到共生和增产的目的。

农业生产上可模拟不同种类生物群落的共生功能，包含分级利用和各取所需的生物结构，从而在短期内取得显著的经济效益。例如，利用秸秆生产食用菌和蚯蚓等的生产设计，秸秆还田是保持土壤有机质的有效措施，但秸秆若不经过处理直接还田，则需要很长时间的发酵分解，才能发挥肥效。在一定的条件下，利用糖化过程先把秸秆变成饲料，然后利用家畜的排泄物及秸秆残渣培养食用菌；生产食用菌的残余料再用于繁殖蚯蚓，最后才把剩下的残物返回农田，收效就会好很多，且增加了沼气生产、食用菌栽培、蚯蚓养殖等产生的直接经济效益。

（三）相互促进的物种共生类型

相互促进的物种共生模式是按生态经济学原理把两种或三种相互促进的物种组合在一个系统内，以达到共同增产、改善生态环境、实现良性循环的目的。这种生物物种共生模式在我国主要有稻田养鱼、稻田养蟹、鱼蚌共生、禽鱼蚌共生、稻—鱼—萍、苇—鱼—禽共生、稻鸭共生等多种类型。

（四）农—渔—禽水生类型

农—渔—禽水生系统是充分利用水资源优势，根据鱼类等各种水生生物的生活规律和食性以及在水体中所处的生态位，按照生态学的食物链原理进行组合，以水体立体养殖为主体结构，以充分利用农业废弃物和加工副产品为目的，实现农—渔—禽综合经营的农业生态类型。这种系统有利于充分利用水资源优势，把农业的废弃物和农副产品加工的废弃物转变成鱼产品，变废为宝，减少了环境污染，净化了水体。特别是该系统再与沼气相结合，用沼渣和沼液作为鱼的饵料，使系统的产值大大提高，成本更加降低。

（五）山区综合开发的复合生态类型

山区综合开发是一种以开发低山丘陵地区资源，充分利用山地资源的复合生态农业类型，通常的结构模式为林—果—茶—草—牧—渔—沼气，该模式以畜牧业为主体结构。一般先从植树造林、绿化荒山、保持水土、涵养水源等入手，着力改变山区生态资源，然后发展牧业和养殖业。根据山区自然条件、自然资源和物种生长特性，在高坡处栽种果树、茶树；在缓平岗坡地引种优良牧草，大力发展畜牧业，饲养奶牛、山羊、兔、禽等草食性畜禽，其粪便养鱼；在山谷低洼处开挖精养鱼塘，实行立体养殖，塘泥作农作物和牧草的肥料。

这种以畜牧业为主的生态良性循环模式无三废排放，既充分利用了山地自然资源优势，获得较好的经济效益，又保护了自然生态环境，达到经济、生态和社会效益的同步发展。

二、生态农业的模式

（一）农、林、牧、渔、加复合生态农业模式

1. 农、林、牧、加复合生态模式

农、林、牧、加复合生态农业模式主要包括农林复合生态模式，林牧复合生态模式，农、林、牧复合生态模式和农、林、牧、加复合生态模式四个基本类型。

（1）农林复合生态模式

农林复合生态模式分布较广，类型较为丰富，主要有农林模式、农果模式、林药模式、农经模式等类型。农林模式在我国北方广大地区已普遍采用，尤其在黄河平原风沙区农田营造防护林，有效地控制了风沙灾害，改善了农田小气候，起到了保肥、保苗和保墙作用，保证了农作物的稳产丰收。常见的有点、片、条、网结合农田防护林，桐—粮间作和杨—粮间作等模式。

农果模式是以多年生果树与粮食、棉花、蔬菜等作物间作。常见的有枣—粮、柿—粮、杏—粮和桃—粮间作等模式。林—药模式是依据林下光照弱、温度低的特点，在林下栽种黄连、芍药等，使不同的生态位合理组配。农经模式是以

多年生的灌木与粮食、牧草、油料及一年生草本经济作物进行间作，主要的搭配有粮、桑草、桐（油桐）豆、茶（油茶）瓜等。

农林复合生态模式的主要技术包括林果种植、动物养殖及种养搭配比例等。配套技术包括饲料配方技术、疫病防治技术、草生栽培技术和地力培肥技术等。以湖北的林—鱼—鸭模式、海南的胶林养鸡和养牛最为典型。

（2）林牧复合生态模式

林牧复合生态模式是在林地或果园内放养各种经济动物，以野生取食为主，辅以必要的人工饲养，生产较集约化，养殖更为优质、安全的多种畜禽产品，其品质接近有机食品。主要有"林—鱼—鸭""胶林养牛（鸡）""山林养鸡""果园养鸡（兔）"等典型模式。

（3）农、林、牧复合生态模式

林业子系统为整个生态系统提供了天然的生态屏障，对整个生态系统的稳定起着决定性的作用；农业子系统则提供粮、油、蔬、果等农副产品；牧业子系统则是整个生态系统中物质循环和能量流动的重要环节，为农业子系统提供充足的有机肥，同时生产动物蛋白。因此，农、林、牧三个子系统的结合，有利于生态系统的持续、高效、协调发展。

（4）农、林、牧、加复合生态模式

农、林、牧复合生态系统再加上一个加工环节，使农、林、牧产品得到加工转化，能极大地提高农、林、牧产品的附加值，有利于农产品在市场中的销售，使农民能增产增收、整个复合生态系统进入生态与经济的良性循环。

2. 农、牧、渔、加复合生态模式

（1）农、渔复合生态模式

农、渔复合生态模式以稻田养鱼模式最为典型，通过水稻与鱼的共生互利，在同一块农田上同时进行粮食和渔业生产，使农业资源得到更充分的利用。在稻田养鱼生态模式中，运用生态系统共生互利原理，将鱼、稻、微生物优化配置在一起，互相促进，达到稻鱼增产增收。水稻为鱼类栖息提供荫蔽条件，枯叶在水中腐烂，促进微生物繁衍，增加了鱼类饵料，鱼类为水稻疏松表层土壤，提高通透性和增加溶氧，促进微生物活跃，加速土壤养分的分解，供水稻吸收，鱼类为水稻消灭害虫和杂草，鱼粪为水稻施肥，培肥地力。这样所形成的良性循环优化系统，其综合功能增强，向外输出生物产量能力得以提高。

（2）农、牧、渔复合生态模式

农、牧、渔模式将农、牧、渔、食用菌和沼气合理组装，在提高粮食生产的同时，开展物质多层次多途径利用，发展畜禽养殖，使粮、菜、畜、禽、鱼和蘑菇均得到增产，并使人们的经济收入逐步提高。

（二）种、养、加复合模式

种、养、加复合模式是将种植业、养殖业和加工业结合在一起，相互利用相互辅助，以达到互利共生、增产增值为目的的农业生态模式。种植业为养殖业提供饲料饲草，养殖业为种植业提供有机肥，种植业和养殖业为加工业提供原料，加工业产生的下脚料为养殖业提供饲料。其中利用秸秆转化饲料技术、利用粪便发酵和有机肥生产技术是平原农牧业持续发展的关键技术。例如，用豆类做豆腐、以小麦磨面粉等，以加工厂的下脚料（如豆渣、麸皮）喂猪，猪粪入沼气池，沼肥再用于种植无公害水稻、蔬菜等；沼气可用于烧饭和照明。

（三）观光生态农业模式

观光生态农业模式是以生态农业为基础，强化农业的观光、休闲、教育和自然等多功能特征，形成具有第三产业特征的一种农业生产经营形式。它主要包括高科技生态农业园、精品型生态农业公园、生态观光村和生态农庄四种模式。

（四）设施生态栽培模式

设施生态栽培模式是通过以有机肥料全部或部分替代化学肥料（无机营养液），以生物防治和物理防治措施为主要手段进行病虫害防治，以动、植物的共生互补良性循环等技术构成的新型高效生态农业模式。

（五）生态畜牧业生产模式

生态畜牧业生产模式是利用生态学、生态经济学、系统工程和清洁生产理论及方法进行畜牧业生产的过程，其目的在于达到保护环境、资源永续利用，同时生产优质的畜产品。

生态畜牧业生产模式的特点是在畜牧业全程生产过程中既要体现生态学和生态经济学的理论，也要充分利用清洁生产工艺，从而达到生产优质、无污染和健康的农畜产品；其模式成功的关键在于实现饲料基地、饲料及饲料生产、养殖及生物环境控制、废弃物综合利用及畜牧业粪便循环利用等环节能够实现清洁生产，实现无废弃物或少废弃物生产过程。根据规模和与环境的依赖关系，现代生态畜牧业可以分为复合型生态养殖场和规模化生态养殖场两种生产模式。

第四节　生态农业绿色发展的基础与条件

一、生态经济学理论

（一）生态农业绿色发展观

生态农业是在环境得到保护和自然资源得到合理利用的前提下，人与自然变换中所取得的符合社会需要的标准质量的劳动成果与劳动占用和资源耗费的关系。所谓生态农业绿色发展观，就是指生态农业经济系统与社会经济系统之间，物质变换、价值转换、资源消耗所体现的劳动占用与产品生态价值关系。这样表述的理由如下。

一是随着社会生产力的发展，人们生活质量的提高，人类对自身的发展及其与自然资源物质变换的关系认识越来越深刻，价值追求越来越高，人们的生活质量不仅表现在经济发展上，更是表现在生态价值上。这表明人类对社会进步和经济发展问题以及生活质量有了更深层次的理解、认识和判断，因而要求我们对生态农业绿色发展的认识必须从单纯性的经济评判观，转变为经济发展和价值取向的综合性评判观，即生态价值观。

二是生态农业供给结构创新着力于综观经济效益，并通过绿色发展反映效益的质量，涵盖了更广的内容。只讲经济效益，而不讲生态效益，或只讲微观经济效益不讲宏观经济效益，都不是一种全面的经济效益。生态农业供给结构绿色创新，既讲人与自然的价值关系，也讲人与人之间的发展关系。它要求人类的经济活动必须把微观效益和宏观效益结合起来，达到经济效益与生态效益的有机统一。

三是人作为一种生态对象性存在，意味着人的发展以生态农业产业实际的、感性的生态对象作为存在的确证，作为自身发展的确证，并且其只能借助实际的、感性的生态对象来获得自身的发展，证实生态农业绿色发展与自身发展的统一。生态农业现实对人的发展来说不仅是生态对象性的纯粹客体、直观的生态现实，而且是人的自身发展的现实，是人的自身发展本质力量的表现。人在生态自然界中的存在，其实就是人通过生态自然界而获得自身发展的自我确证活动。因为人和生态自然的实在性，即人对人来说作为生态自然的存在以及生态自然界对人来说作为人的存在，已经变成某种异己的存在物，关于凌驾于生态自然和人之上的存在物的问题，即包含着对生态自然和人的非实在性的承诺问题。

四是人的创造性与生态规律性的统一。马克思生态思想就是一个有规律的人的创造性与生态规律性的统一，认为人的创造就是一个有规律的人的创造性实践过程。一方面，人的创造性发展是主体满足自身的需要，实现其价值选择的过程，即符合人的主体创造目的的进程；另一方面，生态发展又是主体认识和遵循生态客观规律的进程，而不是主体不受任何生态必然性的制约、任意选择价值的过程。这从两个方面，即人的创造性的目的性与生态规律的有机统一，构成了人的内在力量与外在生态效益的统一。

（二）生态经济学理论及复合生态系统理论

这里在生态效益研究的基础上，着重对生态经济及复合生态系统理论进行分析，为后面系统研究生态农业绿色发展提供理论基础和分析框架。

1. 生态经济学理论

生态经济学的产生归功于生态学向经济社会问题研究领域的拓展，其通过对人类社会发展所需要的环境效应产生的一系列资源耗竭、生态退化、环境污染等问题的反思，提出经济发展应当根据自然生态原则，转变现有的生产和消费模式，使其能够以最低限度的资源、环境代价实现最大限度的经济增长，从而为深入理解和认识产业系统、结构系统、环境系统、产品系统的生态特征与规律提供全新的途径和方法，也为在保持经济增长的同时解决资源利用与环境污染问题提供了理论和分析策略。生态经济学将人类经济系统视为更大整体系统的一部分，研究范围是经济部门与生态部门之间相互作用的效应及效益。其解决的问题包括环境系统的良性循环、循环经济的良性发展、可持续发展的效应及规模、利益的公平分配和资源的有效配置。

在研究内容方面，生态经济学以研究生态经济系统的运行发展规律和机理为主要内容，包括经济学中的资源配置理论和分配理论，生态学中的物质循环和能力流动理论；生态平衡与经济平衡，经济规律与生态规律，经济效益与生态效益的相互关系。从应用研究方面，生态经济学主要研究国家生态、区域生态、流域生态、企业生态和整个地球生态在遇到种种问题时，涉及的各种政策的设计与执行、国家政策与立法、国际组织与协议的制定等。

2. 复合生态系统理论

系统科学自贝朗塔菲创立以来，发展和运用极为迅速，不仅在应用领域显示出其强大的生命力和活力，同时在管理领域，包括环境管理、经济管理、社会管理、流域管理领域也显示出其强大的生命力和活力。系统科学是研究系统的一般性质、运动规律、系统方法及其应用的学科，被认为是 20 世纪最伟大的科学革命成果之一。它的产生和运用化解了人们认识能力有限的问题，从而把复杂系统割裂为若干子系统，促进了最基本要素的研究对科学发展作用的发挥，进一步认清了事物之间的相互联系，生态环境之间的相互效应，经济结构之间的相互制约，生态结构与经济结构之间的相互平衡。系统科学的产生和运用，为人们提供了新的认识和处理复杂系统的理论和方法，使事物的整体研究成为可能，使经济社会系统相互制约成为现实。

从生态系统的组成角度看，生态系统是由两个以上相互联系的要素组成的，是环境整体功能和综合效益行为的集合。该定义规定了组成生态系统的三个条件：一是组成生态系统的要素必须是两个或两个以上，它反映了生态系统的多样性和差异性，是生态系统不断演化和变迁的重要机制；二是各生态要素之间必须具有关联性，生态环境系统或低碳经济系统中不存在与其他要素无关的孤立要素，它反映了生态环境或低碳经济系统各要素相互作用、相互依赖、相互激励、相互补充、相互制约、相互转化的内在相关性，也是生态系统不断演化的重要机制；三是生态系统的整体功能和综观行为必须不是生态系统每个单个要素所具有的，而是由各生态要素通过相互作用而涌现出来的。

由此可见，对于资源产业供给结构绿色的综合研究，必须借助于系统科学理论中的复合生态系统理论，基于资源供给结构绿色创新的视野，从理解创新、协调、绿色、开放、共享的新发展理念角度来进行系统研究。

（三）利益集团的生态价值维度分析

1. 生态价值维度的含义

生态价值具有自己的核心价值要素和核心价值边界，当生态自然环境遭到损害或破坏的时候，就会产生一种新的价值形态和新的效益形态。生态价值和生态效益就是工业经济和农业经济发展到一定阶段的产物，也会产生与新的价值形态和效益形态相适应的一系列新政策、新制度、新理念、新观念、新行为及新方式，以维护其价值取向、价值发展、价值要素；同时，也会产生与价值维度相适应或不相适应的利益集团，出现价值维度的和谐状态或矛盾状态。生态价值维度所体现的原则就是开放、对等、共享以及全球运作，也是生态经济发展和生态效益实现的基本要求以及基本战略。

2. 生态利益集团是生态价值维度的主体

生态经济发展过程中，多种因素相互作用而产生不同的利益集团，因而产生不同的价值维度主体。碳排放量和减排量会产生两个不同的利益集团，并产生两者之间的矛盾，碳排放者损害了相关者的利益，而受损者没有得到相应的生态补偿，也就失去了受损者的生态价值维度。碳排放者没有承担相应的责任，也就失去了生态价值维度的责任担当。由此，生态环境损害者和被损害者构成了生态价值两个不同的利益主体，两者之间的矛盾是否得到解决，其衡量标准就是生态价值的维度。

3. 民生是生态维度的价值所在

民生改善需要经济的发展，而经济发展在某种程度上又势必会对生态环境产生影响，如何保持经济、民生和生态三者的均衡发展，也就成为生态经济发展必须研究和解决的重要问题。马克思主义生态观主张人与自然环境的辩证统一，既承认自然环境条件的先在性，也强调人在自然环境面前的主观能动作用，即人的主体性。用当今的话来说就是坚持以人为本，必须解决和处理经济发展、生态保护与民生改善之间的内在关系，以民生利益为重。民众的生态权益维护好了，民众的生态参与权和监督权得到了实现，也就从根本上解决了经济为谁发展、生态如何发展、低碳靠谁发展的问题。这也是生态价值依靠谁来创造、依靠谁来维护的问题，从这个意义上来说，民生就是生态维度的价值所在。

二、区域经济理论

（一）区域经济的概念及特征

1. 区域经济的概念

在区域经济学理论中，区域是指经济活动相对独立、内部联系较为紧密、具有特定功能的地域空间。例如，经济作物主产区、经济作物产品加工的主产区。区域经济是指一个国家经济的空间系统，是经济区域内社会经济活动和社会经济关系的总和。区域经济反映不同地区内经济发展的客观规律及其内涵与外延的相互关系。

2. 区域经济的特征

（1）生产具有综合体特性

区域经济是在一定区域内经济发展的内部因素与外部条件相互作用下而产生的生产综合体。每一个区域的经济发展都受自然条件、社会经济条件和宏观政策等因素的制约。自然资源中的水分、热量、光照、土地和灾害频率都影响着区域经济的发展。在一定生产力发展条件下，区域经济的发展程度受投入的资金、技术和劳动等因素的制约，宏观政策是影响区域经济发展的重要因素。

（2）区域经济具有资源体特性

区域经济是一个综合性的关于经济发展的地理概念，具有资源开发和资源运用的资源体特性。区域内的土地资源、自然资源、人力资源和生物资源的开发和利用，是生态农业产业效益提高的影响要素。区域生产力布局的科学性和生态农业产业效益并不单纯反映在经济指标上，还要综合考虑社会总体经济效益和地区的生态效益。衡量区域经济是否合理发展，生态农业产业效益是否正常提高，应当有一个指标体系。从地区经济发展情况来看，一般包括以下几个方面。考虑农业发展的总体布局和生态安全，分析地区生态农业产业效益的地位和作用，生态农业绿色发展的速度和规模是否适合当地的情况；农业和非农产品的开发和建设方案能否最合理地利用本地的自然资源和保护生态环境；地区内各生产部门的发展与整个区域经济的发展是否协调；除生产部门外，还要进行能源、水利、交通、电信、医疗卫生、文化教育等区域性的基础设施建设，注意生产部门与非生产部门、产业效益与生态效益、经济效益与社会效益的相互作用关系。

（3）地区之间的全要素生产率差异很大

中国是一个典型的具有二元经济结构特征的国家，地区之间全要素生产率的差异很大。中、西部地区全要素生产率的提升不够，生态农业产业化发展不充分，主要靠的是要素投入的增长。中西部地区具有更廉价的劳动力和资源优势，因此中西部地区生态农业产业增长要素投入对经济增长的贡献力度在加大，而全要素生态农业绿色发展对农民收入增长的贡献度则在下降。这说明地区之间的生态农业绿色发展具有不同步性，全要素生产率有趋同的态势，同时也有趋异的影响因素和内部机理。

（二）生态农业主产区的概念与农业产业效益

1. 生态农业主产区的概念

区位是人类生产行为活动的空间，是地球上某一事物的空间几何位置，是自然界的各种地理要素与人类经济社会活动之间的相互作用在空间位置上的反映。区位是自然地理区位、经济地理区位和交通地理区位在空间地域上有机结合的具体表现。生态农业主产区，是指生态农业全要素在一定区域内的相互作用、相互依赖、相互制约共同构成生态农业劳动生产率的总称。具体来讲，生态农业主产区理论，是研究生态农业生产活动经济行为的空间区位及其空间全要素经济活动优化组合的理论，它探讨的是生态农业生产全要素作用的发挥、生态农业产业效益以及生态农业主产区对生态农产品主销区的贡献。

2. 生态农业主产区的特征

（1）具有生态农业产业化生产的资源特性

生态农业主产区是特定的自然资源、经济资源、社会资源被一定区域所开发利用，并产生一定效益的经济过程的地理形态。一个经济作物主产区的资源是特定的，但资源的开发、利用与消费是生态农业产业化实现的资源条件。从生态农业生产的资源利用和产业效益的关联度看，生态农业资源及其产业效益实现的市场越广阔，对其生态农业产业效益的吸引力就越大，效益关联度就越高，与之相关的生态农业产业效益的区域性将随之扩张，出现生态农业产业效益关联性区域扩展现象。因此，一个经济作物主产区的主导产业的选择及其生态农业产业化形成过程，要么是该生态农业产业对该区域内的其他产业具有拉动与吸引作用，形成与生态农业产业相关的产业链；要么是生态农业产业化具有区域扩展力，能在更大市场空间内实现其产品价值和产业效益，并在区外找到相关联产业；要么是生态农业产业化对其他产业具有较大的影响力，区域生态农产品生产可行性与效益敏感度比较高，如生态农业产业效益实现的水利设施条件、土地条件等。这些自然资源构成了生态农业产业化实现的基础。

（2）生产条件和风险因素的区域差异特性

在进行生态农产品生产条件区域比较前，我们先来考察一下风险的影响。这些情况不仅表现为或多或少有些风险的区域经济作物生产供给和可获得的劳动力存在差异，而且表现在生态农业生产区域内的风险也有所不同。生态农产品生产在某一区域与另一区域所遇到的生态风险是不同的，如含有色金属土壤所产出的农产品给人的健康带来危害，预期不到的生态农业生产的生态效益损失和关联风险承担可能不同，即使生态农业产业化生产的条件相同。

如果生态农业产业化生产条件不变，生态农业生产情况越稳定以及能预料到的各种风险越多，则其生态农业产业效益损失就会越小。在某些经济作物主产区，毁灭性的霜冻、虫灾和洪灾等导致生态农业产业效益损失较大，结果是与其他产业相比生态农业产业化生产自然深受打击。的确，经济作物主产区这样的风险要素与农业产业效益相关。生态农业生产在气候变化无常的土地上进行生产要面临着各种自然条件的抗争。因此，经济作物主产区生产要素的不同属性，也必须重视这一点，使用某些生产要素会导致突然损失，因此，它们只能同能承担风险的资本和劳动力要素联合使用。但是，似乎可以把经济作物主产区生产条件如此缺乏稳定性，看作是生产要素配置和一定时期的区域生产条件的特殊情况。总之，无论用哪种方式对待这一问题，经济作物主产区生产条件的不稳定性将始终制约生态农业产业效益的提升，因此，务必充分考虑和切实重视生产条件要素和风险影响因素。

（3）生态农业主产区要素供给的影响特性

经济作物主产区影响了生产要素的价格，进而影响了生态农产品生产要素的供给，而生态农业产业效益的部分影响正是由此造成的。要阐释生态农业产业效益影响的本质，一般来说，应从分析供给弹性入手。为了弄清楚该问题，有必要区别要素的两种影响，即对经济作物主产区相对价格以及对生态农业主产区商品形式表现出来的某种要素价格变化的影响。

首先，我们来分析生态农业主产区劳动力要素的供给，如生态农业主产区的非熟练劳动者、熟练劳动者，一定的劳动力是生态农业主产区产业效益提高的必要条件。劳动力素质高的生态农业主产区有利于发展精耕细作的现代化农业；反之，只能发展传统的粗放型农业。大量技术型、特殊化农业劳动力的移入可以提高生态农业主产区的绿色发展水平。

其次，从市场规模供给来分析，市场是生态农业产业效益产生的空间，也是其生态农产品价值实现的场所，生态农产品市场规模影响生态农业产业效益的持续性及合理性。一定的生态农产品生产规模是生态农业产业效益实现的前提。生态农产品市场规模决定生态农产品生产效益，生态农产品生产规模过小，生态农业产业效益就低。生态农产品市场规模也影响生态农业产业效益类型，在生态农产品市场供求规律作用下，当生态农产品供不应求时，生态农业生产的规模就会扩大；反之，生态农业生产的规模就会缩小。因此，农产品主产区的生态农业产业效益受到多种因素影响。

最后，消费结构的变化对生态农业产业效益的影响特性。社会经济和人们生活水平的提高会引起消费结构的变化，进而导致生态农产品产业化规模及结构的变化。农业构成中，水稻产值及播种面积下降，而蔬菜、水果、畜牧产值及种养规模增加。因此，消费结构是生态农业产业效益的影响因素之一。

（三）农产品主销区与生态农业产业效益

农产品主销区有两种类型，一类是国内的经济发达地区，如我国的沿海经济发展较快的省市，这类省市是农产品对外贸易发展的便利地区；另一类是国外的农产品主销区，如欧洲的部分国家，以及非洲的部分贫困国家，这类农产品的供给表现为农产品国际贸易价格，农产品的国内外贸易价格是在国内外贸易中实现的。

1. 经济增长为农产品主销区提供贸易条件

自经济学产生以来，经济增长就成为最令人感兴趣的话题。农业生态经济的增长为生态农产品主销区提供了贸易条件。亚当·斯密（Ada m S mith）是经济增长理论的先驱，对贸易起源以及国家财富积累和增长问题的研究开启了经济增长理论体系的大门。随后，大卫·李嘉图（David Ricardo）、托马斯·罗伯特·马尔萨斯（Tho mas Robert Malthus）等学者继承并发展了斯密的观点，构建了古典经济学派，强调资本积累和劳动分工对于经济增长的贡献。古典学派另外一个巨大的贡献在于提出了国际贸易分析框架，例如斯密用"绝对优势"理论解释了贸易的起源与发展，而李嘉图则用"比较优势"初步回答了为什么劳动生产率较低的国家（穷国）与劳动生产率较高的国家（富国），仍然可以进行贸易往来这一问题。随后，新古典经济学派的出现，使得经济增长和国际贸易理论经历了一次彻底的革命。其中，对国际贸易经济贡献最大的当属赫克歇尔和俄林提出的"H-O模式"，他们认为贸易的后果是使商品价格均等化，要素价格也有均等化的趋势。

运用经济增长理论来分析生态农业主产区与生态农产品主销区的生态农业产业效益问题，对于构建生态农产品主销区概念具有重要理论指导意义。如果说经济增长，或者说生态农业经济增长在农产品主销区起了决定性的作用，那么我们的问题是，在生态农业主产区与生态农产品主销区之间如何实现利益的均衡。利益水平的差异会造成交易中的价格冲突，并进一步导致生态农产品主销区与生态农业主产区的利益矛盾，如何解决这一矛盾，以及实现生态农业产业效益的提高，是本书必须面对并且解决的重要理论和实际问题。

2. 生态农产品主销区概念及主要内涵

（1）生态农产品主销区概述

生态农产品主销区的形成是建立在已经知道消费市场这一假设的基础之上的，事实上，这是经济和工农业分工的双重作用结果，人们总是在居住地工作、生活和消费，因此，劳动力从一个地方转移到另一个地方时，就意味着消费市场的转移。在大多数情况下，可以说地区内生产要素的分布决定着消费市场的形成，决定着消费市场的规模。

我们假设自然资源、劳动力和资本的分布都是已知的，然后研究这些因素与两者市场位置和规模的关系。如果人们所有的收入都用来消费而没有储蓄，并且在地区内居住的人们拥有这里的土地与资本，对于生产因素来说，在特定时期的收入和付出的价格相等。因此，如果知道当地这些因素的分布，价格是由价格机制所决定的，就可以确定该区域的收入和购买力。假定个人想要拥有和控制这些生产要素，个人收入和消费品需求就会通过价格机制发生关系，我们就可确定生态农产品主销市场的特点及其消费状况。

（2）生态农产品主销区的主要内涵

生态农产品主销区生产要素供给随价格的变化而时常发生变化，但贸易在一定程度上是由相互依存的定价体系和实际供给确定的，这是生态农产品主销区价格规律的客观要求。如果进一步探讨价值规律的发展，则会看到要素供给受贸易波动及价格的影响。生态农业主产区与生态农产品主销区的贸易有密切关联性，社会化生产分工的基础与其说是生产要素的实际供给，还不如说是支配供给的各种条件、价值规律的作用。

问题的实质在于，生态农业主产区与生态农产品主销区之间的区际贸易（或国际贸易），生产要素的供给以及商品的需求是相互影响的。价格和贸易是实际需求和供给的结果，影响要素价格均等趋势的因素不确定，但使实际潜在的生产成本均等化的趋势是明显的。因此，重要的区别不在于区际贸易价格之间，而在于一个和多个市场的价格理论之间。

3. 农产品主销区与生态农业产业效益

农产品主销区是农产品商品价值实现的场所，也是生态农业产业效益实现的区域。生态农业产业效益是农产品主产区高效率利用既定资源而创造的增量利润，而农产品主销区的生态农业产业效益是通过贸易反映的价格关系体现的。生态农业产业效益由利益分配机制和风险共担机制两部分构成。农产品利益分配是指农户和企业资源的组织方式以及在政府政策支持的条件下，由产权关系决定的对"合作剩余"控制权的重新分配关系，它是生态农业产业效益的核心问题，合理的利益分配机制通过一定的利益分配方式来实现，分配方式是实现分配机制的具体方法。在农产品主销区，农产品的价格也是一种市场价格机制的表现，通过一定的贸易关系、交易关系来体现，是一种等价交换关系，但这种等价交换关系是表面的，实质上具有不等价的内涵，因为农产品是一种自然风险较大的商品，这种风险主要体现在主产区，而不是主销区。

生态农业产业效益风险共担机制，是指对可能出现的风险而造成的损失在农户、农业经济组织和政府之间进行分担的机制。作为农产品主销区有义务缴纳一定比例的农产品风险基金，使风险造成的损失在农户或者农业合作经济组织成员之间进行合理分摊。这样生态农业产业效益才能在农产品主销区得到体现，农业商品"利益共享，风险共担"的原则才得到实施，生态农业主产区和农产品主销区能够共同承担市场风险和利益损失，真正结成共荣共损的利益共同体，从而使生态农业产业效益稳步提升，生态农业产业化经营体系良性运行、充满活力。

第五章　生态农业视角下的农业实用技术

第一节　立体种养技术

一、立体种养技术概述

立体种植，指在同一田地上，两种或两种以上的作物从平面、时间上多层次地利用空间的种植方式。凡是立体种植，都有多物种、多层次地立体利用资源的特点。实际上，立体种植既是间、混、套作的统称，也包括山地、丘陵、河谷地带的不同作物沿垂直高度形成的梯度分层带状组合。

（一）果园间套地膜马铃薯

1. 种植方式

适应范围以 1~3 年幼园为宜，水、旱地均可。2 月初开始下种，麦收前 10 天开始收。种植规格以行距 3 m 的果园为例，当年建园的每行起垄 3 条，翌年园内起两条垄。垄距 72 cm、垄高 16 cm、垄底宽 56 cm，垄要起得平而直。起垄后，用锨轻抹垄顶。每垄开沟两行，行距 16~20 cm，株距 23~26 cm。将提前混合好的肥料施入沟内，下种后和沟复垄。有墒的随种随覆盖，无墒的可先下种覆膜，有条件的灌一次透水，覆膜要压严拉紧不漏风。

2. 茬口安排

前茬最好是小麦，后茬可以是大豆、白菜、甘蓝为主，以利在行间套种地膜马铃薯。

3. 播前准备

每亩施有机肥 2500~5000 kg，磷酸二铵 30 kg，硫酸钾 40 kg，每亩用 5 kg 左右地膜。

4. 切薯拌种

先用 100 g 以上的无病种薯，切成具有一个芽眼约为 50 g 的薯块，并用多菌灵拌种备用。播后 30 天左右，及时查苗放苗，并封好放苗口。苗齐后喷一次高美施，打去三叶以下的侧芽，每窝留一株壮苗。以后再每周喷一次生长促进剂。花前要灌一次透水，花后不灌或少灌水。

（二）温室葡萄与蔬菜间作

1. 葡萄的栽培及管理

（1）栽植方式

葡萄与 3 月 10 日前后定植在甘蓝或西红柿行间，留双蔓，南北行，行距 2 m，株距 0.5 m，比露地生长期长 1 个月，10 月下旬覆棚膜，11 月中旬修剪后盖草帘保温越冬。

（2）整枝方式与修剪

单株留双蔓整枝，新梢上的副梢留一片叶摘心，二次副梢留一片叶摘心，新梢长到 1.5 cm 时进行摘心。立秋前不管新梢多长都要摘心。当年新蔓用竹竿领蔓，本架则形成 "V" 字形架，与临架形成拱形棚架。当年冬剪时应剪留 1.2～1.3 m 蔓长合适。

（3）田间管理

翌年 1 月 15 日前后温室开始揭帘升温。2 月 15 日前后冬芽开始萌动，把蔓绑在事先搭好的竹竿上，注意早春温室增温后不要急于上架。4 月初进行抹芽和疏枝，每个蔓留 4～5 个新梢，留 3～4 个果枝，每个果枝留一个花穗。6 月 20 日左右开始上市，8 月初采收结束；在葡萄种植当年的 9 月下旬至 10 月上旬，在葡萄一侧距根系 30 cm 以外开沟施基肥，每公顷施有机肥 $3×10^4$～$5×10^4$ kg。按 5 肥 5 水的方案实施。花前、花后、果实膨大、着色前、采收后进行追肥，距根 30 cm 以外或地面随水追肥，每次每株 50 g 左右，葡萄落花后 10 天左右，用吡效隆浸或喷果穗，以增大果粒。另外，如每 1 kg 药水加 1 g 扑海因药可防治幼果期病害，蘸完后进行套袋防病效果好。其他病虫害防治按常规法防治；在 11 月上旬覆膜准备越冬，严霜过后，葡萄叶落完开始冬剪。

2. 间作蔬菜的栽植与管理

可与葡萄间作的蔬菜有两种（甘蓝、西红柿），1月末2月初定植甘蓝和西红柿，2月20日西红柿已经开花，间作的甘蓝已缓苗，并长出2片新叶。甘蓝于4月20前后日罢园，西红柿于5月20日前后拔秧。

（三）大蒜、黄瓜、菜豆间套栽培技术

1. 种植方式

施足基肥后，整地做畦，畦高8~10 cm，畦沟宽30 cm，大蒜的播期在10月上旬寒露前后，行距17 cm，株距7 cm，平均每亩栽植33 000株。开沟播种，沟深10 cm，播种深6~7 cm，待蒜头收获后，将处理好的黄瓜种点播于畦上，每畦2行，行距70 cm，穴距25 cm，每穴3~4粒种子，每亩留苗3500株；6月下旬于黄瓜行间做垄直播菜豆，行距30 cm，穴距20 cm，每穴播2~3粒。

2. 栽培技术要点

（1）科学选地

选择地势平坦、土层深厚、耕层松软、土壤肥力较高、有机质丰富以及保肥、保水能力较强的地块。

（2）田间管理

第一，早大蒜出苗时可人工破膜，小雪之后浇一次越冬水，翌春3月底入蔓，瓣分化期应根据墒情浇水。蒜蔓生长期中、露尾、露苞等生育阶段要适期浇水，保田间湿润，露苞前后及时揭膜。采基前5天停止浇水，采基后随即浇水1次，过5~6天再浇水1~2次。临近收获蒜头时，应在大蒜行间保墒，将有机肥施入畦沟，然后用土拌匀，以备播种秋黄瓜。第二，黄瓜苗有3~4片真叶时，每穴留苗1株，定苗后浅中耨1次，并每亩施入硫酸铵10 kg促苗早发。定苗浇水随即插架，结合绑蔓进行整枝，根据长势情况，适时对主蔓摘心。第三，菜豆定苗后浇1次水，然后插架。结荚期需追肥2~3次，每次施硫酸铵15 kg/亩。

（3）病害防治

秋黄瓜主要病害有霜霉病、炭疽病、白粉病、疫病、角斑病等。可用25%甲霜灵500倍液，50%甲霜锰锌600倍液、75%百菌清600倍液、64%杀毒矾400倍液、75%可杀得500倍液等杀菌剂防治；菜豆的主要病害有黑腐病、锈病、叶

烧病，可用 20% 粉锈宁乳油 2000 倍液、40% 五氯硝基苯与 50% 福美双 1∶1 配成混合剂、大蒜素 8000 倍液喷洒防治。

（四）新蒜、春黄瓜、秋黄瓜温室蔬菜栽培技术

1. 坐床、施足底肥

在生产蒜苗前，细致整地，每亩一次性施入优质农家肥 2 m^3，然后坐床，苗床长、宽依据温室大小而定，床坐好后，在床面上平氟 10 cm 厚的肥土，上面再铺约 3 cm 厚的细河沙。

2. 蒜苗生产

针对蒜苗春节旺销的情况，于 12 月 20~25 日期间，选优质牙蒜，浸泡 24 小时后去掉茎盘，蒜芽一律朝上种在苗床上。苗床温度 17~20 ℃，白天室温在 25 ℃左右，整个生长期浇 3~4 次水，当蒜苗高度达 33 cm 左右，即可收割，收割前 3~4 天将室温降到 20 ℃左右。

3. 春黄瓜生产

定植前做好准备，即在蒜苗生长期间，1 月 10 日就开始育黄瓜苗，采用塑料袋育苗，55 天后蒜苗基本收割完毕，将苗床重新整理好，于 3 月 5 日定植黄瓜。

定植后加强管理，即在黄瓜定植后注意提高地温，促使快速缓苗。白天室温保持在 30 ℃左右。定植后半个月左右，搭架、定植 20 天后追肥硫酸铵 3 kg/亩，方法是在离植株 10 cm 的一侧挖一个 5~6 cm 深的小坑，施入后随即覆土。在黄瓜整个生长期随水冲施 4 次人粪尿，灌 3 次清水，及时打掉植株底部老叶、杆。黄瓜成熟后，要及时收获。

4. 秋黄瓜生产

7 月 15 日育苗，8 月 25 日定植；植株长至 5~6 片叶以后，主蔓生长，及时绑蔓。根瓜坐住后开始追肥，每亩追复合肥 20 kg，追肥后灌水。灌水后，在土壤干湿适合时松土，同时消灭杂草；随着外界温度下降，注意防寒保暖。室内温度低于 15 ℃时停止放风。白天温度 25~30 ℃，若超过 30 ℃要放风。夜间室温降至 10 ℃时开始覆盖草苫子，外界温度降到 0 ℃以下时，开始覆盖棉被保暖。从根瓜采收开始，每天早上采收一次。

（五）旱地玉米间作马铃薯的立体种植技术

1. 种植方式

采用65 cm + 145 cm的带幅（1垄玉米，4行马铃薯）。玉米覆膜撮种，撮距66 cm，撮内株距17～20 cm，每撮5株，保苗3.75万株/hm²；马铃薯行距35 cm，株距25 cm，保苗约3万株/hm²。玉米用籽量15.0～22.5 kg/hm²，马铃薯用块茎量1500 kg/hm²。

2. 栽培技术要点

（1）选地、整地

选择地势平坦、肥力中上的水平梯田，前茬为小麦或荞麦（切忌重茬或茄科连作茬）。在往年深耕的基础上，播种时必须精细整地，使土壤疏松，无明显的土坷垃。

（2）选用良种、适时播种

玉米选用中晚熟高产的品种，马铃薯选用抗病丰产品种。玉米适宜播期为4月10～20日，最好用整薯播种，如果采用切块播种，每切块上必须留2个芽眼，切到病薯时，用75%的酒精进行切刀、切板消毒，避免病菌传染。

（3）科学施肥

玉米于早春土地解冻时挖窝埋肥。每公顷用农家肥45 t（分3次施，50%基施，20%拔节期追肥，30%大喇叭口期追肥），普钙375～450 kg，锌肥15 kg，除做追肥的尿素外，其余肥料全部与土混匀，埋于0.037 m²的坑内。马铃薯每公顷施农家肥30 000 kg，尿素187.5 kg（60%作基肥，40%现蕾前追肥），普钙300 kg，除作追肥的尿素外，其余肥料全部混匀作基肥一次施入。

（4）田间管理

玉米出苗后，要及时打孔放苗，到3～4叶期间苗，5～6叶期定苗；大喇叭口期每公顷用氰戊菊酯颗粒剂15 kg灌心防治玉米螟；待抽雄初期，每公顷喷施玉米健壮素15支，使植株矮而健壮、不倒扶，增加物质积累；马铃薯出苗后要松土除草，当株高12～15 cm时（现蕾前）结合施肥进行培土，到开花前后，即株高24～30 cm时，再进行培土，以利于匍匐茎、多结薯、结好薯。始花期每公顷用1.5～2.25 kg磷酸二氢钾、6.0 kg尿素兑水300～375 kg进行叶面喷施追肥，在整个生育期内应注意用退菌特或代森锰锌等防晚疫病。玉米苞叶发白时收获；马铃薯在早霜来临时及时收获。

（六）麦套春棉地膜覆盖立体栽培技术

1. 种植方式

麦套春棉地膜覆盖立体栽培技术是一种有效的农业种植技术，即年前秋播 3 行小麦，行距 20 cm，占地 40%；预留棉行 60 cm，占地 60%；麦棉间距 30 cm。春棉的播期为 4 月 5~15 日，可先播后覆膜，也可先盖膜后播种，穴距 14 cm，每穴 3~4 粒，密度不少于 $6.75 \times 10^4 \sim 7.5 \times 10^4$ 株/hm^2。

2. 栽培技术要点

（1）培肥地力

麦播前结合整地每公顷施厩肥 30~45 t，磷肥 375~450 kg；棉花播前结合整地，每公顷施厩肥 1.5 t，饼肥 600~750 kg，增加土壤有机质含量，改善土壤结构。

（2）种子处理

选好的种子择晴天晒 5~6 小时，连晒 3~5 天，晒到棉籽咬时有响声为止；播前 1 天用 1%~2% 的缩节胺浸种 8~10 小时，播前将棉种用冷水浸湿后，晾至半干，将 40% 棉花复方壮苗一拌灵 50 g 加 1~2 g 细干土充分混合，与棉种拌匀，即可播种。

（3）田间管理

主要任务是在共生期间要保全苗，促壮苗早发。花铃期以促为主，重用肥水，防止早衰。在麦苗共生期，棉花移栽后，切勿在寒流大风时放苗，放苗后及时用土封严膜孔。苗齐后及时间苗，每穴留一株健壮苗。麦收前浇水不要过大，严防淹棉苗，淤地膜，降低地温。

在小麦生长后期，麦熟后要快收、快运，及早中耕灭茬，追肥浇水、治虫，促进棉苗发棵增蕾。春棉进入盛蕾—初花期时，应及早揭膜，随即追肥浇水，培土护根，促进侧根生长、下扎。

在棉花的花铃期，以促为主，重追肥、浇透水。7 月中旬结合浇水每公顷追施尿素 225 kg。在初花期、结铃期喷施棉花高效肥液，同时在花铃期要保持田间通风透光，搞好病虫害防治，后期及时采摘烂桃。

二、立体养殖技术

（一）鱼鸭混养生态养殖模式

1. 模式与技术

池塘鱼鸭混养技术，鸭粪及鸭的残饵既保证了池塘有充足的肥源，又可被鱼类直接利用，既节约了饲料、肥料，又改善了水质，降低了养殖的成本，提高了产量。

（1）池塘条件

选择交通便利、水质清新、水深 1.5 m 左右的田间池塘进行鱼鸭混养。鱼池的一面要有鸭活动的场地，场地其他三面用网或竹栅围住，使鸭不致外逃，活动场地面积大小按每平方米容纳鸭 2~3 羽计算。鸭栏建造在池埂上或塘边田中，面积 150 m² 左右，便于鸭吃配合饲料、产蛋。池塘水源充足，水质良好无污染，切成东西走向，池深 2.5 m，水深 1.5~2.0 m，池底淤泥厚 15 cm 左右，池坡度为 1:1.5~2.0，池间坡宽 2.0~2.5 m。每个池塘都配备排灌设备和增氧设备。池塘在放鱼种前 10 天，用生石灰按每亩用量 120 kg，浅水清池，1 周后，灌注新水。

（2）鸭舍建造

鸭舍建在地势略高而又平坦的池塘埂上，坐北向南，冬暖夏凉，光照充分，不漏水且防潮。被圈养的鱼塘水面连接塘边的鸭舍，使水面鱼塘边坡地（鸭的活动场所和取食场所）以及鸭舍边成一体。鸭舍面积按每平方米 5 只鸭建造，并按每 4 只母鸭配备一支 40 cm × 40 cm × 40 cm 的产蛋箱，放置在光线较暗的沿墙周围。在鸭舍前面按每只鸭占水面 1 m²、占旱地 0.5 m² 的标准用网或树枝围起高0.5 m 的栅栏，作为鸭的活动场所。

2. 鱼种、母鸭放养

鱼鸭混养比例，粗养鱼塘每亩放鲢鳙肥水鱼占 60% 左右，早春投放 14 cm 以上大规模鱼种 400~600 尾。单产在 200 kg 以下的配养蛋鸭 80~100 羽，每亩可提高产量 150~250 kg。

鱼鸭混养好处是鱼池为鸭生活、生长提供了良好的场所，鸭子的活动增加了池中溶氧量，鸭子吃掉了池中对鱼类有害的生物，鸭粪又能肥水，鱼鸭共存、相互有利，但应注意放养的鱼种规格要大，以免被鸭子吃掉。

鱼种要求规格一致，数量一致的 13 cm 以上鱼种，其中鲢鳙占 45%，草鲂鱼占 5%，鲤、鲫、罗非鱼占 50%。

每亩配建 25 m² 鸭舍，配养 120 只母鸭。鱼种在投放前，要用 4%食盐水和 10 mg/L 漂白粉溶液浸洗 10 分钟。鸭舍、鸭场用 20 mg/L 的漂白粉溶液泼洒消毒。

3. 饲养管理

（1）饲料投放

鱼塘可以不投任何饵料，也不施任何肥料，全部依靠鸭粪和鸭的残饵养鱼。鱼鸭混养，1 只鸭一天可排粪 150 g。每 10.6 kg 鸭粪可转化为 1 kg 鱼；按此推算，每养 1 只鸭，可获得鸭、鱼净产量 5.29 kg。

根据鱼的品种，也可以投喂饲料。其中罗非鱼在 5~7 月时，颗粒饵料粗蛋白含量为 30%~40%，在 8~10 月时，粗蛋白含量为 25%~30%，每条鱼日投喂饲料量 2~5 g，每天投喂 4 次，可视鱼摄食情况进行调整。鸭料每天平均 120 g/只，分 3 次投喂，产蛋峰期可适当补饲。日常注意早晚巡塘，观察鱼鸭的活动和生长情况以及水质变化的情况，发现问题及时处理。

（2）调节水质

通过鸭的活动调节或必要时开增氧机，使池水溶解氧保持在 5 mg/L 以上，透明度 30~40 cm，pH7.8~9.0。6~9 月及时冲注新水，一般 7 天冲水一次，每次加水 10 cm。

（3）鸭粪入池

每天定时清扫鸭舍、鸭场，将鸭粪堆积发酵，视池水肥瘦情况投入池塘。残饵直接入池，供鱼摄食。由于鸭粪和残饵下塘，鱼塘肥度高在夏秋之际水质易恶化。应经常灌注新水，降低水的肥度，并坚持每月撒两次石灰，每次每亩撒 10 kg，使塘水的透明度保持在 15~25 cm，水呈弱碱性。

4. 疾病防治

隔 15 天全池泼洒 25 mg/L 的生石灰水 1 次，鸭舍、鸭场旱地隔 15 天用 20 mg/L 的漂白粉溶液消毒 1 次，可起到预防疾病的作用。对于出现水霉病，可全池泼洒 1 mg/L 的漂白粉溶液，对草鱼的烂鳃病，每亩水面水深 1 m 用硫酸庆大霉素 200 mL 加水全池泼洒。

（二）稻田养鱼模式

稻田养鱼是一种传统的生态农业模式，它结合了水稻种植和水产养殖，不仅能够提高水稻产量，还能增加水产品供应，丰富人们的"菜篮子"，并且对环境改善有重要作用。稻田养鱼的适宜区域主要是水源充足、水质清新、周边无污染源、排灌系统完善、田埂坚固的稻田，尤其以东南、西南和华南地区的丘陵山区更为普遍。

为了提高稻田养鱼的产量和效益，可以采取以下措施：

①开挖鱼沟、鱼凼，增加稻田容水量，以利于鱼类生长及种稻施肥、洒药。

②加高加固田埂，确保不会发生渗漏或塌陷。

③设置拦鱼设施，防止鱼类逃逸。

④合理投放鱼种，一般每亩投放 10~20 千克为宜。

⑤适当投饵，如菜籽枯、糠麸或配合饲料等。

⑥进行科学的用水管理和日常管理，确保鱼类和水稻的健康生长。

稻田养鱼模式在现代的推广中，更加注重生态和经济效益的结合，通过科学的管理和创新模式，实现了粮食和水产品的双丰收。在适宜的地区发展稻渔综合种养产业，有助于提高稻田的单位产出效益，增加农民收入，同时保护和改善农业生态环境。

三、立体种养技术

（一）"农作物秸秆养牛、牛粪肥田"的农牧结合模式

"秸秆养牛、牛粪肥田"的形式多种多样。目前普遍实施的模式有四种：第一，是利用秸秆粉碎后喂养淘汰役用牛。这种方式就地取材，成本低，但牛生长慢，牛肉质量差，经济效益低。第二，是自繁自养，一户喂养一两头母牛，平均每年繁殖一头多崽牛，根据市场行情出售架子牛或成品牛。这种方式成本低、灵活性强，但经济效益低，竞争性差。第三，是饲养架子牛，在市场购买架子牛经

3~8个月催肥卖出。这种方式有一定灵活性，可根据经济效益决定饲养与否，但不稳定，竞争性差。以上三种形式均有其不足之处，我们提倡的是第四种即分散饲养、集中育肥模式。该模式是以养牛户为基础建立牛肉生产联合体。联合体内实行"四统一，三集中"，即统一牛源，由联合体负责供给养牛户统一的杂交肉犊牛；统一搞秸秆青贮、氨化，养牛户必须建立统一的青贮窖、氨化池；统一饲养管理方法，对饲养技术、饲养配方有统一的要求；统一防疫，由技术人员承包防疫。集中育肥，牛分散饲养到一定程度，集中短期催肥，达到高标准要求；集中屠宰，根据条件和市场要求搞牛肉产品深加工；集中销售，牛肉、牛皮等产品集中销售，便于打开销路，占领市场。

（二）粮、经、饲三元种植结构，以农养牧、以牧促农的农牧结合模式

1. 模式与技术

第一，改水田双季稻三熟制为水旱轮作或间作套种三熟制，如改麦—稻—稻为大麦（油菜、绿肥）—稻—玉米，使粮、饲、经作物三者种植面积的比例大体保持在55：25：20左右。

第二，改水田两熟制为水旱三熟制，如改早中稻或早晚稻为大麦—早（中）稻—再生稻或大麦—早（中）稻—青饲料。

第三，改麦田两熟粮食作物为麦田两熟粮食、饲料作物。

2. 效益分析

第一，有利于良种繁育和推广使用，粮、饲分开育种。选择容易实现高产、优质的品种。如紧凑型玉米，亩产500 kg比普通玉米高230 kg，大面积推广两年后可增产粮食1900万吨。饲料大麦，生长期短（110天左右）成熟早，是早中稻的良好前茬，产量高（每亩产400~600 kg），蛋白含量高，适口性好，是高产优质饲料作物。

第二，有利于提高粮食产量。在次潜育化稻田，种双季稻每亩产量仅400~500 kg，采取水旱轮作（大麦—早稻—玉米）每亩可收大麦250~350 kg，杂交稻500~600 kg，玉米300~400 kg，合计收粮1050~2500 kg，比小麦—双季稻模式增产20%~50%。

第三，有利于改良土壤、培肥地力促进农牧业持续、稳定、协调发展。旱地

引草入田，可以改良土壤、增加肥力。水田水旱轮作，可降低地下水位，改进土壤透气性能，增加土壤有机质含量，使稻田潜育化现象减轻或消失。

第四，有利于农牧业规模化生产和新技术的推广应用，有利于农业生产基地的建设和商品经济的发展。

此外，还可以缓解发展畜牧业饲料不足的矛盾，缓解北料（饲料）南调运力紧张的压力。

第二节　测土配方施肥技术

一、配方施肥的概念及作用

（一）配方施肥的概念

配方施肥是综合运用现代农业科技成果，根据植物需肥规律、土壤供肥性能及肥料效应，以有机肥为基础，产前提出各种植物营养元素的适宜用量和比例的肥料配方以及相应的施肥方式方法的一项综合性科学施肥技术。其内容包括"配方"与"施肥"两个程序。"配方"是根据植物种类、产量水平、需要吸收各种养分数量、土壤养分供应量和肥料利用率，来确定肥料的种类与用量，做到产前定肥定量；"施肥"是配方的实施，是目标产量实现的保证。施肥要根据"配方"确定的肥料品种、数量和土壤、植物的特性，合理地安排基肥和追肥的比例、追肥的次数和每次追肥的用量以及施肥时期、施肥部位、施用方法等；同时要特别注意配方施肥必须坚持"有机肥为基础""有机肥料与无机肥料相结合，用地与养地相结合"的原则，以增强后劲，保证土壤肥力的不断提高。

（二）配方施肥的作用

1. 增产增收效益明显

配方施肥首先表现有明显的增产增收作用。具体表现在：调肥增产；减肥增产；增肥增产。

2. 培肥地力保护生态

配方施肥不仅直接表现在植物增产效应上，还体现在培肥土壤，保护生态，提高土壤肥力。

3. 协调养分提高品质

我国农田习惯上大多偏施氮肥，造成土壤养分失调，不仅影响产量，而且还影响到产品品质的改善。配方施肥可协调养分提高品质。

4. 调控营养防治病害

缺硼土壤上配施硼肥后，对防治棉花蕾而不花、油菜花而不实、小麦"亮穗"等生理病症均有明显效用。

5. 有限肥源合理分配

利用肥料效应回归方程，以经济效益为主要目标，可以合理分配有限肥源。

二、配方施肥的基本方法

当前所推广的配方施肥技术从定量施肥的不同依据来划分，可以归纳为以下两个类型。

（一）地力分区（级）配方法

地力分区（级）配方法是在一定的自然条件或行政区内，按土壤肥力高低分为若干等级，或划出一个肥力均等的田片，作为一个配方区，利用土壤普查资料和过去田间试验成果，结合群众的实践经验，估算出这一配方区内比较适宜的肥料种类及其施用量。

地力分区（级）配方法比较粗放，适用于生产水平差异小、基础较差的地区。在实际应用中，虽然在地力分级的划分方法上不尽相同，但在具体做法上差别不大，它已经突破传统的定性用肥的规范，进入了定量施肥的新领域，把施肥技术推进了一步，这种方法的优点是具有针对性强，提出的用量和措施接近当地经验，群众易于接受，推广的阻力比较小。但其缺点是有地区局限性，依赖于经验较多，精确性较差。在推行过程中，必须结合试验示范，逐步扩大科学测试手段和理论指导的比重。

（二）目标产量配方法

目标产量配方法是根据作物产量的构成，由土壤和肥料两个方面供给养分原理来计算施肥量。用公式表达为：

某种肥料计划施用量 =（一季植物的吸收养分总量−土壤供肥量）/（肥料中有效养分含量×肥料当季利用率）

目标产量配方法，由植物目标产量、植物需肥量、土壤供肥量、肥料利用率和肥料中的有效养分含量五大参数构成。依据土壤供肥量计算方法的差异，又分为养分平衡法和地力差减法两种。

1. 养分平衡法

养分平衡法是根据植物需肥量和土壤供肥量之差来计算实现目标产量施肥量，其中，土壤供肥量是通过土壤养分测定值进行计算的。应用养分平衡法必须求出下列参数。

第一，植物目标产量，配方施肥的核心是为一定产量指标施用适量的肥料。因此，施肥必须要有产量标准，以此为基础，才能做到计划用肥。土壤肥力是决定产量高低的基础，某一种植物计划产量多高要依据当地的综合因素而确定，不可盲目任定一个指标。确定计划产量的方法很多，根据我国多年来各地试验研究和生产实践，可从"以地定产""以水定产""以土壤有机质定产"三方面入手。其中，"以地定产"较为常用。一般是在不同土壤条件下，通过多点田间试验，从不施肥区的空白产量和施肥区获得的最高产量，经过统计求得函数关系，来确定植物目标产量。但在实际推广应用中，常常不易预先获得空白产量，常用的方法是以当地前三年植物的平均产量为基础，再增加 10%~15% 的产量作为计划产量。

第二，植物目标产量需要养分量，常以下述公式来推算：

植物目标产量所需某种养分量（kg）= 目标产量（kg）/ 100（kg）×100kg 产量所需养分量（kg）

式中 100 kg 产量所需养分量是指形成 100 kg 植物产品时，该植物必须吸收的养分量，可通过对正常成熟的植物全株养分化学分析来获得。

第三，土壤供肥量，是指一季植物在生长期中从土壤中吸收的养分。土壤供肥量通过土壤养分测定值来换算，其公式为：

土壤供肥量（kg/hm²）= 土壤养分测定值（mg/kg）×2.25×校正系数

式中：2.25 是换算系数，即将 1 mg/kg 养分折算成每公顷土壤养分。校正系数是植物实际吸收养分量占土壤养分测定值的比值，常通过田间空白试验及用下列公式求得：

校正系数 = ［（空白产量/100）×植物 100 kg 产量养分吸收量］/（土壤养分测定值×2.25）

第四，肥料利用率，是指当季植物从所施肥料中吸收的养分占施入肥料养分总量的百分数。试验表明，肥料利用率不是一个恒值，它因植物种类、土壤肥力、气候条件和农艺措施的差异而不同，在很大程度上取决于肥料施用量、施用方式和施用时期。其测定方法有两种：同位素肥料示踪法和田间差减法，前者难于广泛应用于生产，故现有肥料利用率的测定大多用差减法，其计算公式为：

肥料利用率 =（施肥区植物吸收养分量－无肥区植物吸收养分量）/
肥料施用量×肥料中养分含量×100%

2. 地力差减法

地力差减法则是通过空白田产量来计算土壤供肥量。植物在不施任何肥料的情况下所得的产量称空白田产量，它所吸收的养分，全部取自土壤，能够代表土壤提供的养分数量。所以，目标产量吸收养分量与空白田产量吸收养分量的差值，就是需要通过施肥补充的养分量。其肥料用量计算公式表述为：

肥料用量（kg/hm²）= {［（目标产量－空白田产量）/100］×每 100 kg 植物产量吸收养分量}/肥料中有效养分含量×肥料当季利用率

这一方法的优点是，不需要进行土壤测试，计算较简便，避免了养分平衡法的缺点。但需开展肥料要素试验，所需时间长，同时试验代表性也有限，给推广工作带来一定困难。另外，空白田产量是构成产量诸因素的综合反映，无法代表若干营养元素的丰缺情况，只能以植物吸收量来计算需肥量。当土壤肥力越高，植物对土壤的依赖率越大（植物吸自土壤的养分越多）时，需要由肥料供应的养分就越少，可能出现剥削地力的情况而不能及时察觉，必须引起注意。

三、测土配方施肥云平台设计与实现

(一) 系统设计

1. 设计思路

随着移动网络技术、大数据分析、人工智能的出现以及智慧移动终端的广泛应用，互联网+GIS 的移动 GIS 技术也得到了巨大的发展空间。通过系统软件的研发和使用，可提高测土配方施肥技术推广效率和效果，对畅通农村测土配方施肥科技服务"最后一公里"，对推动农村测土配方施肥科技的进一步广泛应用有着重要意义。

2. 设计原则

系统的建设采用最先进、适用广泛的软件技术和功能最完善的智能系统，在技术上适当超前，该系统将反映当今智能可视化平台系统发展的主流水准，以适应系统今后的发展。在今后比较长的一段时间里，将保持其技术的行业领先地位。系统充分满足软件展示平台系统的可视化要求，操作简单，维护方便，易于管理。系统具备极高的开放性与兼容性，与未来发展的产品拥有良好的互连度与互操作度。注重于软件与显示平台体系的各系统的高度集成性，以保证智能可视化产品系统总体架构的先进性、合理性、扩展性和兼容性，通过采用不同厂家、不同型号的优秀技术产品，使该体系能够随着科技的进步与提高，而不断地进行完善与提升。系统的开发应用，可大幅度提高测土配方施肥技术的推广效率和效果，促进测土配方施肥技术进一步普及。

3. 系统架构原理

首先对目标耕地土壤进行采样化验，将检测出的各项数据信息归类进行图面标注，查对地理坐标的准确性后，将土壤二普中的耕地土壤类型等相关信息数据导入，再到目标耕地实地现场进行核对校准，然后按照测土配方施肥服务平台系统功能的要求，创建土壤类型、养分、地块坡度、农作物用肥、肥料利用率等基础数据库，设置目标地块土壤施肥单元，根据不同的施肥模型计算不同的施肥单元肥料所需数量和具体施肥方案，建立耕地施肥的配方。

结合地块土壤营养情况和生产能力划分施肥单位，以建立基于施肥单位的基本信息库。根据国家测土配方施肥信息系统的技术展示要求，建设测土配方施肥综合信息服务平台，按照新施肥模式测算各个施肥单位的化肥施用量和施用方法，形成了耕地施肥的新配方。基于用户便民查询使用需要，开发移动端微信小程序，使用户随时随地可获取耕作地块的养分情况和多种施肥配方。

（二）系统关键技术设计及实现

1. 数据库设计

数据库设计采用面向对象的方法，平台系统面向实体对象建立模型，即采用实体主导型设计方式。选择对数据库的建立有实际利用价值的实体，通过属性附值来定义实体。数据库支持平台系统应用的对象模型，且具有整个系统的面向对象性，具体效果归纳如下。

（1）数据库结构清晰，便于实现面向对象的设计与编程

数据库对象通过应用模块对象实现完全映射，数据库逻辑模型对现实世界的实体关系可以自然直接模拟。系统研发人员抽象笼统的系统外部功能、用户所处的物理世界、同支持系统功能的数据结构（内部数据库）形成一对一的对应关系。潜在用户、系统研发人员和数据库维护人员之间交流沟通更加便捷。尤其是针对不了解测土配方施肥业务流程的系统研发人员，这种对象统一体的设计方法，降低了系统建设的难度。

（2）数据库对象具有独立性，便于维护

除了数据库表对象与应用模块对象一一对应外，在逻辑对象模型中数据库结构基本上是由父表类和子表类构成的树型层次结构，表类间沿用以外的复杂关系很少，是符合局部化原则的结构，可以控制数据库表数据破坏的影响在局部范围之内，同时也便于修复，从而为数据库日常维护工作带来便利。

（3）更新需求时程序与数据库可重复使用，减少修改内容

在映射应用对象时，关系映射规范化处理后有可能出现一对多的表映射，大部分应用对象与表对象是一一对应的关系。数据库可以把规范化处理后的，由一对多应用对象映射表组装成一个数据库对象。当变更部分应用需求时，对需求无变化的部分系统可以不进行修改。另外，对需要变更部分的修改可以只删除或修改追加程序模块或新库表，可不修改原有库表定义或程序代码，很大程度上降低

了作业难度，减少了工作量。

2. 系统功能设计

根据用户需求调研情况，系统包括管理端和用户端两个方面的七大主要功能。

（1）管理端的五大功能

管理人员可以通过电脑 Web 页面对后台的空间数据库和属性数据库进行远程管理；对后台的知识库进行远程管理；对历史用户查询情况进行远程统计分析；在后台主动批量发送测土配方施肥方案到关注了微信小程序的农户；在后台打印任意选择地块的施肥建议卡。

（2）用户端的两大功能

用户可通过手机微信小程序，按照"县—乡—村—小组—地块"逐级选择的方式查询指定地块的土壤养分状况及指定作物的测土配方施肥方案；可通过手机微信小程序的 GPS 定位查询功能，获取当前所在地块的土壤养分状况及指定作物的测土配方施肥方案。

基于移动 GIS 的测土配方施肥服务平台具备强大的云计算、大数据、人工智能等科技为后台技术支撑，施肥查询、营养诊断、供肥网点等服务模块，农技员、农户查询地块的作物施肥处方，可以方便选择地块编号或卫星定位方式，极大地提高了施肥的准确性和便利性。服务系统的推广应用，实现了地块及作物的养分精准管理，提高了科学施肥技术的推广效率，促进了测土配方施肥技术的普及应用，推动了全省实现化肥减量增效和农业可持续发展，产生了良好的社会效益。测土配方施肥服务平台系统的建立，不仅可以加速推广测土配方施肥技术，最大程度降低化肥施用的不合理，还可促进施肥结构的优化，提高肥料利用率，改善土壤理化性状，提升耕地地力，有效减缓农业面源污染，实现了良好的生态效益。测土配方施肥是一种具有广阔市场前景的技术，它以科学化的手段解决了农业生产中的实际问题和可持续发展。未来，随着技术的不断革新和政策的不断推进，测土配方施肥市场的发展将更加迅速和有保障。

第三节　设施农业技术

一、地膜覆盖栽培技术

地膜覆盖栽培具有增温、保水、保肥、改善土壤理化性质，提高土壤肥力，抑制杂草生长，减轻病害的作用，在连续降雨的情况下还有降低湿度的功能，从而促进植株生长发育，提早开花结果，增加产量、减少劳动力成本等作用。地膜覆盖栽培的最大效应是提高土壤温度，在春季低温期间，采用地膜覆盖白天受阳光照射后，0~10 cm 深的土层内可提高温度 1~6 ℃，最高可达 8 ℃以上。

（一）地膜覆盖类型

地膜覆盖的方式依当地自然条件、蔬菜的种类、生产季节及栽培习惯不同而异，主要方式有平畦覆盖、高垄覆盖、高畦覆盖、沟畦覆盖、沟种坡覆和穴坑覆盖等。

1. 平畦覆盖

畦面平，有畦埂，畦宽 1.00~1.65 m，畦长依地块而定。播种或定植前将地膜平铺于畦面，四周用土压紧。或是短期内临时性覆盖。覆盖时省工，容易浇水，但浇水后易造成畦面淤泥污染。覆盖初期有增温作用，随着污染的加重，到后期又有降温作用。一般多用于种植葱头、大蒜以及高秧支架的蔬菜。

2. 高垄覆盖

畦面呈垄状，垄底宽 50~85 cm，垄面宽 30~50 cm，垄高 10~15 cm。地膜覆盖于垄面上。垄距 50~70 cm。每垄种植单行或双行甘蓝、莴笋、甜椒、花椰菜等。高垄覆盖受光较好，地温容易升高，也便于浇水，但旱区垄高不宜超过 10 cm。

3. 高畦覆盖

畦面为平顶，高出地平面 10~15 cm，畦宽 1.00~1.65 cm 地膜平铺在高畦的面上。一般种植高秧支架的蔬菜，如瓜类、豆类、茄果类以及粮、棉作物。高畦覆盖增温效果较好，但畦中心易发生干旱。

4. 沟畦覆盖

将畦做成 50 cm 左右宽的沟，沟深 15~20 cm，把育成的苗定植在沟内，然后在沟上覆盖地膜，当幼苗生长顶着地膜时，在苗的顶部将地膜割成十字，称为割口放风。晚霜过后，苗自破口处伸出膜外生长，待苗长高时再把地膜划破，使其落地，覆盖于根部。俗称先盖天、后盖地。如此可提早定植 7~10 天，保护幼苗不受晚霜危害。既起着保苗，又起着护根的作用，从而达到早熟、增产、增加收益的效果。早春可提早定植甘蓝、花椰菜、莴笋、菜豆、甜椒、番茄、黄瓜等蔬菜，也可提早播种西瓜、甜瓜等瓜类及粮食等作物。

5. 沟种坡覆

在地面上开出深 40 cm、上宽 60~80 cm 的坡形沟，两沟相距 2~5 m（甜瓜为 2 m，西瓜为 5 m），两沟间的地面呈垄圆形。沟内两侧随坡覆 70~75 cm 的地膜，在沟两侧种植瓜类。

6. 穴坑覆盖

在平畦、高畦或高垄的畦面上用打眼器打成穴坑，穴深 10 cm 左右，直径 10~15 cm，穴内播种或定植作物，株行距按作物要求而定，然后在穴顶上覆盖地膜，等苗顶膜后割口放风。可种植马铃薯等作物。

（二）玉米地膜覆盖栽培技术

玉米地膜覆盖栽培一般比露地栽培玉米增产 30%~70%，有的地方成倍增加产量。尤其是我国东北等地区，气候寒冷，无霜期短，再加上一些地区常年干旱，而使玉米提早成熟，采用地膜覆盖玉米，可大幅度提高玉米产量，同时也扩大了玉米种植范围。另外，地膜还可一膜多用。春小麦和玉米间作，春小麦利用地膜覆盖，到玉米播种前再转盖到玉米上，既保小麦早出苗，又保持玉米所需水分和温度，从而取得双丰收，提高单位面积产量。

1. 地膜玉米增产的主要原因

（1）保水作用

地膜玉米地的整地要求上虚下实，保持毛细管上下畅通，土壤深层水可以源源上升到地表。盖膜后，土壤与大气隔开，土壤水分不能蒸发散失到空气中去，而是在膜内以液—气—液的方式循环往复，使土壤表层保持湿润。土壤含水量增加，表层 0~5 cm，一般比露地多 3%~5%。对自然降水，少量从苗孔渗入土壤，大量的水分流向垄沟，以横向形式渗入覆膜区，由地膜保护起来。

（2）增温作用

土壤耕作层的热量来源，主要是吸收太阳辐射能。地膜阻隔土壤热能与大气交换。晴天，阳光中的辐射波透过地膜，地温升高，通过土壤自身的传导作用，使深层的温度逐渐升高并保存在土壤中。地温增高的原因是由于地膜有阻隔作用，使膜内的二氧化碳增多和水蒸气不易散失。因为二氧化碳浓度每增加 1 倍，温度升高 30 ℃；每蒸发 1 mm 水分，温度下降 1 ℃，汽化热损失极少，温度下降缓慢。可使全生育期提高积温 250~350 ℃。

（3）改善土壤的物理性状

衡量土壤耕性和生产能力的主要因素包括土壤容重、孔隙度和土壤固、液、气三相比。地膜覆盖后，地表不会受到降雨或灌水的冲刷和渗水的压力，保持土壤疏松状态，透气性良好，孔隙度增加，容重降低，有利于根系的生长发育。同时，地膜覆盖使土壤的含盐量降低，偏盐碱地种植覆膜玉米可提早 15 天成熟，而且比露地玉米增产。

（4）增加土壤养分含量

覆盖地膜后，增温保墒，有利于土壤微生物的活动，加快有机质和速效养分的分解，增加土壤养分的含量。盖膜以后，阻止雨水和灌水对土壤的冲刷和淋溶，保护养分不受损失。但是由于植株生长旺盛，根系发达，吸收量加强，消耗养分量增大，土壤有效养分减少，容易形成早衰或倒伏，影响产量，故一定要施足基肥，并分次追肥，满足生长的需要。

（5）改善光照条件

通常由于植株叶片互相遮阴，下部叶片比上部叶片光照条件差。覆膜以后，由于地膜和膜下的水珠反射作用，使漏射到地面上的阳光反射到近地的空间，增加基部叶片的光合作用，提高光合强度和光能利用率。

（6）加速玉米生长发育进程

覆膜后各种生育条件优越，促进早出苗，早吐丝，早成熟，根系亦发达。

2. 播种前的准备

选用优良品种，地膜玉米可增加 150~200 ℃的有效积温，正常年份比露地提前 7~10 天播种。生育进程快，提早 7~15 天成熟。根据这一特点，与当地露地玉米生育期相比较，选用适期品种。如当地露地种植 115 天左右的品种，地膜覆盖田可选用 125 天的品种。所选品种应为抗逆性强、增产潜力大的高产品种。

3. 覆膜玉米整地

（1）选地

选地势平坦肥沃，土层深厚，排灌方便，土质以轻壤、中壤为宜。排水方便的轻盐碱地亦可；坡地的坡度在 15°以内，必须具备保水保肥的能力。

（2）整地

要求适时耕翻，整细整平，清除根茬、石子等，做到上虚下实，能增温保墒。在北方冬春干旱，抓紧利用秋墒。秋收后及时深耕，结合施基肥翻地，耙耱保墒，翌年早春顶凌耙格保墒；有灌溉条件的地方，最好在冬季灌水造墒，早春顶凌耙耱保墒。

（3）起垄

旱地平垄播种，浇水地、下湿地、轻盐碱地，要起垄播种，一般垄高 8~10 cm，垄面宽度可根据使用地膜的宽度而定。一般采用大小行播种方式，小行40~50 cm，大行 70~80 cm。地膜覆盖小垄，垄面宽度一般为 50~60 cm。坡地起垄，一般沿等高线水平起垄。

4. 播种与盖膜

（1）盖膜方式

盖膜的方式有两种：一种是先播种后盖膜，出苗后破膜放苗。这种方式适于机械化水平高，土壤墒情好的水浇地或湿地采用。应及时打孔放苗，否则容易烫苗。另一种是整好地及时盖膜保墒，掌握好盖早不盖晚、盖湿不盖干的原则。播种时打孔点籽。播后遇雨易使播种口上的盖土板结，影响出苗，应及时松动。

（2）选膜和铺膜

最好选用幅宽为 80 cm，厚度为 0.007 mm 的微膜或线型膜，以降低费用，适合用小行距为 40~50 cm 宽的垄面。盖膜时将膜拖展，紧贴地面铺平，四周用土压严盖实。视风力大小，每隔 5~7 m 或更长距离压一道腰土，以防风鼓膜。

（3）喷除草剂

覆盖地膜前，必须喷除草剂，防除田间杂草。铺膜后，田间杂草不易清除，由于温度高，水肥条件好，杂草长势旺盛，与苗争肥水，甚至撑破地膜，影响铺膜效果。

（4）种子处理

种子进行精选，去掉烂、秕、杂和小籽粒。精选后的种子，在阳光下晒 2～3 天，可提高出苗率 5%，并用药物拌种以防治地下害虫。

（5）播种

时间一般比露地提早 7～10 天，或膜下 5 cm 处地温稳定在 6～8 ℃时播种。幼苗应该在当地终霜来临时刚出土，若苗子过大易受冻害。播种深度一般为 4～5 cm；还应根据墒情而定。播种时最好做一标准打孔器，使播种深浅一致。播种深度一般为 4～5 cm；还应根据墒情而定。

5. 玉米苗期管理

（1）护膜

播种后要经常检查，特别是大风时，要将地膜四周和播种孔封严，遇雨后要及时松动播种孔的盖土，防止板结。

（2）放苗定苗

先播种后盖膜的地块，要及时破孔放苗。机播地放苗时应根据留苗密度所规定的株距打孔，放苗孔应该越小越好，每孔放出 1～2 株健壮苗，放苗后用土将苗孔封严。放苗时间，应避开风天和中午。先盖膜后播种的地块，出苗后封严苗孔。幼苗 3～4 叶时定苗，除去蚜苗、小苗、病苗，每孔留 1 株健壮苗。发现缺株时，可在相邻孔中留双株来补缺，比移栽或补种要好。

6. 覆膜玉米穗期管理

定苗后，中耕垄沟；松土保墒，清除杂草。待苗长出分蘖，应及时彻底除掉，以免消耗养分和水分。喇叭口时期要防治玉米螟和黏虫。此时追施剩余 20% 氮肥并浇水，防止早衰，增加粒重。

7. 覆膜玉米花粒期管理措施

后期管理，隔行去雄，减少水分和养分的消耗，促进高产。去雄时不要伤害旗叶和茎秆；靠地边的四行不去雄，保证用粉。除雄后彻底清除废膜；此时地膜还较完整，容易清除干净。清除废膜时不要伤害叶片和根系。

二、日光温室栽培技术

（一）日光温室构造及特点

日光温室是适合我国北方地区的南向采光温室，大多是以塑料薄膜作为采光覆盖材料，以太阳辐射热为热源，依靠最大限度采光，加厚的墙体和后坡，以及防寒沟、保温材料、防寒保温设备等，以最大限度减少散热，这是我国特有的一种保护设施。日光温室内不专设加温设备，完全依靠自然光能进行生产，或只在严寒季节进行临时性人工加温，生产成本比较低，适用于冬季最低温度在−10~−5 ℃范围的地区或短时间温度在−20 ℃左右的地区进行蔬菜周年生产。

全日光温室在北方地区又称钢拱式日光温室、节能温室，主要利用太阳能做热源，近年来在北方发展很快。这种温室跨度为5~6 m，中柱高2.4~2.6 m，后墙高1.6~1.8 m，用砖砌成，厚60~80 cm。钢筋骨架，拱架为单片桁架，上弦为14~16 mm的圆钢，下弦为12~14 mm的圆钢，中间为8~10 mm钢筋做拉花，宽15~20 cm。拱架上端搭在中柱上，下端固定在前端水泥预埋基础上。拱架间用3道单片桁架花梁横向拉接，以使整个骨架成为一个整体。温室后屋面可铺泡沫板和水泥板，抹草泥覆盖防寒。后墙上每隔4~5 m，设一个通风口，有条件时可增设加温设备。

此种温室为永久性建筑，坚固耐用，采光性好，通风方便，易操作，但造价较高。

（二）番茄日光温室栽培

番茄，别名西红柿、洋柿子、番柿，起源于北美洲的安第斯山地带。番茄除可鲜食和烹饪多种菜肴外，还可制成酱、汁、沙司等强化维生素 C 的罐头及脯、干等加工品，用途广泛。

1. 番茄对生活条件的要求

（1）温度

番茄是喜温性蔬菜，生长发育最适宜的温度为20~25 ℃，低于15 ℃，开花和授粉受精不良，降至 10 ℃时，植株停止生长，5 ℃以下引起低温危害，致死温度为-1~2 ℃。温度上升至 30 ℃时，同化作用显著降低，升高至 35 ℃以上时，会产生生理性干扰，导致落花落果或果实不发育。26~28 ℃以上的高温能抑制番茄茄红素及其他色素的形成，影响果实正常转色。番茄根系生长最适土温为 20~22 ℃。土温降至 9~10 ℃时根毛停止生长，降至 5 ℃时，根系吸收水分和养分能力受阻。

（2）光照

番茄是喜光性作物，在一定范围内，光照越强，光合作用越旺盛，其光饱和点为 70 klx，在栽培中一般应保持 30~35 klx 以上的光照度，才能维持其正常的生长发育。番茄对光周期要求不严格，多数品种属中日性植物，在 11~13 小时的日照下，植株生长健壮，开花较早。

（3）水分

番茄根系发达，吸水力强，对水分的要求属于半耐旱蔬菜。既需要较多的水分，又不必经常大量灌溉。土壤湿度范围以维持土壤最大持水量的 60%~80% 为宜。番茄对空气相对湿度的要求以 45%~50% 为宜。空气湿度大，不仅阻碍正常授粉，而且在高温高湿条件下病害严重。

（4）土壤及矿质营养

番茄对土壤条件要求不太严格，但以土层深厚、排水良好、富含有机质的肥沃壤土为宜。番茄对土壤通气性要求较高，土壤中含氧量降至 2%时，植株枯死，所以低洼易涝、结构不良的土壤不宜栽培。番茄适于微酸性土壤，pH 以 6~7 为宜。番茄在生育过程中，需从土壤中吸收大量的营养物质。氮肥对茎叶的生长和果实的发育有重要作用。磷酸的吸收量虽不多，但对番茄根系和果实的发育作用显著。钾吸收量最大，钾对糖的合成、运转及提高细胞液浓度，加大细胞的吸水量都有重要作用。番茄吸钙量也很大，缺钙时番茄的叶尖和叶缘萎蔫，生长点坏死，果实发生顶腐病。

2. 主要栽培品种

（1）有限生长类型

有限生长类型又称"自封顶"。这类品种植株较矮，结果比较集中，具有较强的结实力及速熟性，生殖器官发育较快，叶片光合强度较高，生长期较短，适于早熟栽培。

红果品种：如北京早红、青岛早红、早魁、早丰（秦菜1号）、兰优早红等。

粉红品种：如北京早粉、早粉2号、早霞、津粉65、西粉3号、东农704等。

黄果品种：如蓝黄1号等。

（2）无限生长类型

生长期较长，植株高大，果形也较大，多为中、晚熟品种，产量较高，品质较好。

红果品种：如卡德大红、天津大红、冀番2号、大红袍、台湾大红、特罗皮克、佛洛雷德（佛罗里达）、托马雷斯等。

粉红品种：如粉红甜肉、佳粉10号、强丰、鲜丰（中蔬4号）、中蔬5号、中杂4号、中杂7号、中杂9号、丽春等。

黄果品种：如橘黄嘉辰、大黄1号、大黄156号、丰收黄、新丰黄、黄珍珠等。

白果品种：如雪球等。

樱桃番茄近几年栽培较多，常用品种有圣女、小玲、樱桃红、美国5号、东方红莺等。

3. 栽培季节与茬口安排

我国南、北方地区的自然、气候条件相差悬殊，番茄的栽培季节与茬口大不相同。南方地区炎热多雨，番茄不易越夏，采用春夏和秋冬栽培；北方地区由于无霜期短，而番茄生育期较长，要想提早采收、延长结果期，必须提前在保护设施内育苗，终霜期后再定植于露地。在温室、塑料棚等设施栽培条件下，生长期、结果期均可延长，产量可比露地高几倍。

4. 日光温室冬春茬番茄栽培技术

（1）品种选择

以选择丰产、抗病、优质、耐低温弱光、商品性状好、无限生长类型的优良品种最为适宜，目前较理想的番茄品种有中杂9号、金棚1号、东农708等。

（2）培育壮苗

哈尔滨地区一般在12月上、中旬进行播种育苗，沈阳地区一般在11月上、中旬进行播种育苗，这一时期正值寒冷的冬季，外界气温低，光照时间短而弱，所以只有创造良好的温室育苗条件，才能确保培育壮苗。

壮苗标准：日历苗龄 65~70 天，苗高 20 cm，真叶 8~9 片，叶厚浓绿色，茎粗 0.5 cm，第一花序普遍现蕾。哈尔滨地区一般在 1 月下旬至 2 月初在温室内育苗。如果采用大棚加小棚或大棚加微棚的两层覆盖栽培，播种期应适当提前。

育苗一般采用温室内电热温床或育苗箱育苗，这个时期由于温度较低，要重点注意防治猝倒病。

①温度管理：播种后出苗前，白天最好保持 25~30 ℃，夜间 18~20 ℃，以促进出苗，出苗后白天 20~25 ℃，夜间 12~16 ℃，以防止下胚轴徒长，促进根系发育第一片真叶出现后再提高温度，白天 25~28 ℃，夜间 16~18 ℃，促进秧苗良好生长。

②水分管理：出苗前一般不浇水，土表面的小裂缝可用药土或营养土覆盖，移植时浇一次透水，缓苗后见湿、见干育苗中期要结合浇水喷施 0.1%~0.2% 的磷酸二氢钾等叶面肥 1~2 次，以保证苗期养分供应，防止脱肥形成黄苗、弱苗。

（3）适时定植和合理密植

利用日光温室保温性能好的特点，创造良好的栽培条件，掌握时机提早定植，定植时期根据历年的气象资料和当地的气候条件而定，哈尔滨地区一般在 3 月 20 日前后较为适宜，定植前准备工作同大棚春番茄栽培技术，定植密度一般为单干整枝留 3~4 穗果，每亩保苗 3500~3800 株，一般半整枝留 4~5 穗果，每亩保苗 3200~3500 株。

（4）定植后的管理

①温、湿度控制：主要通过放风和浇水调节温度、湿度，从定植到第一穗果实膨大，管理的重点是促进缓苗，防冻保苗、定植初期，外界温度低，以保温为主，不需要通风，室内温度维持在 25~30 ℃，缓苗后白天温度控制在 23~25 ℃，夜间 13~15 ℃，进入 4 月，中午室内若超过 35 ℃ 的高温时，应在温室顶部放风，放风口要小，放风时间不宜过长，开花期空气相对湿度控制在 50% 左右，花期要防止出现 30 ℃ 以上的高温，否则花的品质会下降，果型变小，产生落花落蕾现象，在果实膨大期要加强温度管理，以加速果实膨大，使果实提早成熟。第 1 穗膨大开始，上午室内温度保持在 25~30 ℃，超过这一温度中午前开始放风，并通过放风量来控制温度，午后 2 时减少放风，夜间室内温度在 13~15 ℃，室外温度高于 15 ℃ 时，可以昼夜进行放风，盛果期和成熟前期在光照充足的情况下，

保持白天室内气温在 25~26 ℃，夜间在 15~17 ℃，昼夜地温在 23 ℃左右，空气相对湿度在 45%~55%，室温过高容易影响果实着色。

②光照调控：冬春季节大棚和温室内的光照很难达到番茄光合作用的光饱和点，因此采取措施增加光照是此时环境管理的重要环节。增加光照的措施：温室后墙张挂反光膜；在温度允许的情况下，早揭和晚盖多层保温覆盖物；经常清除透明覆盖材料上的污染等。

③中耕：不覆盖地膜栽培番茄，定植后要进行松土中耕，提温保墒，浇水后抓住表土干湿合适的时机进行松土、培垄，促进根系生长。

④追肥、灌水：定植后每隔 2~3 天浇一次缓苗水，直到第一穗果坐住时停止浇水，缓苗后搭架前进行第一次追肥，促进秧苗生长，防止开花结果过早，出现坠秧现象，一般每株施硫酸铵或尿素 10 g 左右，施肥部位距根际 4~5 cm 处。当第一穗果有核桃大小时，浇催果水并追施催果肥。当第一穗果已变白、第三穗果已坐住时，可以增加灌水，经常保持土壤湿润，以地表"见湿、见干"为标准，不能忽干忽湿，以防止脐腐病的发生，当第一穗果开始采收，第二穗果也相当大时，结合浇水进行第三次追肥。此外，在盛果期可以采取叶面喷肥，以补充养分供应。

在整个生育期间水分管理十分重要，特别是中期土壤含水量过高，空气湿度大，容易引起病害，所以灌水不但要适时适量，而且应同放风等管理相结合，浇水后要及时松土保墒，连阴雨天禁止浇水，尽量降低室内湿度，可以起到防病效果。为了降低温室内的湿度，可采用滴灌灌水的方法，尽量不用沟灌。

⑤搭架和整枝：定植后及时进行搭架，采用吊绳或竹竿"人"字架。早熟自封顶品种，采取单秆整枝留 3 穗果或二秆半整枝留 4~5 穗果，其余侧枝尽量早摘除并全部打掉，每隔 2~3 天就要检查一遍，发现侧枝及时摘除。若植株叶量过小，应保留部分侧枝叶片，以防植株早衰。

⑥防止落花落果：温室春番茄生产，开花期温度偏低，有时遇到寒流或雨雪阴天，光照不足，容易落花落果，必须使用植物生长激素处理花朵，以防落花，主要用 2，4-D 或番茄灵。

⑦CO_2 气肥施用：温室春番茄生产，常因温度低，通风不良，导致 CO_2 浓度降低而影响产量，需施用 CO_2 气肥。施用时间为第一果穗开花至采收期间。每天

日出或揭苫后 0.5~1 小时开始，持续 2~3 小时或放风时停止。施用浓度：晴天为 800~1000 mg/kg，阴天为 500 mg/kg 左右。

⑧疏花疏果和打底叶：使用生长激素处理日光温室番茄，果实可全部坐住，果数多，养分分散，单果重降低，果实大小不齐，影响质量，为了提早成熟、提高产量和商品性，应该尽量早进行疏花疏果，每穗花序一般留 3~5 个果，其余连花带果全部掐掉。

植株下部的叶片，在果实膨大后已经衰老，本身所制造的养分已经没有剩余，甚至不够消耗，应及时摘除基部老叶、黄叶，增加通风透光，对促进果实发育是有利的，当第一穗果放白时，就应把果穗下的老叶全部去掉。

三、塑料大棚栽培技术

塑料大棚是指不加温的保护地栽培设施。其建造费用低，大多可随意拆装，更换地点。

（一）塑料大棚类型

1. 竹木结构大棚

竹木结构大棚跨度为 12~14 m，顶高 2.6~2.7 m，以直径 3~6 cm 的竹竿为拱杆，拱杆间距为 1~1.1 m。立柱为木杆或水泥预制柱。拱杆上覆盖薄膜，两拱杆间用 8 号铁丝做压膜线，两端固定在预埋的地锚上。优点是造价低，建造容易。缺点是棚内柱子多，遮光率高，作业不便，抗风雪荷载能力差。

悬梁吊柱竹木拱架大棚：悬梁吊柱竹木拱架大棚跨度为 10~13 m，顶高 2.2~2.4 m，长度不超过 60 m，中柱为木杆或水泥预制柱，纵向每 3 m 一根，横向每排 4~6 根。用木杆或竹竿作纵向拉梁，把立柱拉成一个整体，在拉梁上每个拱杆下设一吊柱，下端固定在拉梁上，上端支撑拱架，拱杆用竹片或细竹竿做成，间距 1 m，拱杆固定在各排柱与吊柱上，两端入地，覆盖薄膜后用 8 号铁线作压膜线。

2. 拉筋吊柱大棚

拉筋吊柱大棚跨度 12 m 左右，长 40~60 m，顶高 2.2 m，肩高 1.5 m，水泥柱间距 2.5~3 m，水泥柱用 6 号钢筋纵向连接成一个整体，在拉筋上穿设 20 cm

长吊柱支撑拱杆，拱杆用直径为 3 cm 左右的竹竿，拱杆间距为 1 m，上覆盖薄膜及压膜线。

3. 装配式镀锌薄壁钢管大棚

该类大棚跨度 6~8 m，顶高 2.5~3 m，长 30~50 m。用薄型钢管制成拱杆、拉杆、立杆（两端棚头用），经过热镀锌处理后可使用 10 年以上。用卡具、套管连接棚杆，组装成棚架。覆盖薄膜，用卡膜槽固定。此棚属定型产品，组装拆卸方便，棚内空间大，无柱，作业方便，但造价较高。

4. 无柱钢架大棚

该类大棚跨度 10~12 m，顶高 2.5~2.7 m，每隔 1 m 设一道桁梁，为防止拱梁扭曲，拉梁上用钢筋焊接两个斜向小立柱支撑在拱架上。上盖一大块薄膜，两肩下盖 1 m 高底脚裙，便于扒缝放风，压膜线与前几种相同。

（二）塑料大棚黄瓜春早熟栽培技术

1. 品种选择

选择早熟、主蔓结瓜，根瓜结瓜部位低、瓜码密，适应大温差的环境等特点，并具有抗多种病害的优质品种，如长春密刺、津春 2 号等。

2. 培育壮苗

壮苗标准：有 4~5 片真叶，株高 15~20 cm，子叶呈匙形、肥厚，子叶下胚轴高 3 cm，粗壮，75%以上出现雌花，叶色正常，根系发达，苗龄为 45~50 天。

（1）苗床准备

早春栽培的播种育苗期，还处于寒冷季节。因此，可以用电热温床或酿热温床育苗。用电热温床时，可按 80~100 W/m^2 的功率布埋电热线。

黄瓜苗床土配制各地都有自己的经验，但最好采用以下配比：30%腐熟马粪+20%陈炉灰+10%腐熟大粪便+40%葱蒜茬土混合，营养土每立方米加入过磷酸钙 4 kg、草木灰 1 kg、硝酸铵 1 kg。把上述床土装在 8 cm × 8 cm 纸筒或塑料育苗钵内。

（2）播种

塑料大棚黄瓜早熟栽培的育苗播种日期因覆盖保温条件不同而不同，一般于 2 月上、中旬在温室育苗。

①种子处理：黄瓜种子常附有炭疽病、细菌性角斑病、枯萎病等病原菌，播种前进行种子消毒十分必要。一般常用温汤浸种消毒法，先用凉水浸泡，再用50~55 ℃热水烫种，时间5~10分钟，然后把种子放入冷水中迅速消除种子内部余热，在30 ℃左右温水中浸种10小时左右，捞出后在28~30 ℃温度下，经12小时左右种子即可萌动。将已萌动的种子放在0~2 ℃低温下连续处理7天，种子经低温处理能提高幼苗抗坏血酸和干物质含量，加快叶绿素的合成，从而提高幼苗的抗寒能力，提高黄瓜早熟性和早期产量。

②浸种催芽：经低温处理后，种子放在28~30 ℃条件下经12~24小时即可出芽，中间应清洗2~3次，以去掉抑制发芽的物质并促进气体交换。

③播种与籽苗期管理：将已催芽的种子，播种于沙箱中，先浇透底水，播种后覆沙1 cm，盖农膜或不织布保温，沙箱内温度保持28~30 ℃，24小时后陆续出苗，当80%出土后，适当降温防止徒长，白天保持在20~25 ℃，夜间在16~17 ℃。

④及时分苗：黄瓜幼苗移栽到育苗营养钵的最佳时期应在子叶充分展平时进行，即在子叶张开后的第4天，播种后的第8天左右，是分苗的最佳时期。也可将催芽的种子直播在育苗钵中不必分苗，减少伤根。

⑤成苗期的管理：黄瓜为短日（中性）性植物，在每天8~10小时的短日照条件下，能促进花芽分化，夜间15~17 ℃低温条件下，有利于花芽向雌花转化，而在每天10小时以上的长日照和夜间处于20 ℃以上高温条件下花芽向雄花方向转化。第一片真叶展开后就进入成苗期，除了土壤要保持一定的湿度和较高的地温（15~20 ℃）外，必须从第一片真叶展开后10~30天内用短日照，并在低温条件下育苗，以促进雌花分化。定植前7~10天，逐渐降低温度，使幼苗逐渐适应大棚内的环境条件，并适当控制水分，便于起苗时不散坨。

苗期可根据营养状况，用0.2%磷酸二氢钾根外追肥，也可进行CO_2气体施肥，时间应在早晨太阳出来后1小时进行，并使温度迅速上升到28~30 ℃。

3. 整地施肥

大棚黄瓜早春栽培，至少要在定植前15~20天扣棚，使10 cm深地温尽快提高到15 ℃以上，再结合深翻晒垄；增施有机质肥料，在普遍撒施有机肥的同时，结合带状条施部分有机肥和化肥，按亩产黄瓜10 000 kg计算，需施入腐熟有机肥5~6 t，磷酸二铵20 kg，硫酸钾20 kg，做成50~60 cm宽的垄。

4. 适时定植

早春大棚黄瓜安全定植期是棚内最低气温连续 3~4 天稳定通过 10 ℃以上，10 cm 深土温稳定在 10 ℃以上，选寒流之后，暖流之前，即"寒尾暖头"，晴天上午定植。一般行距 50~60 cm，株距 24~28 cm，也可采用高畦双行，地膜覆盖，膜下铺设软管滴灌。

5. 定植后管理

（1）定植初期管理

春黄瓜定植后 3~4 天心叶生长，新根出现，即为缓苗结束。从定植到根瓜采收 20 天左右，气温不稳定，经常有大风和寒流侵袭。这段时间的管理重点是防寒保温为主，提高土壤温度，要求定植水一定要浇透，以前提倡浇缓苗水，如定植水浇透就不用缓苗水，早春浇缓苗水使土温下降，定植水浇透后，勤松土保墒并提高地温，促进根系生长。气温管理重点是在夜间防寒，此阶段原则上不通风，但气温达 30 ℃以上，通风降温维持 28 ℃，采取放侧风，不放底风（扫地风），因为放底风会造成低温冷害（放风部位）。另外，不要开门放风（串堂风），靠门附近苗易发生冷害。大棚内如果温度过低（低于 10 ℃），可采用临时加温（但切忌明火加温，产生二氧化碳，烟排不出），目前多采用暖风炉。

（2）引蔓、搭架管理

黄瓜长到 5~6 片真叶时搭架绑蔓，多采用聚丙烯撕裂吊蔓，不要吊得过紧，防止后期茎生长受影响或折断。打卷须：应摘除根瓜以下的侧蔓，适当选留根瓜以上的侧蔓。上部每个侧枝留 1 个瓜。摘除卷须，防止卷须缠绕黄瓜，消耗营养，降低商品性。

（3）中后期管理

黄瓜以嫩果为食用部位，应及时早摘瓜，防止坠秧影响产量，所以摘瓜要勤，黄瓜进入收获阶段后，一般不能再断水，要根据根瓜、腰瓜和顶瓜不同生长期的不同要求，既要满足黄瓜对水分的需要，也要防止因灌水过多而引起的病害，所以必须遵循"小水勤浇"的原则，切忌大水漫灌。一般每周浇两次水，每浇两次水追一次速效肥料（以磷、钾肥为主），可用 K_2SO_4 10 kg/亩根外追肥，或结合灌水用充分腐熟的饼肥追施，也可用充分腐熟的大粪 250 kg/亩，连续阴雨天不能追肥、灌水。晴天上午浇水、追肥后通风，应加强气体交换，使棚内保持较充足的二氧化碳。

5 月中下旬，霜冻解除，应加大通风量，通风时间因温度不同而异，要使棚内白天温度控制在 25～30 ℃，夜间温度控制在 13～18 ℃，加强综合管理，防止棚内高温高湿导致病害发生。

打杈摘心：黄瓜秧苗顶棚后要及时摘心，并加强肥水管理，促进回头瓜迅速膨大，以提高大棚黄瓜产量。结瓜盛期下部老叶、黄叶、病叶应及时摘除，摘下的叶片，不可随手乱扔，应收集到一起，或埋或烧，处理干净。

6. 病害虫防治

大棚黄瓜栽培，病害对产量危害很大，尤其霜霉病、角斑病等，常见虫害蚜虫、白粉虱等。近年来药剂防治虽然收到较好效果，但如果防治不及时，会造成大幅度减产，严重时甚至绝产。防治病害时应按照绿色食品生产标准选用低毒、高效农药，遵守使用要求及安全间隔期要求。

（1）黄瓜霜霉病的防治方法

①定植后生长前期要适当控制浇水，结瓜后防止大水漫灌，注意及时排出积水。人为创造利于黄瓜生长而不利于霜霉病发生流行的生态环境，有利于降湿控制病害。

②药剂防治：主要有 47% 加瑞农可湿性粉剂 600～800 倍液，在发病初期喷一次，以后每隔 7～10 天喷一次，叶片正、反面都喷湿透为止，不要在幼苗期和高湿时喷药；杜邦克露 750 倍液，每隔 7 天喷一次，发病初期喷 1～2 次即可防治住。

（2）黄瓜角斑病的防治方法

①选用无病种子：制种田生产中，应从幼苗开始到成株都注意病情的发展，选择无病植株和无病瓜采种，对播用的种子可用 50～52 ℃温水浸种 20 分钟，或用 150 倍的甲醛溶液浸种 1～1.5 小时，清水漂洗后催芽播种。

②与非瓜类作物实行 2 年以上轮作，加强田间管理，生长期及收获后清除病叶，及时深埋，无病土育苗。

③药剂防治：可选用农用链霉素 20 000 倍液在发病初期进行喷雾防治，注意重点喷施叶片的背面、茎蔓和瓜条，或用可杀得可湿性粉剂 500 倍液进行喷雾防治。

（3）蚜虫的防治方法

选用抗虫品种；利用黄板诱蚜或银色膜避蚜；在点片发生阶段，交替用药喷雾防治。

7. 采收

黄瓜开花后 3~4 天生长缓慢，开花后 5~6 天急剧生长，每天能增重 1 倍以上。在条件适宜时，开花 7~10 天就能采收。及时采收的黄瓜不但品质好，而且对下一个瓜的生长有利，总产量也会提高。在采收初期，每 3~4 天收一次。进入采收盛期，应隔天采收一次或每天采收一次。

第四节 农作物秸秆的循环高值利用技术

一、秸秆沼气高效生产技术

秸秆沼气是指以纯秸秆或粪便与秸秆混合为原料，在一定的条件下，经过厌氧消化而生成可燃性混合气体（沼气）及沼液、沼渣的过程。秸秆沼气又叫"秸秆生物天然气"，根据工程规模（池容）大小和利用方式不同，可将其分为三类：第一，农村户用秸秆沼气，以农户为单元建造一口沼气池，池容大小在 8~12 m^3，沼气自产自用；二是秸秆生物气化集中供气，一般属于中小型沼气工程，池容在 50~200 m^3，以自然村为单元建设沼气发酵装置和贮气设备等，集中生产沼气，再通过管网把沼气输送到农户家中；三是大中型秸秆生物气化工程，池容一般在 300 m^3 以上，主要适用于规模化种植园或农场秸秆的集中处理，所产沼气用于集中供气或发电。

进入 21 世纪后，随着我国规模化畜禽养殖业的快速发展，分散养殖户不断减少，以家畜粪便为原料的农村户用沼气在推广过程中，受到了原料不足甚至缺乏的限制。秸秆沼气不仅为我国秸秆综合利用开辟了一条重要途径，而且打破了农村沼气建设对畜禽养殖的依赖性，有效地解决了建设沼气无原料和已建沼气池原料紧缺的问题，改变了长期以来"用沼气必须搞养殖"的历史。

（一）农村户用秸秆沼气技术

1. 秸秆的预处理技术

选用风干半年左右的农作物秸秆，用粉碎机或揉草机将其粉碎至 2~6 cm，向秸秆中喷入两倍于秸秆重量的水，边喷边搅拌，再将其浸湿 24 小时左右，使秸秆充分吸水。按每 100 kg 干秸秆加 0.5 kg 绿秸灵、1.2 kg 碳铵（或 0.5 kg 的尿素）的比例，向浸湿的秸秆中拌入绿秸灵和氮肥。边翻、边撒，将秸秆、绿秸灵和碳铵（或尿素）三者进行拌和直至均匀，最好分批拌和。如无条件获得绿秸灵，也可以用老沼液代替，用量以浸湿秸秆为宜，沼液量是秸秆重量的 2 倍。将拌匀后的秸秆堆积成宽度为 1.2~1.5 m、长度视材料及场地而定的长方堆，高度为 0.5~1 m（按季节不同而异，夏季宜矮、春季宜高），并在表层泼洒些水，以保存一定的湿度。用塑料布覆盖，其作用有两点：第一，防止水分蒸发；第二，聚集热量。塑料布在草堆边要留有空隙，堆上部要开几个小孔，以便通气、透风。堆沤时间一般情况下，夏季为 5~7 天（高温天气 3 天即可），春、秋季为 10~15 天。当秸秆表面上产生白色菌丝，变成黑褐色，并冒有热烟（温度达 60 ℃以上）时表明已堆沤好，即可入池。

2. 配料与投料

若采用纯秸秆为发酵原料，则 10 m³ 沼气池应需准备 500 kg 的干秸秆，再配备 10 kg 碳酸氢铵（或 3 kg 尿素）和 1 m³ 的接种物；若采用秸秆与粪便混合为发酵原料（以 50%秸秆+50%粪便为最佳比例），则 10 m³ 沼气池应准备 300 kg 干玉米秸秆+1.68 m³ 牛粪；再配备 6 kg 碳铵（或 2 kg 尿素）和 0.5 m³ 的接种物。

将预处理好的纯秸秆原料，分以下三种情况进行投料：①有天窗（入孔）的沼气池，先从天窗口趁热将秸秆一次性投入池内，再将溶于水的碳铵或尿素倒入沼气池中，同时加入接种物，补水后在浮料上用尖木棍扎孔若干；②无天窗（入孔）的沼气池，先用木棒将接种物由进料管投入池内，并加水至进料管出口低位处，再用木棒将秸秆由进料管陆续投入池内，直到全部秸秆进完为止；③也可以采用潜污泵或绞龙式抽渣机先从出料间抽出部分水，再从进料管辅之木棒将少量秸秆冲进池内，如此反复进行，直到全部秸秆进完为止，同时再加入接种物和碳铵或尿素，以调节碳氮（C/N）比。

3. 运行管理

沼气池进入正常产气后，一般纯秸秆原料可以维持 4 个月的产气周期，而粪草混合原料可以维持 3 个月的产气周期。为维持沼气池的均衡产气，应根据产气量的变化定期向池内进行补料。正常运行期间补入沼气池中的秸秆原料，只需要倒短或粉碎至 6 cm 以下，再用水或沼液浸透即可入池。通常状况下，每隔 5~7 天补料一次，每次补充干秸秆 10 kg，也可每月补一次料，每次补充干秸秆 60 kg。补料时要先出料后进料，从进料口将秸秆投入池内，必要时再用绞龙泵打循环。常规水压式沼气池无搅拌装置，可通过进料口或水压间用木棍搅拌，也可以从水压间淘出料液，再从进料口倒入池中进行搅拌，每隔 5~7 天搅拌一次，每次搅拌时间为 30 分钟左右。若发生浮料结壳并严重影响产气时，应打开天窗盖（入孔）进行搅拌，无入孔沼气池可用绞龙式抽渣机打循环实施搅拌。冬季到来之前，应在沼气池表面覆盖秸秆、破棉絮或塑料大棚。春、秋季节可在池外大量堆腐粪便或秸秆以保温。采用覆盖法进行保温或增温，其覆盖面积应大于沼气池的建筑面积，从沼气池壁向外延伸的长度应大于当地冻土层深度。纯秸秆原料沼气池一年必须一次大换料，在池温 15 ℃以上季节进行或结合农业生产用肥进行，低温季节不宜进行大换料。大换料时应做到：①大换料前 5~10 天应停止进料；②要准备好足够的新料并做好预处理，待出料后立即投入池内重新进行启动；③出料时最好使用秸秆沼气池专用出料夹持器，从水压间或天窗口先将秸秆夹取出来，然后用泵或粪瓢将多余的沼液取出，但需要保留 10%~30% 的稠渣作为接种物。

（二）大中型秸秆沼气工程技术

1. 秸秆的预处理

选用风干半年左右的农作物秸秆（若变黑色或发霉则不能用），用粉碎机或揉草机将其粉碎至 2~6 cm。将两倍于秸秆重量的水喷洒在秸秆上面，边喷边搅拌，将其浸湿一天，使秸秆充分吸水。按每 100 kg 干秸秆加 0.5 kg 绿秸灵、1.2 kg 碳铵（或 0.5 kg 的尿素）的比例，向浸湿的秸秆中拌入绿秸灵和氮肥。边翻边撒，将秸秆、绿秸灵和碳铵（或尿素）三者进行拌和，直至均匀为止（一般需拌和两次以上，最好分批拌和）。如无法获得绿秸灵，也可以用老沼液代替，用量（约是秸秆重量的 2 倍左右）以浸湿秸秆为宜。将拌匀后的秸秆堆积成宽度为 3.5~5.5 m、高度为 0.5~1 m，长度视材料和场地而定的长方堆，混合成堆后再在堆上泼洒些水，以料堆地面无积水、用手捏紧有少量的水滴下为宜，保证秸秆含水率在 65%~70%。用塑料布覆盖，在草堆边要留有空隙，堆上部要开几个小孔，以便通气、透风。堆沤时间夏季为 5~7 天，春、秋季为 10~15 天。当秸秆表面上产生白色菌丝，变成黑褐色，并冒有热烟（温度达 60 ℃以上）时表明秸秆已预处理好。值得强调的是，预处理好的秸秆应堆积起来或贮存在酸化池中备用，原料贮存量应不低于 48 小时的进料量。

2. 配料与调浆搅拌

若采用纯秸秆为发酵原料、发酵浓度（TS%）按 6% 计算，每 100 m³ 厌氧消化器应配备 5000 kg 的干秸秆（预处理好的）和 80 m³ 沼液或冲洗水，再配备 120 kg 碳铵（或 40 kg 尿素），将秸秆和氮肥投入调浆池中，加水搅拌均匀即可。若采用秸秆与粪便混合原料，发酵浓度可略高一些，可按以下两种比例配料。①50% 秸秆+50% 粪便（质量比）：每 100 m³ 厌氧消化器应配备 2500 kg 干秸秆（预处理好的）和 16.5 m³ 粪便；再配备 60 kg 碳铵（或 20 kg 尿素）和 66 m³ 沼液或冲洗水。将秸秆、粪便和氮肥三者投入调浆池中，加水或沼液搅拌均匀即可。②30% 秸秆+70% 粪便（质量比）：每 100 m³ 厌氧消化器应配备 1500 kg 干秸秆（预处理好的）和 23.5 m² 粪便；再配备 36 kg 碳铵（或 12 kg 尿素）和 60 m³ 沼液或冲洗水。将秸秆、粪便和氮肥三者投入调浆池中，加水或沼液搅拌均匀即可。

3. 工程启动调试

采用适合秸秆原料的进料泵将调浆池中的料液分批泵入厌氧消化器内，边投入原料边加入接种物，菌种量为料液总量的 10%~30%。也可提前将接种物投入厌氧消化器内，再分批泵入原料。接种物料不足时应采用逐步培养法进行扩大培养。在保持中温（35~45 ℃）发酵的条件下，以纯秸秆为原料的沼气工程一般在投料 5~7 天后即开始产气；以秸秆与粪便混合原料的沼气工程，一般在投料 3~5 天后即开始产气。当贮气柜压力表压力达到 4 kPa 以上时，可进行放气试火（一般应放 3~4 次气），直至点燃。当接种物数量不足时，启动较慢且易发生酸化现象，可采取以下两种方法加以调节：①停止进料，待 pH 恢复到 7 左右后，再以较低负荷开始进料；若 pH 降至 5.5 以下时，应加入石灰水、碳酸钠等碱性物质，边搅拌边测定沼液的 pH，直至调节到 7 左右。②排出部分发酵料液，再加入等量的接种物。

（三）秸秆沼气干发酵效果

沼气干发酵是指以农作物秸秆、畜禽粪便等固体有机废弃物为原料（干物质浓度在 20%以上），在无流动水的条件下，进行厌氧发酵生成沼气的工艺。秸秆干发酵技术既适用于农村户用沼气，也适用于农场秸秆大批量集中处理或以村为单元的秸秆沼气集中工程。秸秆沼气干发酵技术的主要优点是节约用水、节省管理沼气池所需的工时，池容产气率也高于湿发酵。在生产清洁燃料的同时，又可获得较多的肥料，为我国秸秆资源高效利用开辟了一条渠道。

由于沼气干发酵的池容产气率较高，因此，干发酵沼气池的体积可以缩小，与 8~10 m³ 的水压湿式沼气池相比，只要建 3~5 m³ 的干发酵沼气池即可，而且持续产气的时间在 6 个月左右。由于干发酵的原料和发酵后的残渣呈固体状态，进料后不需要用大量的水来压封，所以既节约水资源，又出渣方便，还可节省大量劳动力。

二、秸秆在食用菌栽培中的循环利用技术

食用菌是真菌中能够形成大型子实体并能供人们食用的一种真菌，它以鲜美的味道、柔软的质地、丰富的营养和药用价值而备受人们青睐。食用菌品种很多，有蘑菇、平菇、木耳等，其培养基料通常由碎木屑、棉籽壳和秸秆等构成。由于农作物秸秆中含有丰富的碳、氮、钙等矿物质营养及有机物质，加之资源丰富、成本低廉，因此很适合做多种食用菌的培养基质。

（一）秸秆直接栽培食用菌技术

目前，国内能够用作物秸秆（包括稻草、玉米秸秆、麦秸、油菜秸秆和豆秸等）生产的食用菌品种已达 20 多种，不仅可生产出草菇、平菇、香菇和双泡菇等一般品种，还能培育出黑木耳、银耳、猴头、金针菇等名贵品种。一般讲 100 kg 稻草可生产平菇 160 kg（湿菇）或 60 kg 黑木耳；而 100 kg 玉米秸秆可生产银耳或金针菇 50~100 kg，可生产平菇或香菇 100~150 kg。与棉籽壳相比，玉

米秸秆、玉米芯的粗蛋白、粗脂肪含量偏低，不适合平菇生长所需的最佳营养配比，在栽培拌料时需相应多加入一些麸皮、玉米粉、尿素等辅料，以增加平菇所需氮源。现以玉米秸秆为例，介绍平菇培养基料制作技术。

1. 培养基原料的配比

用玉米秸秆、玉米芯栽培平菇的配方主要有以下五种：①玉米芯 70%+棉籽壳 20%+麸皮 5%+玉米粉 5%，每 100 kg 混合料中再另加磷肥 2 kg、尿素 0.4 kg；②玉米芯 100 kg+玉米粉 10 kg+麸皮 5 kg+尿素 0.4 kg；③玉米芯 100 kg+棉籽壳 3 kg+麸皮 7 kg+玉米粉 5 kg+磷肥 0.5 kg；④玉米芯 65%+花生壳 25%+玉米粉 5%+磷肥 2%+草木灰 3%；⑤玉米秸秆 250 kg+牛粪 150 kg+尿素 40 kg+磷肥 50 kg+石膏 50 kg+钙镁磷肥 50 kg+石灰 30 kg。

2. 培养工艺及注意事项

将粉碎的玉米秸秆浸泡 24 小时，捞起沥干，堆成宽 1.8 m、高 1.6 m、长度不限的堆，并分层均匀加入石灰、尿素、过磷酸钙。玉米秸秆疏松透气，但堆温超过 70 ℃时，培养料中心部位会发生厌氧发酵，对蘑菇菌丝生长不利。一般经过 4 天左右堆积，料温达到 65~70 ℃时即可翻料，在翻料时应注意以下事项：①翻料时要将料抖松，以增加新鲜空气；②要迅速翻料，以防止堆内水分蒸发，若发现料内有白色菌丝密布且氨味消失时，即可消毒接种。

（二）秸秆栽培食用菌循环利用技术

1. 菌糠生产沼气技术

秸秆栽培食用菌后的废渣叫作菌糠或菌渣，菌糠中还含有一定量的有机物质，而且其 C∶N 比由原来的（60~80）∶1 降至（30~40）∶1，因此可以用作沼气发酵的原料。据试验测定：不同秸秆类型的菌糠干物质产气率有一定的差别，据刘德江等的试验结果，干物质（TS）产气率的大小排序为：纯小麦秸秆>棉籽壳菌渣>稻草菌渣>小麦秸秆菌渣，详见表 5-1。

表 5-1　不同秸秆菌渣的产气率

秸秆菌渣类型	纯小麦秸秆	小麦秸秆菌渣	稻草菌渣	棉籽壳菌渣
TS 产期率/ （ $m^3 \cdot kg^{-1}$ ）	0.198	0.055	0.079	0.102

2. 沼渣栽培食用菌技术

以农作物秸秆为主要原料发酵生产沼气后的残渣（沼渣）既可作农田肥料，还可用来栽培食用菌。沼气发酵残留物栽种食用菌，能提高一级菇的产量，增加粗蛋白、可溶性糖、维生素 C 和全磷的含量，改善食用菌的氨基酸组成。

三、秸秆青贮及氨化技术

（一）秸秆青贮技术

秸秆青贮处理法又叫自然发酵法，就是把新鲜的秸秆填入密闭的青贮窖或青贮塔内，经过微生物的发酵作用，达到长期保存其青绿、多汁、营养丰富和适口性较好的目的。适于青贮的秸秆主要有玉米秸、高粱秸或甜高粱和粟类作物的秸秆。该技术较为成熟，经济实用，现已在全国广泛推广应用。

1. 秸秆青贮的原理

在适宜的条件下，通过给有益菌（乳酸菌等）提供有利的环境，使嗜氧微生物的活动减弱直至停止，从而达到抑制霉菌活动和杀死多种微生物、保存饲料的目的。由于在青贮过程中微生物发酵产生有用的代谢物，使青贮饲料带有芳香、酸、甜的味道，能大大提高牲畜的适口性从而增加采食量。

秸秆青贮发酵的过程大致可分为 m 个阶段：①预备发酵期（0.5~2 天）：又称好氧发酵期，此期产生乳酸、醋酸等有机酸，从而使饲料变为酸性。②乳酸菌发酵期：又称酸化成熟期，在 2~7 天内，青贮饲料内乳酸菌大量增殖，生成乳酸，同时产生二氧化碳、醋酸等成分；在 8~15 天里，青贮容器内二氧化碳占相当部分，此时以乳酸菌为主，pH 值逐步下降到 4.2 以下。③稳定期（15~25 天）：随着乳酸菌的大量积累，乳酸菌本身也受到了抑制，并开始逐渐死亡。到第 15 天前后，秸秆发酵过程基本停止，青贮料在厌氧和酸性的环境中成熟，并可长时间地保存下来，但此时还不能马上开窖饲喂，还需要 10 天左右的稳定发酵期，使秸秆变得柔软，营养分布得更加均匀。

2. 青贮秸秆应具备的条件

①必须选择有一定糖分的秸秆作为青贮原料，一般可溶性糖分含量应为其鲜重的 1%或干重的 8%以上；②青贮原料含水量可保持乳酸菌正常活动，适宜的含水量为 65%~75%；③青贮原料应切碎、切短使用，这不仅便于装填、取用，家畜容易采食，而且对青贮饲料的品质（pH 值、乳酸含量等）及干物质的消化率有比较重要的影响。

3. 青贮秸秆饲料的优点

第一，营养损失少，青贮时秸秆绿色不褪、叶片不烂，能保存秸秆中 85%以上的养分，粗蛋白质及胡萝卜素损失量也较少；第二，饲料转化率高，由于秸秆经过乳酸发酵后，柔软多汁，气味酸甜清香且适口性好，所以牲畜喜欢采食并能促进消化液的分泌，对于提高饲料营养成分的消化率有良好作用；第三，便于长期保存，制作方法简单，基本不受气候限制，其营养成分可保存长时间不变，而且不受风、霜、雨、雪及水、火等灾害的影响；第四，祛病减灾，实践证明，饲喂青贮饲料的牲畜，其消化系统疾病和寄生虫明显减少，大部分寄生虫及其虫卵被杀死。

4. 秸秆青贮的方法

根据青贮设施不同，可分为地上堆贮法、窖内青贮法、水泥池青贮法和土窖青贮法。

（1）地上堆贮法

选用无毒聚乙烯塑料薄膜，制成直径 1 m、长 1.66 m 的口袋，每袋可装切短的玉米秸秆 250 kg 左右。装料前先用少量砂料填实袋底两角，然后分层装压，装满后扎紧袋口堆放。此法的优点是用工少、成本低、方法简单和取食方便，适宜一家一户储存。

（2）窖内青贮法

挖好圆形窖，将制好的塑料袋放入窖内，然后装料，原料装满后封口盖实。这种青贮方法的优点是塑料袋不易破碎、漏气和进水。

（3）水泥池青贮法

在地下或地面砌水泥池，将切碎的青贮原料装入池内封口。这种青贮方法的优点是池内不易进水，经久耐用，成功率高。

（4）土窖青贮法

选择地势高、土质硬、干燥朝阳的地方，而且要排水容易、地下水位低，距畜舍近、取用方便。根据青贮量多少挖一长方形或圆形土窖，在底部和周围铺一层塑料薄膜。装满青贮原料后，上面再盖塑料薄膜封土。不论是长方形窖还是圆形窖，其宽或直径不能大于深度，便于压实。此法的优点是贮量大、成本低、方法简单。

5. 青贮饲料添加剂

目前，生产上常用的青贮饲料添加剂主要有以下八种。

（1）氨水和尿素

这是较早用于青贮饲料的一类添加剂，适用于青贮玉米、高粱和其他禾谷类作物。用量一般为 0.3%～0.5%。

（2）甲酸

甲酸是很好的有机酸保护剂，可抑制芽孢杆菌及革兰氏阳性菌的活性，减少饲料营养损失。添加 1%～2% 的甲酸所制成的青贮饲料，颜色鲜绿，香味浓。

（3）丙酸

丙酸对霉菌有较好的抑制作用，在品质较差的青贮饲料中加入 0.5%～6% 的丙酸，可防止上层青贮饲料的腐败。一般每吨青贮饲料需添加 5 kg 甲酸、丙酸的混合物（甲酸：丙酸为 30：70）。

（4）稀硫酸、盐酸

加入两种酸的混合物，能迅速杀灭青贮饲料中的杂菌，降低青贮饲料的 pH，并使青贮饲料变软，有利于家畜消化吸收。原液指用 30% 盐酸 92 份和 40% 硫酸 8 份配制成的原液。在配制时一定要注意安全。使用时将原液用水稀释 4 倍，每吨青贮饲料中加稀释液 50～60 kg。

（5）甲醛

甲醛能抑制青贮过程中各种微生物的活动，在青贮饲料中加入甲醛后，发酵过程中基本没有腐败菌，青贮饲料中氨态氮和总乳酸含量明显下降，用其饲喂家畜，消化率就较高。甲醛的一般用量为0.7%，若同时添加甲酸和甲醛（1.5%的甲酸+2%的甲醛），则效果会更好。

（6）食盐

青贮原料水分含量低、质地粗硬、细胞液难以渗出，加入食盐可促进细胞液渗出，有利于乳酸菌发酵，还可以破坏某些毒素，提高饲料适口性，添加量一般为青贮原料的0.3%~0.5%。

（7）糖蜜

在含糖量较少的青贮原料中添加糖蜜，能增加可溶性糖含量，有利于乳酸菌发酵，以减少饲料营养成分的损失，提高适口性。一般添加量为青贮原料的1%~3%。

（8）活干菌

这是近年来有些地方使用的一种新方法。添加活干菌处理秸秆可将秸秆中的木质素、纤维素等酶解，使秸秆柔软，pH值下降。糖分及有机酸含量增加，从而提高消化率。用量为每吨青贮原料添加活干菌3 g。处理前，先将3 g的活干菌倒入2 kg水中充分溶解，常温下放置1~2小时复活，然后将其倒入0.8%~1%的食盐水中拌匀。

（二）秸秆氨化技术

1. 秸秆氨化的效果

秸秆氨化就是在密闭的条件下，用尿素或液氨等氮肥对秸秆进行处理的方法。通常，秸秆氨化后消化率提高15%~30%，含氮量增加1.5~2倍，相当于9%~10%的粗蛋白，适口性变好，采食量增加。氨化后的秸秆可作为越冬牛、羊的主要饲料，肉牛每天采食4~6 kg的氨化秸秆和3~4 kg的精料，可获得1~10 kg的日增重。

2. 秸秆氨化的方法

（1）小型容器法

小型容器主要有窖、池、缸及塑料袋几种，氨化前可用铡草机将秸秆铡成细节，也可整株、整捆氨化。若用液氨，先将秸秆加水至含水率达30%左右，装入容器。留个注氨口，待注入相当于干秸秆3%的液氨后封闭；若用尿素作氮源，则先将相当于秸秆量 5%～6% 的尿素溶于适当的水，与秸秆混合均匀，使秸秆含水率达 40% 左右，然后装入容器密封。

操作方法：先将秸秆切至 2 cm 左右，按每 100 kg 秸秆（干物质）用 5 kg 的尿素、40～60 kg 水的比例，把尿素溶于水中搅拌，待完全溶化后分数次均匀洒在秸秆上，入窖前后喷洒均可。如果在入窖前将秸秆摊开喷洒，则更为均匀。边装窖边踩实，等装满踩实后用塑料薄膜覆盖密封，再用细土等压好即可。

（2）堆垛法

先在地上铺一层厚度不少于 0.2 mm 的聚乙烯塑料薄膜，长度依堆垛大小而定，然后在膜上堆成秸秆垛，膜的周边留出 70 cm。再在垛上盖塑料薄膜，并将上下膜的边缘包卷起来，埋土密封。其他操作程序视使用的氮源不同而异，与小型容器法一样。堆垛法是我国目前应用最广泛的一种方法，其优点是：方法简单，成本较低。但是所需时间长、所占地盘大，从而限制了在大中型牛场的应用。

（3）氨化炉法

是将加氨的秸秆在密闭容器内加温至 70～90 ℃，保温 10～15 小时，然后停止加热保持密闭状态 7～12 小时，开炉后让余氨飘散一天，即可饲喂。基本上可做到一天一炉。

氨化炉可采用砖水泥结构，也可以是钢（铁）板结构。砖水泥结构可用红砖砌墙，水泥抹面，一侧安有双扇门，内衬石棉保温材料。墙厚 24 cm、顶厚 20 cm。如果室内尺寸为 30 m × 23 m × 23 m，则一次氨化秸秆量为 600 kg。

氨化炉的优点：24 小时即可氨化一炉，大大缩短了处理时间，不受季节限制，能均衡生产、均衡供应。但是，氨化成本较高，因而其推广应用受到限制。

3. 影响氨化饲料质量的因素

①秸秆原料的品质；②秸秆的含水率；③氨的用量；④压力；⑤环境温度和氨化时间。

4. 氨化饲料的质量评定方法

①感官评定法；②化学分析法；③生物技术法。

第六章　生态视域下的农业环境保护实践

第一节　农业资源保护

一、农业资源的分类与特性

农业资源是人类赖以生存的物质基础，随着我国社会经济的发展和人口数量的不断增加，农业资源承受的压力越来越大，并导致局部地区农业资源的退化和生态环境的不断恶化，严重地制约着我国经济的可持续发展和人民生活水平的提高。清醒地认识我国农业资源的现状，解决农业资源利用中存在的问题，协调好人口、资源、环境和发展之间的关系，走农业资源可持续利用的道路，是我国农业发展的战略选择。

在一定的技术、经济和社会条件下，人类农业活动所依赖的自然资源、自然条件和社会条件构成农业资源。认识农业资源的存在状况及其发展规律，目的在于合理开发与保护农业资源，建立与资源状况相适应的农业生产结构体系，提高资源的转化效率，以促进农业生产持续、稳定发展。

（一）农业资源的相关概念

1. 资源

资源是在一定的时空范围和一定的经济条件、技术水平下，由人们发现的、可被人们利用的、有价值的物质和因素，包括有形的物品和无形的因素，如资本、技术和智慧等。资源既包括一切为人类所需要的自然物，如阳光、空气、水、矿产、土壤、植物及动物等；也包括以人类劳动产品形式出现的一切有用物，如各种房屋、设备、其他消费性商品及生产资料性商品；还包括无形的资产，如信息、知识和技术以及人类本身的体力和智力。任何事物只要它能满足人们的某种特定需求，能够被人们利用来实现某些有价值的目的，都可以被认为是资源。资源包括两大类别，即自然界赋予的自然资源和来自人类社会劳动的社会资源，包括来自社会的人、财、物和技术等。

资源的概念是动态的，是随着人类的认识水平和科技成就而不断地扩展的，与人类需要和利用能力紧密联系。也就是说，资源是一个历史范畴的概念，随着社会生产力水平和科学技术水平的进步，其内涵与外延将不断深化和扩大。

2. 农业资源

农业资源是一种特定的资源，是指农业生产活动中所利用的有形投入和无形投入。它包括自然界的投入和来自人类社会本身的投入，并且，由于它与农业这一特定的产业部门联系在一起，所以也或多或少地具有部门的一些特性。

农业资源有广义与狭义之分。由于农业生产是在人类管理与控制下的一种有目的的生物生长过程，所以农业生产活动所需要的投入包括生物生长发育所需要的自然界的投入和人类为达到特定目的而进行的物质技术投入。广义的农业资源是指所有农业自然资源和农业生产所需要的社会经济技术资源的总和。狭义的农业资源仅指农业自然资源，不包括农业生产的社会经济技术条件。

农业自然资源是自然界可被利用于农业生产的物质和能量，以及保证农业生产活动正常进行所需要的自然环境条件的总称。农业自然资源包括农业气候资源、农业土地资源、农业水资源、农业生物资源。

农业生产的社会经济技术资源，是指农业生产过程中所需要的来自人类社会的物质技术投入和保证农业生产活动正常进行所必需的社会经济条件。农业社会经济资源包括农业人力资源、农业能源与矿产资源、农业资金、农业物质技术资源、农业旅游资源、农业信息资源等。随着农业经营从经验上升到科学，从小规模自给性生产到大规模商品性生产，农业越来越需要准确的天气、病虫、地力、技术、交通、市场等方面的农业生产信息。因此，农业生产信息也正成为日益重要的社会资源。

（二）农业资源的分类

依据资源的直接来源，农业资源可分为自然资源和社会资源两大类。

自然资源是指在一定社会经济技术水平下，能够产生生态效益或经济价值，以提高人类当前或预见未来生存质量的自然物质、能量和信息的总和。农业资源包括来自岩石圈、大气圈、水圈和生物圈的物质。具体包括：由太阳辐射、降水、温度等因素构成的气候资源，由地貌、地形、土壤等因素构成的土地资源，由天然降水、地表水、地下水构成的水资源，由各种动植物、微生物构成的生物资源。生物资源是农业生产的对象，而土地、气候、水资源等是作为生物生存的环境存在的，是全部生物种群生命活动依托的处所。

社会资源是指通过开发利用自然资源创造出来的有助于农业生产力提高的人工资源，如劳力、畜力、农机具、化石燃料、电力、化肥、农药、资金、技术、信息等。

自然资源与社会资源的关系：①自然资源是农业资源的基础，是生物再生产的基本条件。②社会资源的投入是对自然资源的强化和有序调控手段，可以扩大自然资源利用的广度和深度，反映农业发达的程度和农业生产水平。如在农业发展早期，人们主要依赖优越的自然资源，除人力、畜力及简单的农具外，几乎没有其他社会资源投入，生产力水平极低下，随着生产的发展，社会资源的投入日益增多，农业生产力随之不断提高，现代农业生产越来越依赖社会资源的投入。③在农业生产中社会资源的投入并不是越多越好，伴随现代农业的发展而带来的诸如环境污染、资源短缺等一系列社会、生态弊端正影响着人类健康发展，有待在前进中不断克服和发展。④农业生产是自然再生产与经济再生产相交织的综合体，农产品是自然资源与社会资源共同作用的结果，都是人类通过社会劳动把资源的潜在生产力化为社会财富的过程。如玉米种子春天播种到出苗后经过一系列的生长发育过程，秋天又能收回更多的种子，是种子自身繁殖即自然再生产过程；同时从种到收需要投入种子、劳力、畜力、化肥、机械等费用，但通过卖种子又能获得较这些费用更高的经济收入，这是经济再生产过程。

按其重复利用程度，农业自然资源可进一步分为可更新资源（可再生性资源）和不可更新资源（不可再生性资源）。如土壤肥力可以借助于生物循环得到更新，得以长期利用；森林、草原以及各种动植物、微生物、地表水、地下水也属于可更新资源；劳力、畜力等也属于可更新资源；农业气候资源（如光、温、降水）在年内属于流失性资源，在年间又具有相对的稳定性，能年复一年地显现，也可归为可更新资源中。可更新资源能持续地或周期性地被产生、补充和更新。而不可更新资源缺乏这种持续补充和更新能力，或者其补充和更新周期相对于人类的生产活动而言过长。化石燃料、矿藏等都属不可更新资源。深层地下水的补充和更新常常较缓慢，特别是在干旱地区，人们常把这种深层地下水当作一种不可更新的"水矿"。不可更新资源的贮量有限，用一点少一点，如不珍惜或节约使用，就会供不应求，导致资源危机。

（三）农业自然资源的特性

随着人类认识水平的提高，会有越来越多的物质成为资源，所以，物质资源化和资源潜力的发挥是无限的，但在一定的时空范围和经济、技术水平下，有效性和稀缺性是资源的本质属性。一般而言，自然资源都有一些共同的特征。

1. 可用性

可用性即资源必须是可以被人类利用的物质和能量。对人类社会经济发展能够产生效益或者价值。

2. 有限性

有限性是指在一定条件下资源的数量是有限的，不是取之不尽、用之不竭的。不可更新资源的有限性显而易见，而可更新资源的自然再生、补充能力也同样有限。当人类对其开发利用超过自然资源的更新能力时，就会导致资源的逐渐枯竭，因而可更新资源也具有稀缺性。

3. 多宜性

多宜性即自然资源一般都可用于多种途径，如土地可用于农业、林业、牧业，也可用于工业、交通和建筑等。自然资源的多宜性为开发、利用资源提供了选择的可能性。例如，一条河流，两岸护以林带，在适当地点筑坝就能为能源部门提供廉价的电力，为农业提供自流灌溉，为交通提供经济的水运，为牧业提供水生饲料，为居民提供优美的生活环境，为旅游者提供游览区，还可以提供水产品和林产品。资源的开发与保护要根据这一特点，不能仅局限于资源的某一种功能，而必须充分发挥其各种利用潜力，发挥资源的综合效益。

4. 整体性

整体性是指自然资源不是孤立存在的，而是相互联系、相互影响和相互依赖的复杂整体，是一个庞大的生态系统。一种资源的利用会影响其他资源的利用性能，也受其他资源利用状态的影响。如土地是一个较广泛的概念，它可以包括特定区域空间的水、空气、辐射等多种资源；由于水、气资源的质量变化，也会影响到土地资源质量的变化；水资源的缺乏会引起土地生产力的下降。因此，在开发利用的过程中，必须统筹安排、合理规划，以确保生态系统的良性循环。

5. 区域性

自然资源存在空间分布的不均匀性和严格的区域性。虽然从宏观上，全球自然资源是一个整体，但任何一种资源在地球上的分布都不是均匀的，各种资源的性质、数量、质量及组合特征等形成很大地域差别。中国自然资源的分布就具有明显的地域性。煤、石油和天然气等能源资源主要分布在北方，而南方则蕴含丰富的水资源。这种资源分布的地域性与不平衡性，影响着经济的布局、结构、规模与发展，使资源的运输和调配成为必然。

6. 可塑性

可塑性指自然资源在受外界有利的影响时会逐渐得到改善，而在不利的干扰下会导致资源质量的下降或破坏。这就为资源的定向利用和保护提供了依据。人类虽不能创造自然资源，但可以采取各种措施，在一定程度上改变它的形态和性质。如通过改土培肥、改善水利、培育优良的生物品种等，进一步发挥自然资源的生产潜力。自然资源不仅是人类生产劳动的对象，一定条件下还可以是人类生产劳动的产物。

在社会经济的发展中，必须正确地处理好自然资源利用与保护的关系。对自然资源的过度利用，势必影响资源的整体平衡，使其整体结构、功能以及在自然环境中的生态效能遭到破坏甚至丧失，从而导致自然整体的破坏。因此，开发任何一种自然资源，都必须注意保护人类赖以生存、生活、生产的自然环境。

二、农业资源的合理利用与评价

人类对资源的利用最初仅仅是为了温饱和生存，随着人类社会的发展，经济收益在资源利用中的地位逐步上升，开展资源保护通常与资源利用发生矛盾。为了解决人口增长与人均自然资源和农业用地不断减少的矛盾，为了保护自然资源、改善生态环境，为了农业现代化进一步发展，必须合理利用农业资源，所谓合理利用农业资源，就是合理地开发、利用、治理、保护和管理农业资源，以期达到最佳的生态效益和经济效益。

合理利用农业资源，是发展农业生产的一个具有战略意义的重大问题，必须依据农业资源的特性，综合考虑农业生态系统内的资源现状，以及各种农业资源所具备的特点，合理利用农业资源，遵循资源利用的基本原则，以充分发挥资源的最大效益。

（一）合理利用农业自然资源的基本原则

随着社会生产的发展和人口的增加，产生了资源的有限性和环境污染问题的矛盾，这个矛盾日趋突出。为了解决人口增长与人均自然资源和农业用地不断减少的矛盾，为了保护自然资源、改善生态环境，为了农业现代化进一步发展，必须合理利用农业资源。所谓合理利用农业资源，就是农业资源的合理开发、利用、治理、保护和管理，以期达到最好的综合经济效果。

合理利用农业自然资源，是发展农业生产的一个具有战略意义的重大问题。必须根据前述的自然资源的基本特性，综合考虑农业生态系统内的资源现状，以及各种农业资源所具备的特点，合理利用农业资源，遵循以下四个基本原则，以充分发挥资源效益。

1. 因地制宜、因时制宜的原则

我国地域辽阔，自然资源时空分布形成了严格的区域性和时间节律性。因此，在农业自然资源的合理利用中，要注意遵循因地制宜、因时制宜的原则，切忌"一刀切"。特别是农用可更新资源的利用，一方面要注意不同农作物、畜禽、林木、水生生物等都对其生长发育环境有着特殊的要求；另一方面要注意分析和研究不同地区资源的特点和其可利用性，充分利用资源的有利条件，发挥其生产潜力，做到宜农则农、宜林则林、宜牧则牧、宜渔则渔，并根据资源的供应量，合理组配农业生物种群和配置适宜的种群密度。针对农业自然资源的时间节律性，设计合理的农业生物节律与之配合，真正做到因地制宜和因时制宜，扬长避短，发挥优势。

不同的农业生态系统，其农业社会资源状况也具有很大的差异，农业基础设施、经济实力和融资能力、离主要贸易中心的距离、交通运输能力、劳动力的数量和质量、农业信息的获取和处理能力等各不相同，农产品市场更是一个动态市场，农业经营者应根据本单位的具体情况，找出自己的社会资源优势和不足，随时掌握农产品市场的动态变化，具体情况具体分析，因地制宜、因时制宜地安排农业生产。

2. 资源利用与资源保护相结合的原则

资源利用与资源保护是相互联系又相互制约的，合理利用必须做到合理开发利用与加强资源保护相结合。在开发利用时注意保护，在保护的前提下合理开发利用。如果说开发利用资源是为了满足人类生活和社会需求，保护资源就是为了保证这种供应的连续性；如果说开发利用资源是为了提供当代人的需要，那么保护资源是为了不危害子孙后代的需求。

自然资源的合理利用和保护，应当根据不同的资源类型和特点，制定相应的利用和保护计划。可更新资源的利用要首先考虑资源的再生能力，开发利用的强度不应超过资源的再生能力。在利用可更新资源时，还要注意抑制资源生产力的下降，防止自然资源被破坏和流失，确保其可持续利用。对于系统内不可更新资源的利用，要确定资源的储采比，合理调节有限资源的耗竭速度，开源节流，延长资源的使用年限。

任何一种资源的利用都有适量、不适量和最大适量的问题，中国在农业生产中严重的教训是过去曾经忽视了生态平衡，对自然资源的利用超过了资源的利用极限和再生极限，进行掠夺性经营。诸如种植业中的盲目开荒、林木业中的过度采伐、草原牧业中的超载放牧、渔业中的过度捕捞等。其对于农业生产力以及生态环境所带来的恶果已为历史事实所证明。

合理利用和保护资源，不仅包括对自然资源的保护和利用，也包括对农业社会资源的合理利用和保护。在农业社会资源的合理利用和保护中，构筑合理的人才管理机制是现代化农业企业的关键，通过引进人才、培训人才、加强社会交往，以充实加强系统的人才储备库；通过继续教育、对口培训，以提高系统内的劳动者素质；通过合理的分配制度、和谐的内部关系，以充分调动全体从业人员的积极性。

3. 资源利用与资源节约相结合的原则

由于中国生产技术比较落后，设备陈旧，管理不善，资金短缺，资源性产品价格偏低，资源管理体制和政策尚不十分健全等，导致资源浪费现象严重，水资源的浪费更是数目惊人。因此，中国自然资源的节约潜力很大。节约利用资源不仅有利于资源保护，而且具有投资少、周期短、见效快等特点。

当然，一方面要注意节约使用资源，另一方面也要注意资源的开源与节流相结合。资源的开源和节流是互为依存的，开源是节流的前提，节流是开源的继续，应根据不同资源不同条件确定其侧重点。对于某一现实的农业生态系统，开源的途径是多方面的，通过资源引进、低值资源的利用、替代资源的开发、废物资源化等途径，从而拓展系统的资源流通量，提高农业生态系统的功能。

替代资源的开发具有很重要的实际意义，为了使资源替代实现最佳经济效果，可利用边际平衡原理进行分析。利用多种资源生产等量农产品时，为了节省费用、降低成本，用高效（或价格低廉）的资源来替代一部分原有资源，当替代资源的边际费用与换出资源的边际费用相等时，就使相互替换的资源之间的替换率达到了最适度，从而能找出生产等量农产品的成本最低的资源组合。

4. 综合开发、综合利用的原则

这是由资源本身所具有的多宜性决定的，对多宜性资源要进行综合开发，实现资源的多层次、多途径利用，以提高资源的利用效益。例如，水库的主体功能是用于农业灌溉，但在水库中养殖鱼类并不影响其灌溉功能；再结合钓鱼，既能给垂钓者提供乐趣，又能增加系统收益；若综合开发为由旅游、养殖、灌溉、水力发电等项目组成的综合利用系统，则系统的效益更高。由此可见，综合开发、综合利用资源，形成良性循环的多层次、多途径综合生产系统，不仅可充分发掘资源的生产潜力，还能大大提高农业生态系统的效益。

资源的综合开发和综合利用不仅要对资源进行定性分析，以找出资源能提供的多种利用途径，还要对资源进行定量分析，以找出等量资源生产多种农产品的最佳收益组合。这可利用边际平衡原理，即一定数量的资源分配用于生产多种产品时，当生产出的各种产品的边际收入相等时，系统的生产收益最大。

（二）土地资源利用与保护途径

针对这种情况，土地资源利用与保护的途径主要有以下四个方面。

1. 加强土地资源管理

首先，要严格执行基本农田保护制度，通过法律措施加强对现有耕地的保护；其次，严格控制耕地占用，特别是企业建设、住房建设用地，应尽量使用非耕地或低质量耕地以保证耕地数量的稳定和质量的提高；最后，要加强土地管理与整治工作，搞好土地资源的调整和规划，为合理利用和保护土地资源提供依据。

2. 因地制宜利用土地

利用土地资源要注意因地制宜，要根据土地资源状况调整用地结构，充分发挥各类土地资源的生产能力，宜农则农、宜林则林、宜牧则牧、宜渔则渔。对于山区林地，25°以上的坡地禁止开垦，已有的耕地要限期退耕还林、还草；25°以下的坡耕地要限期实施坡改梯，以减轻水土流失。洪灾频繁的湖区耕地，应有计划地平坝蓄洪、退耕还湖，保护生态环境，以利土地资源的持续利用。

3. 加强土地资源的综合治理

耕地实行用地与养地相结合，建立用地与养地相结合的轮作制度，增施有机肥，提高土壤肥力，改良土壤结构，提高土壤质量。对于次生盐渍化土壤和潜育化土壤，应合理灌溉，加强综合治理，改造中低产田，防止土地资源的退化和破坏。水土流失较严重的地区，应加强绿化，增加植被，采用生物措施和工程措施相结合，减轻水土流失的危害。沙化地区应积极研究沙化地农业生态工程技术，加强综合治理。

4. 加强土地综合利用和立体开发

我国人口多，人均耕地面积少，农业生产的进一步发展，必然依赖于土地的集约经营。因此，加强土地资源的综合利用和立体开发，提高单位面积的产量和产值，是农业生态系统持续稳定发展的基本前提。为此，应合理利用各种农业生态工程技术，建立充分利用空间和资源的立体生产系统，综合运用生态学原理和经济学原理来管理农业生态系统，以提高系统的生产力和生产效率。

（三）生物资源的合理利用与保护

1. 森林资源的利用与保护

我国森林资源利用中存在的问题也较多，这主要表现在：乱砍滥伐现象严重，过量采伐和重采轻造的现象仍较突出；由于护林防灾规章制度和组织不健全，使森林水灾严重，大量森林毁于火灾；由于人口增长，毁林开荒以增加粮食产量，导致了严重的生态后果；重采轻育，使森林资源得不到人工更新。

森林资源的利用与保护途径主要为：大力开展造林绿化，提高森林覆盖率；封山育林，制止乱砍滥伐，加强森林资源管理；有计划地加速边远过熟林区的开发利用；对水源区和用于防风固沙的森林要严加保护，加强森林的更新和抚育，增加速生丰产林面积；开发木材综合利用技术，开发木材的替代材料（如以钢代木、以塑代木、以草代木等），以尽可能减少森林资源的砍伐。

2. 草场资源的利用与保护

在草场资源利用中，我国目前还存在着草场管理不善，滥垦、滥牧、滥采现象仍较严重，大部分草场不同程度地存在超载现象，草场资源退化严重。南方山地及滩涂草地尚有大部分未开发，造成草场资源的极大浪费；北方农区草地大多垦草种粮，造成"开垦—沙化或次生盐渍—撂荒"的恶性循环，严重地破坏了草地资源。草地资源重利用轻建设的现象仍较普遍，草地畜牧业设施简陋，草地经营粗放。家畜良种化程度低。我国草地畜牧业的畜群结构不合理，家畜大多为古老的地方品种，优良品种较少，良种化程度低。

根据草场的具体条件，确定合适的载畜量，及时调整畜群结构，是提高草场资源利用效率的重要措施；建设一定面积的集约化人工草场，实行科学管理，以达到优质高产，推动我国畜牧业生产的发展；严禁对草原滥垦、滥放，加强对草场资源的管理，以防止草场土壤沙化和草场资源退化。

3. 渔业资源的利用与保护

渔业资源利用中存在的问题主要是：随着工农业生产的发展，环境污染也越来越严重，日益严重的水域污染，导致水生生物种类减少，沿海和近海渔业资源遭到严重破坏，优质经济鱼类大幅度减少，幼杂鱼比例过大。渔业发展不平衡，渔业内部结构失调突出。

渔业资源的利用与保护途径为：确定科学、合理的捕捞强度，严禁超强度捕捞，坚决制止捕捞经济鱼类的幼苗、滥用破坏渔业资源的渔具和捕鱼方法；大力开展人工养殖和资源增殖；发展远洋渔业；对内陆水域资源，要控制围湖造田，防止环境污染；建立水产资源和水域环境的监测系统，以保护渔业，促进渔业发展。

4. 野生生物资源的利用与保护

野生生物资源具有非常重要的意义：①生物资源是维系生态系统多样性的物

质基础。多样化的生态系统、交错的食物网关系、复杂的种间相互作用，都依赖于生物圈的生物多样性。②物种多样性是人类赖以生存和长期延续的前提。现在的农业动物和植物，最初都来自野生生物；现在的野生生物，将来也可能成为农业生物。③遗传多样性为育种工作和遗传工程提供了广阔的前景。野生生物经历了漫长的自然选择，其遗传、变异形成了内容丰富的基因库，人类对农业动植物的改造和育种工作，利用野生生物资源中的某些特异基因，往往能使育种工作取得重大进展；遗传工程的迅速发展，对野生生物的基因利用，将有更加广阔的前景。

（四）水资源的合理利用与保护

我国水资源存在的问题主要有：水资源相对较少、水资源分布不均匀、水环境恶化、水资源利用效率低。水资源的合理利用与保护途径主要表现在以下六个方面。

1. 加强水利基础建设

兴修水利包括：有计划地修建水库等集水设施，增加蓄水、供水能力；修建规范的排灌系统，提高水资源的利用率；清理维修池塘、坝堰、水渠，提高其灌溉功能；进行大江、大河、湖泊的综合治理，加强江河湖泊的蓄洪、泄洪和灌溉功能。

2. 节约用水

在水资源不足的地区，改进灌溉技术，采用喷灌、滴灌等措施，可节约水资源；改良土壤结构，提高土壤的保水保肥能力，可减少灌溉水的耗用；地膜覆盖、塑料大棚、日光温室等设施设备，不仅能改良农业生物的温度等生态因子，其水分利用率也很高，发展节水农业，减少水资源浪费是农业生态系统发展的一大方向。工业生产和城市居民生产的节水也具有很大的潜力。

3. 水资源的区域调节

我国水资源分布的地带性差异，形成了明显的南方水资源相对过剩，而北方水资源严重不足的状况。我国目前进行的南水北调工程，就是为了解决北方水资源的缺乏状况。远距离的水分区域调节完全是可行的，通过修建引水渠和输水系统，可提高水体的灌溉效率和水体灌溉覆盖度。

4. 加强废水利用

废水利用不仅包括农业灌溉水的回收利用，还包括城市生活污水和其他只含有机污染物的废水的污水灌溉，以及用于污水处理的氧化塘内的种植和养殖。对于含有酸、碱、盐和重金属污染物或其他有毒物质的污水，一般不能直接用于农业灌溉，也不能用于食物生产，以防有毒物质沿食物链进入人体，最终危害人体健康。对于这类废水，可用作生产观赏植物、纤维作物等的灌溉用水，也可做纯观赏用途，或回收用于工业生产。

5. 适度开采地下水

在严重缺水地区，开采地下水用于生活和农业灌溉也是必要的，但地下水的开采应该适度，不能过度开采。目前，我国北方各大中城市都存在地下水开采过度的问题，地下水位平均每年下降 1 m 以上。

6. 综合利用水资源

水体的功能是多方面的，包括灌溉、运输、养殖、种植、清洗、溶解、观赏、游乐等，综合利用水资源的方法也多种多样。通过多渠道、多途径、多层次综合利用水资源，提高水资源的生产效率，建立合理的水域生态系统，不仅可提高水域生态系统的经济效益，也有利于水域实现生产自净和良性循环，改善水域生态环境，提高整个系统的功能。

三、农业资源调查与评价

（一）农业资源调查与评价概述

1. 农业资源调查与评价的目的和意义

农业资源调查是指对一个国家、一个地区各种农业资源的种类、特征、数量、质量、分布和潜力及其开发利用现状、存在问题，进行的全面综合的调查。而农业资源评价则是在资源调查基础上，针对资源数量的有限性和质量、分布及其结构功能的差异性，结合发展生产的要求，对各种资源在利用中可能发生或已发生的作用和效益予以科学的计量与评价，提出资源合理开发利用的方向和方式。

农业资源调查评价的基本目的在于查清农业资源的数量、质量、分布利用状况及其生产潜力，协调人与自然、人与资源的关系，保持和增强农业生产中生物系统为人类需要提供资源的能力，以提高资源生产力和生产率，促进农业扩大再生产，使生产的发展与环境协调，取得最佳的综合效益。

通过农业资源调查，首先，可以为研究农业结构和布局奠定基础，要构建一个合理的结构和布局，对农业资源进行综合评价是一项必不可少的基础工作；其次，可为科学划分农业区域提供可靠依据，农业生产地域差异性强，不同地区的生产力水平、自然资源和经济条件不同，农业资源调查与评价能揭示农业生产的地域分异规律；最后，可以为农业资源的合理开发和农业区域规划提供科学依据。

2. 农业资源调查评价的原则

根据农业资源调查与评价的目的，结合农业生产特点，在农业资源调查与评价中必须遵循下列原则。

第一，着眼长远，立足当前，实行长远与当前结合，为农业生产服务。既要从我国当前农业的实际情况和特点出发，依据实现农业可持续发展的具体要求，查明资源及其潜力，探明地区的资源优势和生态规律，为制订农业区域规划和开发整治的最优方案提供依据；也要考虑在市场经济条件下自然生态系统变化和经济周期速度快的特点，使评价工作不断向深度和广度发展。

第二，运用生态效益、经济效益和社会效益相结合的原则，进行综合效益分析、评价。农业资源调查与评价工作既要依据自然生态规律要求，查明和分析各部门与农作物在一定自然条件下的适宜性和技术可行性，又要在此基础上根据社会经济规律要求，分析论证其经济合理性和可行性，以期在保证生态效益的前提下，取得最大的社会经济效益。

第三，要深入分析主导因素和限制因素，进行全面系统的评价。各种农业资源在农业生产中是一个有机的整体，但由于各种资源条件对不同作物与生产部门的意义、作用和适宜程度各不相同，因而不能把所有因素放在同等重要的地位，而必须着力于主导因素和限制因素的调查与评价。所谓主导因素，就是在很大程度上决定某一生产门类的发展是否适宜，是否合理可行的因素，它可以是单项因素，也可以是部分自然因素的结合。

第四，依据农业地域差异，因地制宜、扬长避短、发挥区域优势的原则，评价资源的质量等级及其合理利用的方向和途径。农业资源是形成农业生产地域性的基本因素，在社会、经济技术条件大体相同的情况下，条件的差异常成为决定农业生产结构和地区布局的决定因素。因此，农业资源评价要着重于发挥当地资源优势，突出地域生态条件的特征和主导因素，分析确定各种资源的开发利用方向，为因地制宜地利用改造自然和指导农业生产提供依据。

3. 农业资源评价与调查的内容

农业资源调查与评价的基本内容，一般应包括以下四个方面：第一，摸清资源"家底"，查明资源的种类、分布、数量、质量特征和潜力；第二，评价各种资源条件与农业生产的关系，探索农业生态规律及各种资源条件对农业生产的适宜性和限制性；第三，综合分析各种资源条件在地域上的不同组合及其对农业生产的有利和不利影响；第四，探讨各地区合理开发、利用、改造和保护自然资源的方向、方式和途径及其生态效益和社会经济效益。

由于农业资源种类繁多，不同农业资源调查与评价内容也各不相同，因而农业资源调查与评价的具体内容很多。调查与评价工作要围绕农业生产发展和人类生活需要，侧重于那些有重大影响而较为稀缺的自然资源，主要是土地资源、气候资源、水资源、生物资源等，而数量巨大不易匮乏的农业资源，则可以不作为重点。

（二）农业资源的评价

农业资源利用效率评价是资源科学研究的重要内容。农业资源利用效率研究不仅可以促进资源科学综合研究，丰富资源科学理论，而且有利于保障粮食安全、改善生态环境、提高粮食产量，因此，农业资源利用效率研究具有很强的理论价值和现实意义。

1. 农业资源评价方法

粮食生产过程中不当的资源利用方式非但没有达到稳产高产的目的，反而给环境带来了很大的负效应。如何对有限的农业资源进行内涵挖潜，提高资源利用效率，协调粮食生产过程中生态效益、经济效益与社会效益三者间的关系，实现农业资源的高效持续利用，是一个具有理论和实践意义的课题。

（1）比值分析法

可以利用比值分析法直接求算资源利用效率，还可以通过计算资源消耗系数来间接求算资源利用效率。消耗系数越大，资源的利用效率就越低。

（2）能量效率分析的评价方法

农业资源利用效率评价指标体系中除包括水、土、气、生等单项资源利用效率评价指标外，还包括物质、能量转化效率等一些综合性指标。能量效率分析就是要研究系统的能量流，从能量利用转化的角度进行效率分析。在研究能量流的过程中，利用能量折算系数把各种性质和来源不同的实际投入、产出物质转换成能流量，通过计算机和统计分析确定系统内各成分间各种能流的实际流量。

对于农业生产系统，主要是研究其辅助能量投入、产出以及转化率的大小，包括生物辅助能、工业辅助能、人工辅助能、产出能等。目前，能流分析方法有统计分析法、输入输出分析法、过程分析法三种。以输入输出法为例，首先测定输入输出实际的流量，利用能量折算系数统一量纲；在此基础上，进行能量效率分析，分别计算各种辅助能的能量利用效率（总产出能/各辅助能投入）、太阳能利用率（系统能量总产出/系统太阳能输入）、总的能量利用效率（总产出能/总投入能）以及能量投入边际产出等。还可以利用统计的方法，对各辅助能投入与能量总产出之间进行回归分析，寻找农业生产中的限制性因子。应用灰色系统理论的关联分析方法对影响能量总产出的各项投入因子的重要性进行量化分析，寻找较能影响系统产出的因素，计算各种能量的投入比例，分析系统的能量投入结构，以反映能量投入效果，确定能量投入是否合理。

（3）因子-能量评价模型

因子-能量评价模型是基于能量分析，以能量作为评价媒介，采用能量的形式，将诸多功能、性质、量纲等都不一致的因子置于统一的衡量指标下。不同于能量效率分析的是，它以能量运动转化的衰减过程为评价主线，不仅是对辅助能的评价，而且更多的是对自然资源利用效率的评价，评价过程也具有更好的层次性。因子-能量评价模型将农作物产量形成过程划分为若干环节，每个环节加入一个资源因子，对应一个理论产量，随着环节的深入，影响因子逐渐增多，理论产量呈衰减趋势，通过建立因子间相互关系来寻找限制性资源因子及其定量制约程度。因子对生产过程的影响主要通过以下几个方面体现：因子-能量损失量

（相邻理论产量的差值）、因子-能量衰减率（差值与上一级理论产量的比值）、资源组合利用效率（实际产量与各级理论产量的比值）。

（4）能值评价方法

能值是由著名生态学家奥德姆创造的一个概念，其定义为：一种流动或储存的能量所包含的另一种能量的数量，称为该能量的能值。在实际应用中通常以太阳能值为标准来衡量其他各类能量的能值，即一定数量某种类型的能量中所包含的太阳能的数量。将单位数量的能量或物质所包含的太阳能值称为"太阳能值转换率"。能值的提出是系统能量分析在理论和方法上的一个重大飞跃，借助太阳能值转换率，生态系统的能量流、物质流和货币流等，均可换算为统一的能值。因此，系统研究包含了自然和经济资源，而且这些作用流可以直接加减和相互比较，从而实现了系统生态分析和经济分析的有机统一。

（5）数据包络分析法

数据包络分析法（Data Envelopment Analysis，DEA）主要采用数学规划方法，利用观察到的有效样本数据对决策单元进行生产有效性评价。DEA 法用一组输入、输出数据来估计相对有效生产前沿面，这一前沿能够很方便地找到，生产单位的效率度量是该单位与确定前沿相比较的结果。应用 DEA 法可以进行农业资源相对生产效率评价及农业技术效率评价。

（6）指标体系评价方法

为评价目标建立评价指标体系是较基础而常用的方法，在农业资源利用效率研究中建立评价指标体系，根本目的在于通过制定适当的度量指标，并依据指标间的前后、左右关系，形成有序而全面的评价指标系统，用以定量反映和衡量农业资源利用的有效性状况，识别和诊断不同地区、不同类型和不同模式农业生产和再生产过程中的限制性因素及其制约程度，勾绘出农业发展的资源利用基本轮廓。

2. 农业资源调查与评价的程序

（1）有步骤地安排工作程序

农业资源调查与评价工作一般应按照先调查后评价的顺序进行，但二者在实践中不是截然分开的，通常是结合进行的。首先，要根据农业部门或作物对光、热、水、土等有关自然条件的要求，对一定地区的自然条件进行分析，评定其分布、数量、质量特征，以及对生产发展与布局的适应性和保证程度，并评价这些条件在地域上的组合和作用；其次，在综合分析基础上，区分主次因素，深入分析主导因素及其对生产发展的作用，按主导因素的数量、质量指标及主导因素同各项次要因素的联系特征，把评价地区划分为不同等级的自然条件评价类型地区；最后，按类型地区逐一论证其合理开发利用的可能方式、方向及综合经济效果。

（2）选择具体的调查与评价方法

农业资源调查的形式很多：按调查所涉及学科分为综合调查和专题调查，按调查包括的范围可以分为全国、大区、流域、省、地（市）、县、场等，按时间分为一次性调查和经常性调查，按不同特点又分为普查、重点调查、典型调查，按调查方法可分为地面常规调查和遥感调查。针对农业资源调查的不同目标，应有选择地采用不同的调查方法。

（3）设计适当的指标系统

在农业资源调查与评价中，无论采用哪种方法，都要对各地区各种自然资源的适宜性和保证程度进行切实的分析评价，还必须根据评价项目的具体要求，因地制宜制定一系列的指标体系，以作为自然、经济、技术评价的尺度。定性分析只能从适宜性和合理性程度上反映分析等级尺度，主要用于概查和初期评价。如对土地质量的适宜性、限制性评价，其级间差异只是用"适宜""不适宜""高度适宜""中度适宜""勉强适宜""有条件适宜""当时不适宜""永久不适宜"等定性指标来表示相对的等级差别。当进入详查阶段后，只进行定性分析已不能满足评价要求，还要进行定量分析。这就要求制定定量指标，如反映土地特性和质量的自然属性指标：浊度、雨量、土壤质地、土壤水分有效性、抗侵蚀性、作物产量、树种年增长量等。

第二节　农业环境修复

一、污染物的土壤修复

土壤修复是指利用物理、化学和生物的方法转移、吸收、降解和转化土壤中的污染物，使其浓度降低到可接受水平，或将有毒有害的污染物转化为无害的物质。从根本上说，污染土壤修复的技术原理可包括：①改变污染物在土壤中的存在形态或同土壤的结合方式，降低其在环境中的可迁移性与生物可利用性；②降低土壤中有害物质的浓度。对于目前国内土壤污染的具体情况，并没有明确的官方数据。分析认为，目前我国的土壤污染尤其是土壤重金属污染有进一步加重的趋势，不管是从污染程度还是从污染范围来看均是如此。据此估计，目前我国已有六分之一的农地受到重金属污染，而我国作为人口密度非常高的国家，土壤中的污染对人的健康影响非常大，土壤污染问题也已逐步受到重视。

（一）污水土地处理系统

污水土地处理系统是利用土地以及其中的微生物和植物根系对污染物的净化能力来处理污水或废水，同时利用其中的水分和肥分促进农作物、牧草或树木生长的工程设施。处理方式分为以下三种。

1. 地表漫流

用喷洒或其他方式将废水有控制地排放到土地上。土地的水力负荷每年为1.5~7.5 m。适于地表漫流的土壤为透水性差的黏土和黏质土壤。地表漫流处理场的土地应平坦并有均匀而适宜的坡度（2°~6°），使污水能顺坡度成片地流动。地面上通常播种青草以供微生物栖息和防止土壤被冲刷流失。污水顺坡流下，一部分渗入土壤中，有少量蒸发掉，其余流入汇集沟。污水在流动过程中，悬浮固体被滤掉，有机物被草上和土壤表层中的微生物氧化降解。这种方法主要用于处理高浓度的有机废水，如罐头厂的废水和城市污水。

2. 灌溉

通过喷洒或自流将污水有控制地排放到土地上以促进植物的生长。污水被植物摄取，并被蒸发和渗滤。灌溉负荷量每年为0.3~1.5 m。灌溉方法取决于土壤的类型、作物的种类、气候和地理条件。通用的方法有喷灌、漫灌和垄沟灌溉。

（1）喷灌

采用由泵、干渠、支渠、升降器、喷水器等组成的喷洒系统将污水喷洒在土地上。这种灌溉方法适用于各种地形的土地，布水均匀，水损耗垄沟灌溉少，但是费用昂贵，而且对水质要求较严，必须是经过二级处理的。

（2）漫灌

土地间歇地被一定深度的污水淹没，水深取决于作物和土壤的类型。漫灌的土地要求平坦或比较平坦，以使地面的水深保持均匀，地上的作物必须能够经受得住周期性的淹没。

（3）垄沟灌溉

靠重力流来完成。采用这种灌溉方式的土地必须相当平坦。将土地犁成交替排列的垄和沟。污水流入沟中并渗入土壤，垄上种植作物。垄和沟的宽度和深度取决于排放的污水量、土壤的类型和作物的种类。

上述三种灌溉方式都是间歇性的，可使土壤中充满空气，以便对污水中的污染物进行需氧生物降解。

3. 渗滤

这种方法类似间歇性的砂滤，水力负荷每年为 3.3~150 m。废水大部分进入地下水，小部分被蒸发掉。渗水池一般是间歇地接受废水，以保持高渗透率。适于渗滤的土壤通常为粗砂、壤土砂或砂壤土。渗滤法是补充地下水的处理方法，并不利用废水中的肥料，这是与灌溉法不同的。

（二）影响污染土壤修复的主要因子

1. 污染物的性质

污染物在土壤中常以多种形态贮存，不同的化学形态有效性不同。此外，污染的方式（单一污染或复合污染）、污染物浓度的高低也是影响修复效果的重要因素。有机污染物的结构不同，其在土壤中的降解差异也较大。

2. 环境因子

了解和掌握土壤的水分、营养等供给状况，拟订合适的施肥、灌水、通气等管理方案，补充微生物和植物在对污染物修复过程中的养分和水分消耗，可提高生物修复的效率。一般来说，土壤盐度、酸碱度和氧化还原条件与生物可利用性及生物活性有密切关系，也是影响污染土壤修复效率的重要环境条件。

对有机污染土壤进行修复时，添加外源营养物可加速微生物对有机污染物的降解。对多环芳烃（Polycylic Aromatic Hydrocarbons，PAHs）污染土壤的微生物修复研究表明，当调控 C：N：P 为 120：10：1 时，降解效果最佳。此外，采用生物通风、土壤真空抽取及加入 H_2O_2 等方法对修复土壤添加电子受体，可明显改善微生物对污染物的降解速度与程度。此外，即使是同一种生物通风系统，也应根据被修复场地的具体情况而进行设计。

3. 生物体本身

微生物的种类和活性直接影响修复的效果。由于微生物的生物体很小，吸收的金属量较少，后续难以处理，限制了利用微生物进行大面积现场修复的应用。因此，在选择修复技术时，应根据污染物的性质、土壤条件、污染的程度、预期的修复目标、时间限制、成本、修复技术的适用范围等因素加以综合考虑。微生物虽具有可适应特殊污染场地环境的特点，但土著微生物一般存在生长速度慢、代谢活性不高的弱点。在污染区域中接种特异性微生物并形成生长优势，可促进微生物对污染物的降解。

（三）土地处理系统的减污机制

土地处理系统大多数污染物的去除主要发生在地表下 30～50 cm 处具有良好结构的土层中，该层土壤、植物、微生物等相互作用，从土表层到土壤内部形成了好氧、缺氧和厌氧的多项系统，有助于各种污染物质在不同的环境中发生作用，最终达到去除或减少污染物的目的。

1. 病原微生物的去除

废水中的病原微生物进入土壤，便面临竞争环境，例如遇到由其他微生物产生的抗生物质和较大微生物的捕食等。在表层土壤中竞争尤其剧烈，这里氧气充足，需氧微生物活跃，在其氧化降解过程中要捕食病原菌、病毒。一般地说，病原菌和病毒在肥沃土壤中以及在干燥和富氧的条件下，比在贫瘠土壤中以及在潮湿和缺氧的条件下，生存期短，残留率小。废水经过 1 米至几米厚的土壤过滤，其中的细菌和病毒几乎可以全部去除掉，仅在地表上层 1 cm 的土壤中微生物的去除率就高达 92%～97%。

2. BOD 的去除

废水中的 BOD（生化需氧量）大部分是在 10～15 cm 厚的表层土中去除的。BOD、COD（化学需氧量）和 TOC（总有机碳）的物理（过滤）去除率为 30%～40%。废水中的大多数有机物都能被土壤中的需氧微生物氧化降解，但所需的时间相差很大，从几分钟（如葡萄糖）到数百年（如称为腐殖土的络合聚结体）。废水中的单糖、淀粉、半纤维、纤维、蛋白质等有机物在土壤中分解较快，而木质素、蜡、单宁、角质和脂肪等有机物则分解缓慢。如果水力负荷或 BOD 负荷超过了土壤的处理能力，这些难分解的有机化合物便会积累下来，使土壤孔隙堵塞，发生厌氧过程。如发生这种情况，应减少灌溉负荷，使土壤表层恢复富氧的状况，逐渐将积累的污泥和多糖氧化降解掉。在厌氧过程中形成的硫化亚铁沉淀，也会被氧化成溶解性的硫酸铁，从而使堵塞得到消除。

3. 磷和氮的去除

在废水中以正磷酸盐形式存在的磷，通过同土壤中的钙、铝、铁等离子发生沉淀反应，被铁、铝氧化物吸附和农作物吸收而有效地除去。因此，废水土地处理系统的地下水或地下排水系统的水中含磷浓度一般为 $0.01\sim0.1$ mg/L。磷在酸性条件下生成磷酸铝和磷酸铁沉淀，而在碱性条件下则主要生成磷酸钙或羟基磷灰石沉淀。除了纯砂土以外，大多数土壤中的磷在 $0.3\sim0.6$ m 厚的上层便几乎被全部除去。

废水中的氮在土地上有四种形式：有机氮、氨氮、亚硝酸盐氮和硝酸盐氮。亚硝酸盐氮在氧气存在的条件下易被氧化为硝酸盐氮。土地上的氮不管呈何种形态，如不挥发，最后都会矿化为硝酸盐氮。硝酸盐氮可通过作物的根部吸收和反硝化（脱硝）作用去除，在深入到根区以下的土层中，由于缺氧条件，部分硝态氮（$10\%\sim80\%$）发生脱硝反应；最后总有一部分硝态氮进入地下水中。

4. 有机毒物的去除

二级处理出水中含的微量有机毒物，如卤代烃类、多氯联苯、酚化物以及有机氯、有机磷和有机汞农药等。它们的浓度一般远低于 1 μg/L，在土壤中通过土壤胶体吸附、植物摄取、微生物降解、化学破坏挥发等途径而被有效地去除。

5. 微量金属的去除

一般认为黏土矿、铁、铝和锰的水合氧化物这四种土壤组分以及有机物和生物是控制土壤溶液中微量金属的重要因素。它们去除微量金属的方式有：①层状硅酸盐以表面吸附或以形成表面络合离子穿入晶格和离子交换等方式吸附；②不溶性铁、铝和锰的水合氧化物对金属离子的吸附；③有机物如腐殖酸对镉、汞等重金属的吸附；④形成金属氧化物或氢氧化物沉淀；⑤植物的摄取和固定。微量重金属的去除以吸附作用为主，常量重金属的去除往往以沉淀作用为主。

在废水所含的金属中，镉、锌、镍和铜在作物中的浓缩系数最高，因而对作物以及通过食物链对动物和人的危害也最大。

（四）应用前景

污水土地处理系统作为一项技术可靠、经济合理、管理运行方便且具有显著的生态、社会效益的新兴的生态处理技术之一，具有无限的发展潜力。

土地处理系统在应用中主要是土地的占用，这在我国广大地区都具有很强的适用性。虽然我国土地资源十分紧缺，但在一些不发达地区，如西北等地区地广人稀，闲置了一些土地、荒山，在较发达地区也有废弃河道和部分闲置的开发区，这为土地处理系统提供了廉价土地资源。在农村和中小城镇，可以利用其拥有低廉土地的优势，建造土地处理系统，不仅可以净化污水，还可以与农业利用相结合，利用水肥资源，将水浇灌绿地、农田，使土壤肥力增加，提高农作物产量，从而带来更多经济效益，同时保护了农村生态系统；在城市，根据其污水水量大，成分复杂，但其市政经济承受能力强的特点，土地处理系统可因地制宜地选用各类型系统，强化人工调控措施，不仅能取得满意的污水处理效果，还可以美化城市自然景观，改善城市生态环境质量。土地处理系统的经济性使其比在其他发达国家更适合我国目前的经济发展水平，与其他处理工艺相比，土地处理系统技术含量较低，这在我国污水处理技术正处于研发和逐渐成熟的现阶段具有广泛的应用前景。以其作为污水处理技术，不仅效果好，而且可以解决我国目前净水工艺存在的主要问题，减少氮、磷的排放量，减缓我国水体富营养化的趋势。加强土地处理系统的理论研究和技术工艺开发，加大力度推行并实施污水土地处理技术，将是解决我国水污染严重和水资源短缺的有效途径。

二、污染物的植物修复

土壤作为环境的重要组成部分，不仅为人类生存提供所需的各种营养物质，而且还承担着环境中大约90%来自各方面的污染物。随着人类进步、科学发展，人类改造自然的规模空前扩大，一些含重金属污水灌溉农田、污泥的农业利用、肥料的施用以及矿区飘尘的沉降，都是可以使重金属在土壤中积累明显高于土壤环境背景值，致使土壤环境质量下降和生态恶化。由于土壤是人类赖以生存发展所必需的生产资料，也是人类社会最基本、最重要、最不可替代的自然资源，因此，土壤中金属（尤其是重金属）污染与治理成为世界各国环境科学工作者竞相研究的难点和热点。

（一）重金属进入土壤系统的原因

具体地说重金属污染物可以通过大气、污水、固体废弃物、农用物资等途径进入土壤。

1. 从大气中进入

大气中的重金属主要来源于能源、运输、冶金和建筑材料生产产生的气体和粉尘。例如煤含 Ce、Cr、Pb、Hg、Ti、As 等金属，石油中含有大量的 Hg。它们都可随物质燃烧大量地排放到空气中；而随着含 Pb 汽油大量地被使用，汽车排放的尾气中含 Pb 量多达 $20\sim50\ \mu g/L$。这些重金属除 Hg 以外，基本上是以气溶胶的形态进入大气，经过自然沉降和降水进入土壤。

2. 从污水进入

污水按来源可分为生活污水、工业废水、被污染的雨水等。生活污水中重金属含量较少，但是随着工业废水的灌溉进入土壤的 Hg、Cd、Pb、Cr 等重金属却是逐年增加的。

3. 从固体废弃物中进入

从固体废弃物中进入土壤的重金属也很多。固体废弃物种类繁多，成分复杂，不同种类其危害方式和污染程度不同。其中矿业和工业固体废弃物污染最为严重。化肥和地膜是重要的农用物资，但长期不合理施用，也可以导致土壤重金属污染。个别农药在其组成中含有 Hg、As、Cu、Zn 等金属。磷肥中含较多的重金属，其中 Cd、As 元素含量尤为高，长期使用会造成土壤的严重污染。

随着工业、农业、矿产业等迅速发展，土壤重金属污染也日益加重，已远远超过土壤的自净能力。防治土壤重金属污染，保护有限的土壤资源，已成为突出的环境问题，引起了众多环境工作者的关注。

（二）土壤重金属污染的植物修复技术

植物修复技术是以植物忍耐和超量积累某种或某些化学元素的理论为基础，

利用植物及其共存微生物体系清除环境中的污染物的一门环境污染治理技术。目前，国内外对植物修复技术的基础理论研究和推广应用大多限于重金属元素。狭义的植物修复技术也主要指利用植物清洁污染土壤中的重金属。植物对重金属污染位点的修复有三种方式：植物固定、植物挥发和植物吸收。植物通过这三种方式去除环境中的金属离子。

1. 植物固定

植物固定是利用植物及一些添加物质使环境中的金属流动性降低，生物可利用性下降，使金属对生物的毒性降低。通过研究植物对环境中土壤铅的固定，发现一些植物可降低铅的生物可利用性，缓解铅对环境中生物的毒害作用。然而植物固定并没有将环境中的重金属离子去除，只是暂时将其固定，使其对环境中的生物不产生毒害作用，没有彻底解决环境中的重金属污染问题。如果环境条件发生变化，金属的生物可利用性可能又会发生改变。因此，植物固定不是一个很理想的去除环境中重金属的方法。

2. 植物挥发

植物挥发是利用植物去除环境中的一些挥发性污染物的方法，即植物将污染物吸收到体内后又将其转化为气态物质，释放到大气中。目前在这方面研究最多的是金属元素汞和非金属元素硒。在土壤或沉积物中，离子态汞（Hg^{2+}）在厌氧细菌的作用下可以转化为毒性很强的甲基汞。利用抗汞细菌先在污染点存活繁殖，然后通过酶的作用将甲基汞和离子态汞转化成毒性小得多的可挥发的元素 Hg^0，已被作为一种降低汞毒性的生物途径之一。

3. 植物吸收

植物吸收是目前研究最多并且最有发展前景的一种利用植物去除环境中重金属的方法，它是利用能耐受并能积累金属的植物吸收环境中的金属离子，将它们输送并储存在植物体的地上部分。植物吸收需要能耐受且能积累重金属的植物，因此，研究不同植物对金属离子的吸收特性，筛选出超量积累植物是研究的关键。能用于植物修复的植物应具有以下五个特性：①即使在污染物浓度较低时也有较高的积累速率；②生长快，生物量大；③能同时积累几种金属；④能在体内积累高浓度的污染物；⑤具有抗虫抗病能力。经过不断的实验室研究及野外试验，人们已经找到了一些能吸收不同金属的植物种类及改进植物吸收性能的方法，并逐步向商业化发展。

利用丛枝菌根（Arbusscular Mycorrhiza，AM）真菌辅助植物修复土壤重金属污染的研究也有很多。菌根能促进植物对矿质营养的吸收、提高植物的抗逆性、增强植物抗重金属毒害的能力。一般认为，在重金属污染条件下，AM 真菌侵染降低植物体内（尤其是地上部）重金属浓度，有利于植物生长。在中等 Zn 污染条件下，AM 真菌能降低植物地上部 Zn 浓度，增加植物产量，从而对植物起到保护作用。也有报道 AM 真菌可同时提高植物的生物量和体内重金属浓度。在含盐的湿地中植被对重金属的吸收和积累也起着重要的作用，丛枝菌根真菌能够增加含盐的湿地中植被根部的 Cd、Cu 吸收和累积。并且丛枝菌根真菌具有较高的抵抗和减轻金属对植被胁迫的能力，对在含盐湿地上宿主植物中的金属离子沉积起了很大作用。在 As 污染条件下，AM 真菌同时提高蜈蚣草地上部的生物量和 As 浓度，从而显著增加了蜈蚣草对 As 的提取量，说明 AM 真菌可以促进 As 从蜈蚣草的根部向地上部转运。AM 真菌对重金属复合污染的土壤也有明显的作用。通过研究 AM 真菌对玉米吸收 Cd、Zn、Cu、Mn、Pb 的影响，发现其降低了根中的 Cu 浓度，而增加了地上部 Cu 浓度；增加了玉米地上部 Zn 浓度和根中 Pb 的浓度，而对 Cd 没有显著影响，说明 AM 真菌可促进 Cu、Zn 向地上部的转运。

（三）植物吸附重金属的机制

根对污染物的吸收可以分为离子的被动吸收和主动吸收。离子的被动吸收包括扩散、离子交换和蒸腾作用等，无须耗费代谢能。离子的主动吸收可以逆梯度进行，这时必须由呼吸作用供给能量。一般对非超积累植物来说，非复合态的自由离子是吸收的主要形态，在细胞原生质体中，金属离子由于通过与有机酸、植物螯合肽的结合，其自由离子的浓度很低，所以无须主动运输系统参与离子的吸收。但是有些离子如锌可能有载体调节运输。特别是超富集植物，即使在外界重金属浓度很低时，其体内重金属的含量仍比普通植物高 10 倍甚至上百倍。进入植物体内的重金属元素对植物是一种胁迫因素，即使是超富集植物，对重金属毒害也有耐受阈值。

耐性指植物体内具有某些特定的生理机制，使植物能生存于高含量的重金属环境中而不受到损害，此时植物体内具有较高浓度的重金属。一般耐性特性的获得有两个基本途径：一是金属的排斥性，即重金属被植物吸收后又被排出体外，或者重金属在植物体内的运输受到阻碍；二是金属富集，但可自身解毒，即重金属在植物体内以不具有生物活性的解毒形式存在，如结合到细胞壁上、离子主动运输进入液泡、与有机酸或某些蛋白质的络合等。针对植物萃取修复污染土壤，要求的植物显然应该具有富集解毒能力。据目前人们对耐性植株和超富集植株的研究，植物富集解毒机制可能有以下六个方面。

1. 细胞壁作用机制

研究人员发现耐重金属植物要比非耐重金属植物的细胞壁具有更优先键合金属的能力，这种能力对抑制金属离子进入植物根部敏感部位起保护作用。如蹄盖蕨属所吸收的 Cu、Zn、Cd 总量中有 70%～90%位于细胞壁，大部分以离子形式存在或结合到细胞壁结构物质，如纤维素、木质素上。因此，根部细胞壁可视为重要的金属离子贮存场所。金属离子被局限于细胞壁，从而不能进入细胞质影响细胞内的代谢活动。但当重金属与细胞壁结合达饱和时，多余的金属离子就会进入细胞质。

2. 重金属进入细胞质机制

许多观察表明，重金属确实能进入忍耐型植物的共质体。用离心的方法研究 Ni 超量积累植物组织中 Ni 的分布，结果显示有 72%的 Ni 分布在液泡中。利用电子探针也观察到 Zn 超量积累植物根中的 Zn 大部分分布在液泡中。因此，液泡可能是超富集植物重金属离子贮存的主要场所。

3. 向地上部运输

有些植物吸收的重金属离子很容易装载进木质部，在木质部中，金属元素与有机酸复合将有利于元素向地上部运输。有人观察到 Ni 超富集植物中的组氨酸在 Ni 的吸收和积累中具有重要作用，非积累植物如果在外界供应组氨酸时也可以促进其根系 Ni 向地上部运输。柠檬酸盐可能是 Ni 运输的主要形态，利用 X 射线吸收光谱（XAS）研究也表明，在 Zn 超富集植物中的根中 Zn70%分布在原生质中，主要与组氨酸络合，在木质部汁液中 Zn 主要以水合阳离子形态运输，其余是柠檬酸络合态。

4. 重金属与各种有机化合物络合机制

重金属与各种有机化合物络合后，能降低自由离子的活度系数，减少其毒害。有机化合物在植物耐重金属毒害中的作用已有许多报道，Ni 超富集植物比非超富集植物具有更高浓度的有机酸，硫代葡萄糖苷与 Zn 超富集植物的耐锌毒能力有关。

5. 酶适应机制

耐性种具有酶活性保护的机制，使耐性品种或植株当遭受重金属干扰时能维持正常的代谢过程。研究表明，在受重金属毒害时，耐性品种的硝酸还原酶、异柠檬酸合酶被激活，特别是硝酸还原酶的变化更为显著，而耐性差的品种这些酶类完全被抑制。

6. 植物螯合肽的解毒作用

植物螯合肽（phytochelatins，PC）是一种富含巯基（-SH）的多肽，在重金属或热激等措施诱导下植物体内能大量形成植物螯合肽，通过-SH 与重金属的络合从而避免重金属以自由离子的形式在细胞内循环，减少了重金属对细胞的伤害。研究表明，谷胱甘肽（GSH）或 PCs 的水平决定了植物对 Cd 的累积和对 Cd 的抗性。PCs 对植物抗 Cd 的能力随着 PCs 生成量的增加、PCs 链的延长而增加。

（四） 影响植物富集重金属的因素

1. 根际环境对氧化还原电位的影响

旱作植物由于根系呼吸、根系分泌物的微生物耗氧分解，根系分泌物中含有酚类等还原性物质，根际氧化还原电位（Eh）一般低于土体。该性质对重金属，特别是变价金属元素的形态转化和毒性具有重要影响。如 Cr（Ⅵ），化学活性大，毒性强，被土壤直接吸附的作用很弱，是造成地下水污染的主要物质，Cr（Ⅲ）一般毒性较弱，因而在一般的土壤—水系统中，六价 Cr 还原为三价 Cr 后被吸附或生成氢氧化铬沉淀被认为是六价 Cr 从水溶液中去除的重要途径。在 Cr 污染的现场治理中往往以此原理添加厩肥或硫化亚铁等还原物质以提高土壤的有效还原容量，但农田栽种作物后，该措施是否还能达到预期效果还需要分别对待，由于根系和根际微生物呼吸耗氧，根系分泌物中含有还原性物质，因而旱作下根际 Eh 一般低于土体 $50 \sim 100$ mV，土壤的还原条件将会增加 Cr（Ⅵ）的还原去除。然而，如果在生长于还原性基质上的植株根际产生氧化态微环境，那么当土体土壤中还原态的离子穿越这一氧化区到达根表时就会转化为氧化态，从而降低其还原能力。很明显的一个例子就是水稻，由于其根系特殊的溢氧特征，根际 Eh 高于根外，可以推断，根际 Fe^{2+} 等还原物质的降低必然会使 Cr（Ⅵ）的还原过程减弱。同时有许多研究也表明，一些湿地或水生植物品种的根表可观察到氧化锰在根—土界面的积累，Cr（Ⅲ）能被土壤中氧化锰等氧化成 Cr（Ⅵ），其中氧化锰可能是 Cr（Ⅲ）氧化过程中的最主要的电子接受体，因此在 Cr 污染防治中根际 Eh 效应的作用不能忽视。

2. 根际环境 pH 值的影响

植物通过根部分泌质子酸化土壤来溶解金属，低 pH 值可以使与土壤结合的金属离子进入土壤溶液。如种植超积累植物和非超积累植物后，根际土壤 pH 值较非根际土壤低 0.2~0.4，根际土壤中可移动态 Zn 含量均较非根际土壤高。重金属胁迫条件植物也可能形成根际 pH 值屏障限制重金属离子进入原生质，如镉的胁迫可减轻根际酸化过程。

3. 根际分泌物的影响

植物在根际分泌金属螯合分子，通过这些分子螯合和溶解与土壤相结合的金属，如根际土壤中的有机酸，通过络合作用影响土壤中金属的形态及在植物体内的运输，根系分泌物与重金属的生物有效性之间的研究也表明，根系分泌物在重金属的生物富集中可能起着极其重要的作用。小麦、水稻、玉米、烟草根系分泌物对镉虽然都具有络合能力。但前三者对镉溶解度无明显影响，植株主要在根部积累镉。而烟草不同，其根系分泌物能提高镉的溶解度，植株则主要在叶部积累镉。

4. 根际微生物的影响

微生物与重金属相互作用的研究已成为微生物学中重要的研究领域。目前，在利用细菌降低土壤中重金属毒性方面也有了许多尝试。据研究，细菌产生的特殊酶能还原重金属，且对 Cd、Co、Ni、Mn、Zn、Pb 和 Cu 等有亲和力，利用 Cr（Ⅵ）、Zn、Pb 污染土壤分离出来的菌种去除废弃物中 Se、Pb 毒性的可能性进行研究，结果表明，上述菌种均能将硒酸盐和亚硒酸盐、二价铅转化为不具毒性，且结构稳定的胶态硒与胶态铅。

根际由于有较高浓度的碳水化合物、氨基酸、维生素和促进生长的其他物质存在，微生物活动非常旺盛。微生物能通过主动运输在细胞内富集重金属，一方面它可以通过与细胞外多聚体螯合而进入体内，另一方面它可以与细菌细胞壁的多元阴离子交换进入体内。同时，微生物通过对重金属元素的价态转化或通过刺激植物根系的生长发育影响植物对重金属的吸收，微生物也能产生有机酸、提供质子及与重金属络合的有机阴离子。有机物分解的腐败物质及微生物的代谢产物也可以作为螯合剂而形成水溶性有机金属络合物。

因此，当污染土壤的植物修复技术蓬勃兴起时，微生物学家也将研究的重点投向根际微生物。他们认为菌根和非菌根根际微生物可以通过溶解、固定作用使重金属溶解到土壤溶液，进入植物体，最后参与食物链传递，特别是内生菌根可能会大大促进植株对重金属的吸收能力，加速植物修复土壤的效率。

5. 根际矿物质的影响

矿物质是土壤的主要成分，也是重金属吸附的重要载体，不同的矿物对重金属的吸附有着显著的差异。在重金属污染防治中，也有利用添加膨润土、合成沸石等硅铝酸盐钝化土壤中锡等重金属的报道。据报道，根际矿物丰度明显不同于非根际，特别是无定形矿物及膨胀性页硅酸盐在根际土壤发生了显著变化。从目前对土壤根际吸附重金属的行为研究来看，根际环境的矿物成分在重金属的可利用性中可能作用较大。

总之，植物富集重金属的机制及影响植物富集过程的根际行为在污染土壤植物修复中具有十分重要的地位，但由于其复杂性，人们对植物富集的各种调控机制及重金属在根际中的各种物理、化学和生物学过程如迁移、吸附—解吸、沉淀—溶解、氧化—还原、络合—解络等过程的认识还很不够。因此，在今后的研究中深入开展植物富集重金属及重金属胁迫根际环境的研究很有必要。在基础理论研究的同时，再进一步开展植物富集能力体内诱导与根际土壤重金属活性诱导及环境影响研究。相信随着植物富集机制和根际强化措施的复合运用，重金属污染环境的植物修复潜力必将被进一步挖掘和发挥。

三、污染物的生物修复

生物修复作为一种新型的污染环境修复技术，与传统的环境污染控制技术相比较，具有降解速度快、处理成本低、无二次污染、环境安全性好等诸多优点。因此，利用生物修复来治理被有机物和重金属等污染物所污染的土壤和水体工程技术得到越来越广泛的应用。

（一）生物修复的概念

不同的研究者对"生物修复"的定义有不同的表述。例如，"生物修复指微生物催化降解有机物、转化其他污染物从而消除污染的受控或自发进行的过程""生物修复指利用天然存在的或特别培养的微生物在可调控环境条件下将污染物降解和转化的处理技术""生物修复是指生物（特别是微生物）降解有机污染物，从而消除污染和净化环境的一个受控或自发进行的过程"。从中可知，生物修复的机理是"利用特定的生物（植物、微生物或原生动物）降解、吸收、转化或转移环境中的污染物"，生物修复的目标是"减少或最终消除环境污染，实现环境净化、生态效应恢复"。

广义的生物修复，指一切以利用生物为主体的环境污染的治理技术。它包括利用植物、动物和微生物吸收、降解、转化土壤和水体中的污染物，使污染物的浓度降低到可接受的水平，或将有毒有害的污染物转化为无害的物质，也包括将污染物稳定化，以减少其向周边环境的扩散。一般分为植物修复、动物修复和微生物修复三种类型。根据生物修复的污染物种类，它可分为有机污染生物修复和重金属污染生物修复和放射性物质的生物修复等。

狭义的生物修复，指通过微生物的作用清除土壤和水体中的污染物，或是使污染物无害化的过程。它包括自然的和人为控制条件下的污染物降解或无害化过程。

（二）生物修复的分类

按生物类群可把生物修复分为微生物修复、植物修复、动物修复和生态修复，而微生物修复是通常所称的狭义上的生物修复。

根据污染物所处的治理位置不同，生物修复可分为原位生物修复和异位生物修复两类。

原位生物修复指在污染的原地点采用一定的工程措施进行。原位生物修复的主要技术手段是：添加营养物质、添加溶解氧、添加微生物或酶、添加表面活性剂、补充碳源及能源。

异位生物修复指移动污染物到反应器内或邻近地点采用工程措施进行。异位生物修复中的反应器类型大都采用传统意义上"生物处理"的反应器形式。

(三) 生物修复的特点

1. 生物修复的优点

与化学、物理处理方法相比,生物修复技术具有下列优点:①经济花费少,仅为传统化学、物理修复经费的 30%~50%;②对环境影响小,不产生二次污染,遗留问题少;③尽可能地降低污染物的浓度;④对原位生物修复而言,污染物在原地被降解清除;⑤修复时间较短;⑥操作简便,对周围环境干扰少;⑦人类直接暴露在这些污染物下的机会减少。

2. 生物修复的局限性

生物修复具有下列局限性:①微生物不能降解所有进入环境的污染物,污染物的难降解性、不溶性以及与土壤腐殖质或泥土结合在一起常常使生物修复不能进行。特别是对重金属及其化合物,微生物也常常无能为力。②在应用时要对污染地点和存在的污染物进行详细的具体考察,如在一些低渗透的土壤中可能不宜使用生物修复,因为这类土壤或在这类土壤中的注水井会由于细菌生长过多而阻塞。③特定的微生物只降解特定类型的化学物质,状态稍有变化的化合物就可能不会被同一微生物酶所破坏。④这一技术受各种环境因素的影响较大,因为微生物活性受温度、氧气、水分、pH 值等环境条件的变化影响。⑤有些情况下,生物修复不能将污染物全部去除,当污染物浓度太低,不足以维持降解细菌的群落时,残余的污染物就会留在环境中。

(四) 生物修复的前提条件

在生物修复的实际应用中,必须具备以下各项条件:①必须存在具有代谢活性的微生物;②这些微生物在降解化合物时必须达到相当大的速率,并且能够将化合物浓度降至环境要求范围内;③降解过程不产生有毒副产物;④污染环境中的污染物对微生物无害或其浓度不影响微生物的生长,否则需要先行稀释或将该抑制剂无害化;⑤目标化合物必须能被生物利用;⑥处理场地或生物处理反应器的环境必须利于微生物的生长或微生物活性保持,例如,提供适当的无机营养、充足的溶解氧或其他电子受体，适当的温度、湿度，如果污染物能够被共代谢的话，还要提供生长所需的合适碳源与能源；⑦处理费用较低，至少要低于其他处理技术。

以上各项前提条件都十分重要，达不到其中任何一项都会使生物降解无法进行从而达不到生物修复的目的。

（五）生物修复的可行性评估程序

1. 数据调查

数据调查具有如下四点内容：①污染物的种类、化学性质及其分布、浓度，污染的时间长短；②污染前后微生物的种类、数量、活性及在土壤中的分布情况；③土壤特性，如温度、孔隙度和渗透率等；④污染区域的地质、地理和气候条件。

2. 技术咨询

在掌握当地情况之后，应向相关信息中心查询是否在相似的情况下进行过就地生物处理，以便采用和借鉴他人经验。

3. 技术路线选择

对包括就地生物处理在内的各种土壤治理技术以及它们可能的组合进行全面客观的评价，列出可行的方案，并确定最佳技术路线。

4. 可行性试验

假如就地生物处理技术可行，就要进行小试和中试试验。在试验中收集有关污染毒性、温度、营养和溶解氧等限制性因素和有关参数资料，为工程的具体实施提供基础性技术参数。

5. 实际工程化处理

如果小试和中试都表明就地生物处理在技术和经济上可行，就可以开始就地生物处理计划的具体设计，包括处理设备、井位和井深、营养物和氧源等。

（六）土壤污染的生物修复工程设计

1. 场地信息的收集

首先要收集场地具有的物理、化学和微生物特点，如土壤结构、pH 值、可利用的营养、竞争性碳源、土壤孔隙度、渗透性、容重、有机物、溶解氧、氧化还原电位、重金属、地下水位、微生物种群总量、降解菌数量、耐性和超积累性植物资源等。

其次要收集土壤污染物的理化性质，如所有组分的深度、溶解度、化学形态、剖面分布特征，及其生物或非生物的降解速率、迁移速率等。

2. 可行性论证

可行性论证包括生物可行性和技术可行性分析。生物可行性分析是获得包括污染物降解菌在内的全部微生物群体数据、了解污染地发生的微生物降解植物吸收作用及其促进条件等方面的数据的必要手段，这些数据与场地信息一起构成生物修复工程的决策依据。

技术可行性研究旨在通过实验室所进行的试验研究提供生物修复设计的重要参数，并用取得的数据预测污染物去除率，达到清除标准所需的生物修复时间及经费。

3. 修复技术的设计与运行

根据可行性论证报告，选择具体的生物修复技术方法，设计具体的修复方案（包括工艺流程与工艺参数），然后在人为控制条件下运行。

4. 修复效果的评价

在修复方案运行终止时，要测定土壤中的残存污染物，计算原生污染物的去除率、次生污染物的增加率以及污染物毒性下降等，以便综合评定生物修复的效果。

原生污染物的去除率＝（原有浓度−现存浓度）/原有浓度×100%

次生污染物的增加率＝（现存浓度−原有浓度）/原有浓度×100%

污染物毒性下降率＝（原有毒性水平−现有毒性水平）/原有毒性水平×100%

参考文献

[1]张国锋,陈晓,冯斌.农业物联网 RFID 技术[M].北京:机械工业出版社,2023.

[2]张伏,邱兆美,王俊.农业机器人研究与应用技术[M].郑州:中原农民出版社,2023.

[3]曾劲松,丁小刚,赵杰.现代农业种植技术[M].长春:吉林科学技术出版社,2023.

[4]金丽华,封树立,谢云梦.绿色农业循环发展与种植研究[M].长春:吉林科学技术出版社,2022.

[5]胡绍德.现代农业科技与管理系列生态茶园建设与管理[M].合肥:安徽科学技术出版社,2022.

[6]周炜坚.乡村振兴战略下丽水生态农业科技创新研究[M].石家庄:河北科学技术出版社,2019.

[7]马丽婷.智慧农业科技支撑农业农村高质量发展[M].兰州:甘肃科学技术出版社,2022.

[8]汪利章.有机农业种植技术研究[M].天津:天津科学技术出版社,2021.

[9]辜丽川,操海群.现代农业科技与管理系列智慧农业应用场景[M].合肥:安徽科学技术出版社,2021.

[10]李进霞.近代中国农业生产结构的演变研究[M].厦门:厦门大学出版社,2021.

[11]周培.现代农业理论与实践[M].上海:上海交通大学出版社,2021.

[12]刘桂阳,王娜,李龙威,等.虚拟农业技术应用[M].哈尔滨:哈尔滨工程大学出版社,2021.

[13]郝文艺.都市农业发展策略研究[M].哈尔滨:哈尔滨工程大学出版社,2021.

[14]周承波,侯传本,左振朋.物联网智慧农业[M].济南:济南出版社,2020.

[15]陈文在,吕继运.现代设施农业生产技术[M].西安:陕西科学技术出版社,2020.

[16]孙雪.农业害虫防治北方本[M].北京:中国农业大学出版社,2020.

[17]蒋建科.颠覆性农业科技[M].北京:中国科学技术出版社,2019.

[18]朱德平,邓红军,黎纯斌.现代农业生产实用技术问答[M].武汉:湖北科学技术出版社,2019.

[19]吕文广.生态文明视阈下的西部特色农业现代化研究[M].兰州:甘肃人民出版社,2019.

[20]陈伟星.特色农业管理技术手册[M].西安:西北大学出版社,2019.

[21]杨志远,李娜,孙永健,等.乡村振兴丛书基于能值的农业生态系统研究[M].成都:四川大学出版社,2022.

[22]李白玉.现代农业生态化发展模式研究[M].咸阳:西北农林科技大学出版社,2022.

[23]谢立勇.农业自然资源导论[M].北京:中国农业大学出版社,2019.

[24]孙桂英,李之付,王丽.生态农业视角下绿色种养实用技术[M].长春:吉林科学技术出版社,2022.

[25]刘雪.重金属污染土壤修复与生态农业绿色发展研究[M].长春:吉林科学技术出版社,2022.

[26]刘昊昕.农业生态资本投资生态溢出效应研究[M].武汉:华中科技大学出版社,2021.

[27]翁伯琦.代生态农业发展理论与应用技术:发展理论研究:第1卷[M].福州:

福建科学技术出版社,2021.

[28]邢旭英,李晓清,冯春营.农林资源经济与生态农业建设[M].北京:经济日报出版社,2019.

[29]叶亚丽."互联网+"农业改革实践创新[M].北京:现代出版社,2020.

[30]芮玉奎.纳米材料农业生态毒理学[M].北京:中国农业大学出版社,2019.